全国高等院校计算机职业技能应用规划教材

数据库原理及应用

——SQL Server 2008

主　编　贺桂英

副主编　王　杰　李　可

U0390488

中国人民大学出版社

·北京·

图书在版编目（CIP）数据

数据库原理及应用/贺桂英主编 . —北京：中国人民大学出版社，2013.5
全国高等院校计算机职业技能应用规划教材
ISBN 978-7-300-16569-1

Ⅰ.①数… Ⅱ.①贺… Ⅲ.①数据库系统-高等学校-教材 Ⅳ.①TP311.13

中国版本图书馆 CIP 数据核字（2013）第 109766 号

全国高等院校计算机职业技能应用规划教材
数据库原理及应用——SQL Server 2008
主　编　贺桂英
副主编　王　杰　李　可

出版发行	中国人民大学出版社		
社　　址	北京中关村大街 31 号	**邮政编码**	100080
电　　话	010 - 62511242（总编室）		010 - 62511398（质管部）
	010 - 82501766（邮购部）		010 - 62514148（门市部）
	010 - 62515195（发行公司）		010 - 62515275（盗版举报）
网　　址	http://www.crup.com.cn		
	http://www.ttrnet.com（人大教研网）		
经　　销	新华书店		
印　　刷	北京市媛明印刷厂		
规　　格	185 mm×260 mm　16 开本	**版　　次**	2013 年 6 月第 1 版
印　　张	21.25	**印　　次**	2013 年 6 月第 1 次印刷
字　　数	508 000	**定　　价**	42.00 元

前　言

本书是为高等院校计算机及其相关专业人员编写的一本数据库实用教材，全书共分15章，前3章介绍数据库基础理论知识和数据库设计原理，后面章节通过理论联系实际的方法讲述如何使用 SQL Server 2008 建立、管理数据库和表及各种对象，重点讲解 SQL Server 中的插入、删除、修改和查询语句的使用和实际应用，书中穿插介绍了 ASP 连接数据库及 ASP 中操纵和查询数据的内容。编写时注重实践、兼顾理论，通过讲授和实践操作两条主线来安排课程内容，旨在使读者能通过讲解的实例和实践操作内容两个方面来掌握 SQL Server 2008 的基本理论常识、数据管理技术和数据库应用开发技术。

本书的主要特色如下：

（1）内容全面，实例丰富。从数据库、表、约束、存储过程和触发器等的建立、管理和维护，到 T-SQL 中的插入、删除、修改和查询语句的说明和应用，每个知识点都有相应的实例说明，帮助学习者理解和消化新的内容。

（2）递进式的讲解思路。采用由浅入深的递进式讲解思路，力求每个内容的介绍从简单到复杂，一步一个实例说明，让学习者不厌倦、有激情、想学习。

（3）注重应用开发。数据库应用开发是数据库技术中一个重要的分支，也是学生最喜欢的一个部分。我们通过一系列实例介绍 ASP 连接数据库和操纵数据库，让学生具备运用所学的数据库知识进行动态网站开发的基本能力。

本书由贺桂英教授主编，王杰和李可老师担任副主编。徐孝凯教授编写了本书的第3章后半部分内容，周杰老师编写了第7至第10章和附录部分，李可老师编写了本书的第11至第15章，其余内容由贺桂英编写。全书由贺桂英教授统稿并定稿。在本书编写过程中得到了广州市迅维信息技术有限公司张志坚项目经理和中国人民大学出版社孙琳编辑的大力支持，在此向对本书编写提供帮助的老师和工程技术人员表示衷心的感谢！

本书的编写凝聚了编者多年教学、科研和项目开发的经验和体会，可作为高等院校数据库原理及应用（SQL Server）的教材或教学参考书，也可作为从事计算机数据库项目开发的技术参考书。本书的编写参考了本专业的部分资料和文献，在此向原作者表示衷心的感谢！

由于编者水平有限，书中疏漏之处在所难免，敬请有关专家和广大读者批评指正。

编　者

目　录

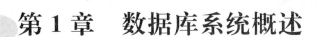

第 1 章　数据库系统概述

　　数据库技术是信息系统的核心技术，是一种计算机辅助管理数据的方法，它研究如何组织和存储数据，如何高效地获取和处理数据。即数据库技术是研究、管理和应用数据库的一门软件科学。

　　数据库（DataBase）是按照数据结构来组织、存储和管理数据的仓库。随着信息技术和市场发展的需要，特别是 20 世纪 90 年代以后，数据管理不再仅仅是存储和管理数据，而转变成用户所需各种数据管理的方式。数据库有很多种类型，从最简单的存储有各种数据的表格到能够进行海量数据存储的大型数据库系统都在各个方面得到了广泛的应用。

1.1　数据库系统有关的基本概念

　　数据库离不开数据，数据按一定的方式组织后成为可供多人共享的数据库。数据库需要有相应的软件来进行管理，这就是数据库管理系统。实际上，数据库管理系统是位于用户与操作系统之间的一层数据管理软件，其基本目标是提供一个可以方便地、有效地存取数据库信息的环境。数据管理技术经过了较长的发展过程，才有了今天的管理方式。而数据库系统是一个与数据库有关的计算机软件、硬件和人员的总称。

1.1.1　数据库、数据库管理系统及数据库系统

1. 数据

　　数据（Data）是人们用来反映客观世界而记录下来的可以鉴别的数字、字母、符号、图形、声音、图像、视频信号等的总称。人们通过数据来认识世界，交流信息。我们这里所说的数据是经编码后可存入计算机中进行相关处理的符号集合。数据一般分为数值型数据和非数值型数据两大类，数值型数据（如 32，78.91 等）主要用来进行科学计算（加、减、乘、除等运算），而非数值型数据（如人的姓名、工作简历等）主要用来进行比较、查找和统计等操作。信息是现实世界事物的存在方式或状态的反映，具有可感知、可存储、可加工、可传递和可再生等自然属性，信息已经是社会各行各业不可缺少的资源。数据和信息密不可分，我们可以说信息是人们消化理解了的数据，其关系如图 1.1 所示。

图 1.1　数据与信息的关系

1

2. 数据库

J. Martin 给数据库（DataBase，DB）下了一个比较完整的定义：数据库是存储在一起的相关数据的集合，这些数据是结构化的，无有害的或不必要的冗余，并为多种应用服务；数据的存储独立于使用它的程序；对数据库插入新数据、修改和检索原有数据均能按一种公用的和可控制的方式进行。

通俗地说，数据库是长期存储在计算机存储器中、按照一定的数学模型组织起来的、具有较小的冗余度和较高的数据独立性，可由多个用户共享的数据集合。也就是说，数据库是计算机中存放数据的仓库，同时注意数据库中的数据不是随意堆积在一起的内容，而是有组织有管理的数据聚集。数据库图标如图 1.2 所示。

3. 数据库管理系统

数据库管理系统（DataBase Management System，DBMS）是一种操纵和管理数据库的大型软件，用于建立、使用和维护数据库。它对数据库进行统一的管理和控制，以保证数据库的安全性和完整性。用户通过 DBMS 访问数据库中的数据，数据库管理员（DBA）也通过 DBMS 进行数据库的维护工作。数据库管理系统应该能提供多种功能，可使多个应用程序和用户用不同的方法同时或不同时建立、修改、查询及管理数据。它使用户能方便地定义和操纵数据，维护数据的安全性和完整性，以及进行多用户下的并发控制和恢复数据。数据库管理系统的功能如图 1.3 所示。

DBMS 是用户与计算机之间的数据管理软件，是计算机操作系统支持的计算机系统软件。

目前有许多数据库管理系统产品，如 Oracle、Sybase、Informix、Microsoft SQL Server、Microsoft Access、Visual FoxPro 等各以自己特有的功能，在数据库市场上占有一席之地。

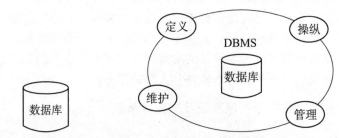

图 1.2　数据库图标　　　　　图 1.3　数据库管理系统

（1）甲骨文公司的 Oracle 数据库管理系统。

Oracle 是一个最早商品化的关系型数据库管理系统，也是应用广泛、功能强大的数据库管理系统。Oracle 作为一个通用的数据库管理系统，不仅具有完整的数据管理功能，还是一个分布式数据库系统，支持各种分布式功能，特别是支持 Internet 应用。作为一个应用开发环境，Oracle 提供了一套界面友好、功能齐全的数据库开发工具。Oracle 使用 PL/SQL 语言执行各种操作，具有可开放性、可移植性、可伸缩性等功能。特别是在 Oracle 8i 之后的版本中，支持面向对象的功能，如支持类、方法、属性等，使得 Oracle 产品成为一种对象/关系型数据库管理系统。目前最新版本是 Oracle 11g（如图 1.4 所示）。

（2）微软公司的 SQL Server 数据库管理系统。

Microsoft SQL Server 是一种典型的关系型数据库管理系统，可以在许多操作系统上运行，它使用 Transact-SQL 语言完成数据操作。Microsoft SQL Server 是开放式的系统，其

图 1.4　Oracle Database 11g logo

他系统可以与它进行完好的交互操作。目前最新版本的产品为 Microsoft SQL Server 2008 R2（见图 1.5），它具有可靠性、可伸缩性、可用性、可管理性等特点，为用户提供完整的数据库解决方案。

（3）微软公司的 Access 数据库管理系统。

作为 Microsoft Office 组件之一的 Microsoft Access 是在 Windows 环境下运行的桌面型数据库管理系统。使用 Microsoft Access 无须编写任何代码，只需通过直观的可视化操作就可以完成大部分数据管理任务。在 Microsoft Access 数据库中，包括许多组成数据库的基本要素，这些要素是存储信息的表、显示人机交互界面的窗体、有效检索数据的查询、信息输出载体的报表、提高应用效率的宏、功能强大的模块工具等。它不仅可以通过 ODBC 与其他数据库相连，实现数据交换和共享，还可以与 Word、Excel 等办公软件进行数据交换和共享，并且通过对象链接与嵌入技术在数据库中嵌入和链接声音、图像等多媒体数据。目前最新版本是 Microsoft Access 2010（见图 1.6）。

图 1.5　SQL Server 2008 R2 logo

图 1.6　Microsoft Access 2010 logo

4. 数据库系统（DBS）

数据库系统（DataBase System，DBS）是指和数据库有关的整个计算机系统，包括计算机硬件、操作系统、数据库管理系统以及在它支持下建立起来的数据库、应用程序、用户和数据库维护人员等（见图 1.7）。有时也将人以外与数据库有关的硬件和软件系统称为数据库系统。一个数据库系统应该具有的功能有：使用数据定义语言建立数据库；使用数据操作或查询语言对数据库中的数据进行查询和更新；支持存储大量的数据，保证对数据的正确安全使用；支持多用户并发访问且不相互影响和损坏数据。

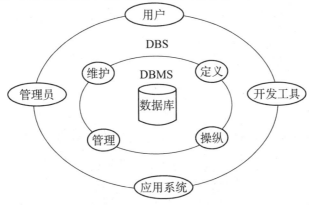

图 1.7　广义数据库系统

3

1.1.2　数据管理技术的发展

计算机的主要应用之一是数据处理，即对各种数据进行收集、存储、加工和管理等活动，其中数据管理是数据处理的中心问题，是对数据进行分类、组织、编码、存储、检索和维护。数据管理技术伴随着计算机硬件、软件技术的发展以及计算机应用的不断普及，经历了从低级到高级四个发展阶段。

1. 人工管理阶段

早期计算机主要用于科学计算。当时的计算机硬件状况是：外存只有磁带、卡片、纸带，没有磁盘等直接存取的存储设备；从软件状况看，没有操作系统，没有管理数据的软件，数据处理方式是批处理。

在此阶段，数据是程序的组成部分，数据的输入、输出和使用都是由程序来控制的，数据在使用时随程序一起进入内存，用完后完全撤出计算机。此时还没有文件的概念，程序之间不能共享数据，没有管理数据的软件，数据完全由程序员人工进行管理，此时应用程序和数据之间的关系如图 1.8 所示。

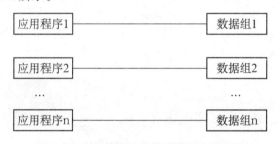

图 1.8　人工管理阶段数据和程序关系图

此时数据处理具有以下几个特点：

（1）数据量较少。人工管理阶段的应用程序主要用来进行科学计算，因此一个应用程序需要处理的数据量就较少。

（2）数据不长期保存。进行科学计算的应用程序一般来说不仅数据量少，而且不需要长期保存。程序运行时导入数据，运行完成后数据和应用程序一起撤离内存，不需要长期保存在计算机的存储器中。

（3）没有专门的软件对数据进行管理。此时的计算机系统中还没有操作系统，更谈不上专门的数据管理软件，因此程序员需要考虑数据的逻辑结构和物理结构，包括存取方法、输入和输出方式等。

总的来说，人工管理数据阶段因为应用程序和数据之间的依赖性太强，程序员的负担很重，数据冗余量也很大。

2. 文件系统阶段

到了 20 世纪 60 年代早中期，计算机软硬件技术都得到了飞速发展。计算机不仅用于科学计算，还大量用于管理。这时硬件方面已经有了磁盘、磁鼓等直接存取的存储设备。软件方面，有了操作系统，可利用操作系统中的文件管理功能来进行数据处理。

在这一阶段，数据不再是程序的组成部分，而是按照一定的规则把成批数据组织在数据文件中，存放于外存储器上，由操作系统统一存取。程序通过文件名把文件从磁盘等外存调入内存而使用其中的数据，因此，在文件系统阶段程序和数据之间的关系如图 1.9 所示。

文件系统阶段与人工管理阶段相比其最大的特点是解决了应用程序和数据之间的一个公共接口问题，即应用程序采用统一的存取方法（由操作系统负责）来操作数据。在文件系统阶段数据管理的特点如下：

（1）数据可以长期保存在外部存储设备上，可避免重复输入。另外数据的逻辑结构和物理存储结构有了区别，可以按名称来进行访问，而程序员不需要关心数据的物理存储位置，由文件系统提供存取方法。

（2）各个数据文件之间基本没有联系，相互独立，因此数据冗余量还是较大。数据文件由应用程序通过文件系统去调用。应用程序和数据文件之间有了一定的独立性。

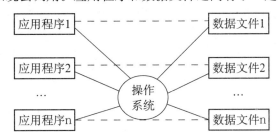

图 1.9　文件系统阶段程序和数据关系图

3. 数据库系统阶段

20 世纪 60 年代后期，数据处理的规模急剧增长。同时，计算机系统中采用了大容量的磁盘（数百 MB 以上）系统，使联机存储大量数据成为可能。为了解决数据的独立性问题，实现数据的统一管理，达到数据共享的目的，数据库技术得到了极大的发展。为数据库的建立、使用和维护而配置的软件称为数据库管理系统，它是在操作系统支持下运行的。数据库系统是一种可以有组织地、动态地存储大量关联数据，方便用户访问的计算机应用软件。

在这个阶段，所有程序中的数据由 DBMS 统一管理，应用程序和数据完全独立，数据得到高度共享，此阶段应用程序和数据之间的关系如图 1.10 所示。

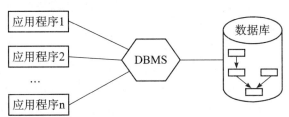

图 1.10　数据库系统阶段中程序与数据之间的关系

数据库系统阶段数据管理的特点如下：

（1）采用数据模型表示数据结构。数据模型不仅描述数据本身的特点，还描述数据之间的联系。数据不再面向某个应用，而是面向整个应用系统。数据冗余明显减少，实现了真正意义上的数据共享。

（2）有较高的数据独立性。数据库也是以文件方式存储数据的，但它是一种更高级的数据组织形式，由 DBMS 负责应用程序和数据库之间的数据存取。DBMS 对数据的处理方式和文件系统不同，它把所有应用程序中使用的数据以及数据之间的联系汇集在一起，以便于应用程序查询和使用。

4. 分布式数据库系统阶段

分布式数据库系统是数据库技术与计算机网络技术相结合的产物，在 20 世纪 80 年代中期已有商品化产品问世。分布式数据库系统是一个逻辑上统一、地域上分布的数据集合，是计算机网络环境中各个局部数据库的逻辑集合，同时受分布式数据库管理系统的控制和管理。

分布式数据库系统适合于那些各部门在地理上分散的组织机构的事务处理，如银行业务、飞机订票等。

当今，计算机信息系统已从管理信息系统发展到帮助企业领导分析和做出决策的决策支持系统（Decision Support System，DSS）和以办公自动化（Office Automation，OA）技术为支撑的办公自动化信息系统。

决策支持系统和办公信息系统的目标在于，借助计算机技术及其他高技术手段，综合经营、管理与决策为一体，追求信息系统的高效益，使其在企业管理中发挥更大的作用。

1.2 数据模型

为了用计算机处理现实世界中的具体问题，往往要对复杂的事物进行高度概括和抽象，以便提取事物的主要特征，形成一个清晰且好理解的模型，这就是我们所说的"建模"。数据模型就是对客观事物抽象化的表现形式，传统的数据模型有层次模型、网状模型和关系模型。但层次和网状数据模型已很少使用，关系数据模型占据了数据库的主导地位。近年来，对象模型也得到了一些应用。

1.2.1 数据模型的基本概念

模型是对现实世界特征的模拟和抽象。对于具体的模型我们并不陌生，如汽车模型、飞机模型、生物模型、地图和建筑设计沙盘等。而数据模型是对现实世界数据特征的抽象，从现实世界的事物客观特性到计算机里的具体表示将经历现实世界、信息世界和机器世界三个数据领域，三者的关系如图 1.11 所示。

（1）现实世界：现实世界是存在于人们头脑之外的客观世界。现实世界的数据是客观存在的内容，如一个学生的相关内容有很多，比如学生的相貌、知识水平、家庭背景、学习经历等。但是计算机只能处理数据，所以首先要解决的问题是按用户的观点对这些内容进行建模，即分析系统要用到学生的哪方面的数据，进行内容的抽象、整理和归类。

（2）信息世界：信息世界是现实世界在人们头脑中的反映，人们用符号、文字记录下来。在信息世界中，数据库常用的术语有实体、实体集、属性和码。

（3）机器世界：机器世界是信息世界的信息在机器中以数据的形式存储。机器世界按计算机系统的观点对数据建模，即现实世界的问题如何表达为信息世界的问题，而信息世界中的问题又如何在具体的机器中表达。机器世界中描述数据的术语有字段、记录、文件和关键字等。

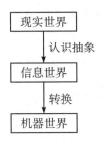

图 1.11　现实世界、信息世界和机器世界三者之间的关系

1.2.2　数据模型的组成要素

数据模型是对客观事物抽象化的表现形式，它具有三大特点：第一，它必须真实地反映现实世界中的具体应用，否则就失去了意义；第二，要便于理解，使用者与设计者要取得一致的看法；第三，应该便于使用计算机来实现和处理。

数据模型也是数据库系统的核心和基础，各种机器上实现的 DBMS 软件都是基于某种数据模型的。

数据模型是数据特征的抽象，是数据库管理的形式框架，是数据库系统中用以提供信息表示和操作手段的形式构架。

一般来讲，数据模型是严格定义的一组概念的集合，这些概念精确地描述了系统的静态特性、动态特性和完整性约束条件。因此数据模型所描述的内容通常包括三个部分，即数据结构、数据操作、数据约束。

1. 数据结构

数据模型中的数据结构主要描述数据的类型、内容、性质以及数据间的联系等。数据结构是数据模型的基础，数据操作和约束都建立在数据结构上。不同的数据结构具有不同的操作和约束。

2. 数据操作

数据模型中数据操作主要描述在相应的数据结构上的操作及操作规则的集合。数据库主要有检索和更新（包括插入、删除和修改）两大类操作。数据模型必须定义这些操作的确切含义、操作符号、操作规则以及实现操作的语言。数据操作是对系统动态的描述。

3. 数据约束

数据模型中的数据约束是一组完整性规则的集合，它主要描述数据结构内数据间的语法、词义联系、它们之间的制约和依存关系，以及数据动态变化的规则，以保证数据的正确性、有效性和相容性。

数据模型应该反映和规定本数据模型必须遵守的基本和通用的完整性约束条件，例如关系模型中的任何关系必须满足实体完整性和参照完整性两个条件。

此外数据模型还应该提供定义完整性约束条件的机制，以反映具体应用所涉及的数据必须遵守的特定的语义约束条件。例如学生的性别只有"男"和"女"两种取值，学生成绩在 0 到 100 分之间。

1.2.3　常用的数据模型

数据库领域中常用的数据模型有四种，分别是层次模型、网状模型、关系模型和面向对象模型，其中层次模型和网状模型称为非关系模型。

层次模型和网状模型的数据库系统在 20 世纪 70 年代至 80 年代初非常流行，在当时的数据库产品中占据了主导地位，但现在已经完全被关系模型的数据库产品所取代。20 世纪 80 年代末以来，面向对象的方法和技术在计算机程序设计语言、软件工程、信息系统设计等领域都有很大的影响，也就促进了数据库中面向对象数据模型的研究和发展。

1. 层次模型

层次模型是数据库系统中最早出现的数据模型，它是用树形（层次）结构表示实体类型及实体间联系的数据模型。现实世界中许多实体之间的联系本来就呈现出一种很自然的层次结构，如家族关系、行政机构等。

层次模型是指用树形结构表示实体及其之间的联系，树中每一个节点代表一个记录类型，树状结构表示实体类型之间的联系。

在一个层次模型中的限制条件是：有且仅有一个节点，无父节点，此节点为树的根；其他节点有且仅有一个父节点。

层次模型的特点：记录之间的联系通过指针实现，查询效率高。

使用层次模型的数据库系统称为层次数据库系统，其典型代表是 IBM 公司的 IMS（Information Management System）数据库管理系统，这是 1968 年 IBM 公司推出的第一个大型的商用数据库管理系统，曾经得到广泛的应用。

2. 网状模型

现实世界中事物之间的联系有些是非层次关系的，用层次模型表示非树形结构就会很不直接，网状模型可以克服这一弊端。

在数据库中，把满足以下两个条件的基本层次联系集合称为网状模型。

（1）允许一个以上的节点无双亲。

（2）一个节点可以有多于一个的双亲。

网状模型是一种比层次模型更具普遍性的结构，它去掉了层次模型的两个限制，因此它可以更加直接地去描述现实世界，而层次模型只是它的一个特例。

与层次模型相同的是，网状模型中也是以记录为数据的存储单位，一个记录包含若干数据项。网状数据库的数据项可以是多值的和复合的数据。每个记录有一个唯一地标识它的内部标识符，称为码（Database Key，DBK），它在一个记录存入数据库时由 DBMS 自动赋予。DBK 可以看作记录的逻辑地址，可作记录的替身，或用于寻找记录。网状数据库是导航式（Navigation）数据库，用户在操作数据库时不但说明要做什么，还要说明怎么做。例如在查找语句中不但要说明查找的对象，而且要规定存取路径。

世界上第一个网状数据库管理系统也是第一个 DBMS，是美国通用电气公司 Bachman 等人在 1964 年开发成功的 IDS（Integrated Data Store）。IDS 奠定了网状数据库的基础，并在当时得到了广泛的发行和应用。1971 年，美国 CODASYL（Conference on Data Systems Languages，数据系统委员会）中的 DBTG（Data Base Task Group，数据库任务组）提出了一个著名的 DBTG 报告，对网状数据模型和语言进行了定义，并在 1978 年和 1981 年又做了修改和补充。因此，网状数据模型又称 CODASYL 模型或 DBTG 模型。1984 年美国国家标准协会（ANSI）提出了一个网状定义语言（Network Definition Language，NDL）的推荐标准。在 20 世纪 70 年代，曾经出现过大量的网状数据库的 DBMS 产品，比较著名的有 Cullinet 软件公司的 IDMS、Honeywell 公司的 IDSII、Univac 公司（后来并入 Unisys 公司）的 DMS1100、HP 公司的 IMAGE 等。

网状数据库模型对于层次和非层次结构的事物都能比较自然地模拟，在关系数据库出现之前网状 DBMS 要比层次 DBMS 应用得普遍。在数据库发展史上，网状数据库曾经占有重要地位。

3. 关系模型

关系模型是用二维表的形式表示实体和实体间联系的数据模型。关系模型是当前最主流的数据模型，它的出现使层次模型和网状模型逐渐退出了数据库历史的舞台。

关系数据库理论出现于 20 世纪 60 年代末到 70 年代初。1970 年，IBM 的研究员 E. F. Codd 博士发表了《大型共享数据银行的关系模型》一文，文中提出了关系模型的概念。后来 Codd 又陆续发表多篇文章，奠定了关系数据库的基础。

关系数据模型提供了关系操作的特点和功能要求，但不对 DBMS 的语言给出具体的语法要求。对关系数据库的操作是高度非过程化的，用户不需要指出特殊的存取路径，路径的选择由 DBMS 的优化机制来完成。Codd 在 20 世纪 70 年代初期的论文论述了范式理论和衡量关系系统的 12 条标准，用数学理论奠定了关系数据库的基础。Codd 博士也以其对关系数据库的卓越贡献获得了 1981 年 ACM 图灵奖。

关系模型有严格的数学基础，抽象级别比较高，而且简单清晰，便于理解和使用。关系数据模型是以集合论中的关系概念为基础发展起来的。关系模型中无论是实体还是实体间的联系均由单一的结构类型——关系来表示。在实际的关系数据库中的关系也称表，一个关系数据库就是由若干个表组成的。

随后的第 2 章我们将对关系数据库进行详细的介绍。

4. 面向对象模型

面向对象模型是一种新兴的数据模型，它采用面向对象的方法来设计数据库。面向对象的数据库存储对象是以对象为单位，每个对象包含对象的属性和方法，具有类和继承等特点。Computer Associates 的 Jasmine 就是面向对象模型的数据库系统。下面对面向对象模型中的对象和类进行说明。

（1）对象。

在面向对象数据模型中，将所有现实世界中的实体都模拟为对象，小至一个整数、字符串，大至一架飞机、一个公司等，都可以看成对象。

对象与记录的概念相似，但更为复杂。一个对象包含若干属性，用以描述对象的状态、组成和特性。属性也是对象，它又可以包含其他对象作为其属性。这种递归引用对象的过程可以继续下去，从而组成各种复杂的对象，而且同一个对象又可以被多个对象所引用。

除了属性外，对象还包含若干方法，用以描述对象的行为特性。方法又称为操作，它可以改变对象的状态，对对象进行各种数据库操作。

方法的定义包含两个部分：一是方法的接口部分，说明方法的名称、参数和结果的类型，一般称之为调用说明；二是方法的实现部分，它是用程序设计语言编写的一个过程，用以实现方法的功能。

对象是封装的，对象只接受自身所定义的操作，外界与对象的通信一般只能借助于消息。消息传送给对象，调用对象的相应方法，进行相应的操作，最后再以消息形式返回操作的结果。外界只能通过消息请求对象完成一定的操作。

（2）类。

数据库中通常包含了大量的对象，可以将类似的对象归并为类，在一个类中的每个对象称为实例。同一类的对象具有共同的属性和方法，对这些属性和方法可以在类中统一说明，而不必在类的每个实例中重复说明。消息传送到对象后，可以在其所属的类中找到这些变量，称为类变量。例如，有些属性具有默认值，当在实例中没有给出该属性值时，就取其默认值。默认值在全类中是公共的，因而也是类变量。类变量没有必要在各个实例中重复，可以在类中统一给出它的值。在一个类中，可以有各种各样的统计值，如某个属性的最大值、最小值、平均值等。这些统计值不属于某个实例，而是属于类，因此也是类变量。

1.3　数据库系统体系结构

数据库系统是数据密集型应用的核心，其体系结构受数据库运行所在的计算机系统的影响很大，尤其是受计算机体系结构中联网、并行和分布的影响。站在不同的角度或不同层次上看数据库系统的体系结构会有所不同。站在最终用户的角度看，数据库系统体系结构分为集中式、分布式、客户/服务器（C/S）和并行结构；站在数据库管理系统的角度看，数据库系统体系结构一般采用三级模式结构，即外模式、模式和内模式。下面分别进行说明。

1.3.1　从用户的角度看数据库系统体系结构

站在最终使用者的角度来看数据库系统，其体系结构分为集中式、客户/服务器（C/S）、分布式和并行结构。

集中式数据库体系结构：分时操作系统环境下的集中式数据库系统结构诞生于 20 世纪 60 年代中期，当时的硬件和软件环境决定了集中式数据库系统结构成为早期数据库系统的首选结构。在集中式数据库系统结构中，将 DBMS 软件、所有用户数据和应用程序集中放在一台计算机（作为服务器）上，其余计算机作为终端通过通信线路向服务器发出数据库应用请求，这种网络数据库应用系统称为集中式数据库体系结构。

客户/服务器（C/S）体系结构：这是在客户/服务器计算机网络上运行的数据库系统，这个计算机网络中，有一些计算机称为客户，另一些计算机称为服务器（即客户机/服务器）。客户/服务器体系结构的关键在于功能的分布，一些功能放在客户机（前端机）上运行，另一些功能则放在服务器（后端机）上执行。

分布式数据库体系结构：将分散存储在计算机网络中的多个节点上的数据库在逻辑上统一管理，它是建立在数据库技术与网络技术发展的基础之上的。最初的数据库一般是集中管理的，随着网络的扩大，增加了网络的负荷，对数据库的管理也困难了，分布式数据库则可克服这些缺点，分布式数据库可供地理位置分散的用户共享彼此的数据资源。

并行结构数据库体系结构：是多个物理上连在一起的 CPU（而分布式系统是多个地理上分开的 CPU），各个承担数据库服务责任的 CPU 划分它们自身的数据，通过划分的任务以及通过每秒兆位级的高速网络通信完成事务查询。

1.3.2 三级模式结构

数据库在计算机系统中是由数据库管理系统（DBMS）进行管理的，为保证数据库系统各项功能得以实现，它把数据库建立成为三级模式结构和二级存储映像的体系结构。

外模式，亦称子模式、应用模式或用户模式等，是数据库用户与数据库系统的接口，是数据库用户的数据视图。它属于模式的一部分，描述用户需要使用的数据结构、类型、长度等。

所有应用程序都是根据外模式中对数据的描述而不是根据模式中对数据的描述而编写的。在一个外模式中可以编写多个应用程序，但一个应用程序只能对应一个外模式。根据应用的不同，一个模式可以对应多个外模式，外模式可以互相覆盖。外模式由外模式描述语言SDDL进行具体描述。

模式，又可细分为概念模式和逻辑模式，是所有数据库用户的公共数据视图，是全部用户的所有数据的逻辑结构和特征的描述，是数据库的总框架，描述数据库中关于目标存储的逻辑结构和特性，基本操作和目标的关系和依赖性，以及对数据的安全性、完整性等方面的定义，所有数据都按这一模式进行装配。模式由模式描述语言 DDL 来进行描述。

内模式亦称存储模式，是对数据库在物理存储器上具体实现的描述。它规定数据在存储介质上的物理组织方式，记录寻址技术，定义物理存储块的大小、溢出处理方法等。与概念模式相对应，内模式由数据存储描述语言 DSDL 进行描述。

1.3.3 两层映像功能

映像用来指定映像双方进行数据转换的规则，说明双方如何进行转换，其实际的转换工作是由数据库管理系统来完成的。

1. 外模式/模式映像

通过外模式与模式之间的映像把描述局部逻辑结构的外模式与描述全局逻辑结构的模式联系起来。因为一个模式与多个外模式对应，所以对于每个外模式都有一个外模式/模式映像用于描述外模式与模式之间的对应关系。外模式与模式之间的映像通常放在内模式中进行描述。

因为有了外模式与模式之间的映像，当数据库的模式有改变时，比如修改某个属性的数据类型、增加或删除某个表中的属性，这时只要对外模式与模式之间的映像进行修改，而保持与应用程序相关的外模式不变，应用程序不变，进而保证了数据与程序之间的逻辑独立性，这称之为数据的逻辑独立性。

2. 模式/内模式映像

通过模式与内模式之间的映像把描述全局逻辑结构的模式与描述物理结构的内模式联系起来。一个数据库中只有一个模式与一个内模式，因此模式/内模式的映像也只有一个，通常放在内模式中进行描述。

因为有了模式与内模式之间的映像，当数据库的内模式改变时，比如存储设备或存储方式有所改变时，只要对模式与内模式之间的映像进行修改，使模式保持不变，进而与应用程序相关的外模式也就不会变，从而应用程序不变，保证了数据与程序之间的物理独立性，也就是数据的物理独立性。

　　数据库管理系统把数据库分为三级模式结构和二级映像，这样当存储数据库的内模式发生变化或者当数据库模式发生变化时，都可以使外模式在最大限度内保持不变。由于应用程序是在外模式所描述的数据结构的基础上编写的，外模式的稳定性就保证了应用程序的稳定性。而这正是数据库系统采用三层模式、两层映像为系统提供高度的数据独立性所得到的结果。

　　数据库系统的三层模式结构如图 1.12 所示。

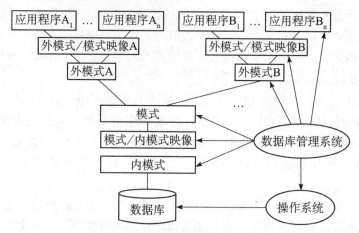

图 1.12　数据库系统的三层模式结构

1.4　数据库管理系统（DBMS）的功能和特征

　　数据库管理系统，简称 DBMS，是数据库系统中的核心软件，数据库是通过 DBMS 建立和管理的，下面我们介绍其功能和特征。

1.4.1　DBMS 的主要功能

　　DBMS 主要是对数据库中的数据实现有效的组织、管理和存储，因此 DBMS 必须具备以下四方面的功能。

　　（1）**数据定义**：DBMS 应该提供数据定义语言（Data Definition Language，DDL），用户可以对具体应用的数据库结构进行描述，包括外模式、模式和内模式的定义，数据库的完整性定义，安全保密定义，如口令、存取权限等。这些定义存储在数据字典中，是 DBMS 对数据库运行进行控制的基本依据。

　　（2）**数据操纵**：DBMS 向用户提供数据操纵语言（Data Manipulation Language，DML），实现对数据库中数据的基本操作，如检索、插入、删除和修改。DML 分为宿主型和自含型两类。所谓宿主型是指 DML 语句嵌入到某种主语言（如 C 语言等）中使用。自含型是指可以单独使用的 DML 语句，如在 SQL Server 2008 中直接使用插入语句进行数据添加。

　　（3）**数据管理**：数据库在运行期间对多用户环境下的并发控制、安全性检查和存取控制、完整性检查、执行和运行日志的组织管理、自动恢复等也是 DBMS 工作任务中的重要部分，这些功能保证数据库系统能够正常运行。

（4）数据维护：数据库的三级模式定义都保存在数据字典中，当模式被用户修改时，DBMS 将自动更新数据字典，当用户访问数据库时 DBMS 将自动查找数据字典进行语法检查看是否存在已定义的数据，并接着对用户进行存取权限的检查，看是否为合法用户访问权限内的数据，再接着进行有效性检查看是否使用了有效数据，等等。总之，DBMS 执行的每一步操作都和数据字典有关，进行检查和验证，以确保数据库操作的合法、安全和有效。

1.4.2　DBMS 的特征

通过 DBMS 管理数据的特征如下。

（1）数据结构化且统一管理：数据库系统采用复杂的数据模型表示数据结构，数据模型不仅描述数据本身的特点，还描述数据之间的联系，数据不再面向某个具体的应用程序，而是面向整个应用系统。数据维护简单方便、容易扩展，数据冗余明显减少，真正实现了数据的共享。

（2）较高的数据独立性：数据的独立性是指数据与程序独立，将应用程序中的数据定义和管理等功能分离出来，由 DBMS 负责数据的存储和管理。由于数据在 DBMS 的管理下使用三级模式结构，因此数据的逻辑独立性和物理独立性就明显地体现出来了。应用程序员不必关心数据的存储位置和访问方法等问题，只要知道数据的逻辑结构即可，从而减轻了负担。

（3）强大的数据控制功能：DBMS 提供了数据控制功能，以适应多用户并发共享数据库的需要。数据控制功能包括对数据库中数据的安全性、完整性、并发和恢复的控制。

数据库的安全性保护是指保护数据库以防止非法用户使用数据库并造成数据的泄露、更改或破坏。用户只能按规定对数据进行合法的处理，一般处理方法是对不同的用户划分不同的权限，即只允许相关用户在规定的范围内操纵数据库，拒绝不相关的用户访问数据库。

数据的完整性是指数据库的正确性和相容性，防止合法用户使用数据库时向数据库中加入不符合语义要求的数据，保证数据的正确性和相容性，避免非法的更新。

并发操作是在多用户共享的数据库系统中，多个用户可能同时对同一个数据库进行操作的情况。并发操作带来数据不一致性问题，主要有丢失修改、不可重复读和读脏数据三类。其主要原理是并发操作破坏了事务的隔离性，即没有了先后次序。DBMS 的并发控制负责并发事务的执行，保证数据库中数据的完整性不受破坏，避免用户得到不正确的数据。

数据库中的四类故障是事务内部故障、系统故障、介质故障及计算机病毒。故障恢复主要是指恢复数据库本身，即在故障引起数据库当前状态不一致后，将数据库恢复到某个正确状态或一致状态。

·本章小结·

本章首先说明了数据、数据库、数据库管理系统和数据库系统这些基本概念，然后介绍了数据管理技术的发展历程。

数据库离不开数据，数据按一定的方式组织成为数据库。数据库需要有相应的软件来进行管理，这就是数据库管理系统。数据库系统是一个与数据库有关的软件、硬件和人员的总称。

数据在计算机中的管理方式即数据处理方式伴随着计算机硬件、软件技术的发展以及计算机的应用逐渐普及，经历了从低级到高级四个发展阶段，分别是人工管理阶段、文件系统阶段、数据库系统阶段和分布式数据库系统阶段。

数据模型是对客观事物抽象化的表现形式，也是数据库系统的核心和基础。数据模型的三要素是：数据结构、数据操作和数据约束。三种主要的数据模型是层次模型、网状模型和关系模型，其中关系模型是现在最主流的数据模型，现阶段几乎所有数据库产品都是关系模型的数据库系统。

站在数据库管理系统的角度看，数据库系统体系结构一般采用三级模式结构：外模式、模式和内模式。数据库管理系统把数据库分为三级模式结构和二级映像，这样当存储数据库的内模式发生变化或者当数据库模式发生变化时，都可以使外模式在最大限度内保持不变。由于应用程序是在外模式所描述的数据结构的基础上编写的，外模式的稳定性就保证了应用程序的稳定性。而这正是数据库系统采用三层模式、两层映像为系统提供了高度的数据独立性所得到的结果。

DBMS 主要是对数据库中的数据实现有效的组织、管理和存储，因此 DBMS 必须具备数据定义、数据操纵、数据管理和数据维护四方面的功能。通过 DBMS 管理数据的特征有数据结构化且统一管理、较高的数据独立性和强大的数据控制功能。

学习这一章时，我们应该把注意力放在数据库有关基本概念和基本知识的了解上面，部分内容可以在后面的知识学习完成后再更好地理解和掌握。

习题 1

一、填空题

1. 一个数据库系统应该具有的功能有：使用_____语言建立数据库；使用_____语言对数据库中的数据进行查询；使用_____语言对数据库中的数据进行更新；支持存储大量的_____，保证其正确安全使用；支持_____并发访问且不相互影响和损坏数据。

2. 数据模型是数据特征的抽象，是数据库管理的形式框架，是数据库系统中用以提供信息表示和操作手段的形式构架。数据模型所描述的内容包括三个部分：_____、_____和_____。

3. _____、_____和_____是三种重要的数据模型。但现在_____占据了数据库的主导地位。

4. 关系数据模型是以_____理论为基础的，用_____来表示实体以及实体之间的联系。

5. 数据管理技术伴随着计算机硬件、软件技术的发展以及计算机的应用不断普及，也经历了从低级到高级四个发展阶段，这四个阶段分别是：_____、_____、_____和_____。

6. DBMS 主要是对数据库中的数据实现有效的组织、管理和存储，因此 DBMS 必须具备_____、_____、_____和_____四方面的功能。

7. 通过 DBMS 管理数据的特征有_____、_____和_____。

二、选择题

1. 数据库、数据库管理系统和数据库系统之间的关系正确的是_____。

A. 数据库包括了数据库管理系统和数据库系统

B. 数据库管理系统包括了数据库和数据库系统

C. 数据库系统包括数据库和数据库管理系统

D. 以上都不对

2. 目前，商品化的数据库管理系统以_____形为主。

A. 关系　　　　　　B. 层次　　　　　　C. 网状　　　　　　D. 对象

3. 以下_____不是数据模型的三要素。

A. 数据结构　　　B. 数据约束　　　C. 数据库　　　D. 数据操作

三、问答题

1. 数据处理技术经历了哪几个阶段？每个阶段的特点是什么？

2. 数据库系统的体系结构如何划分？

3. 数据模型由哪三个要素组成？现在使用的主流数据模型是哪种？

4. 简述数据的逻辑独立性和物理独立性的意义和作用。

第 2 章　关系数据库

关系数据库是建立在关系数据模型基础上的数据库，借助于关系代数等概念和方法来处理数据库中的数据。目前主流的关系数据库产品有 Oracle（中文名称叫甲骨文）公司的 Oracle 数据库，微软公司的 SQL Server，赛贝斯公司的 Sybase，英孚美软件公司的 Informix 以及免费的 MySQL 等。

2.1　关系模型概述

关系模型是以集合论中的关系概念为基础发展起来的，关系模型中无论是实体还是实体间的联系均由单一的结构类型——关系来表示。在实际的关系数据库中的关系也称为表，一个关系数据库就是由若干个表组成的。

根据前面第 1 章对数据模型的描述，关系数据模型应该由关系数据结构、关系操作集合和关系完整性约束三部分组成。

2.1.1　关系数据结构

数据模型中的数据结构描述数据的静态特性。关系模型的数据结构非常单一，在关系模型中，现实世界中的所有事物（实体）及其联系均用关系来表示。而这里说的关系，就是平常我们常用的二维表格。如表 2.1 所示即为教师关系，记录了教师的一些基本信息。

表 2.1　　　　　　　　　　　　　　教师关系

教工号	姓名	性别	年龄	职称
1996000011	张伍合	男	39	讲师
2000000003	李映梅	女	35	讲师
2003000008	彭兰明	男	52	副教授
2004000001	赵巧巧	女	28	助教
1988000006	吴好	男	43	教授

2.1.2　关系操作集合

关系模型中的关系操作一般包括查询和编辑两大类。查询操作有：选择、投影、连接、并、交、差等，这些操作不会改变参加运算的原关系中的数据，只是在原关系中挑选满足要求的元组或属性组成新的结果关系。编辑类操作包括插入、删除和修改，这些操作会改变原关系中的数据。

由于关系可理解为若干元组（行）组成的集合，因此关系操作的特点是集合操作方式，即操作的对象和结果都是元组（行）的集合。

2.1.3 数据完整性约束

关系的完整性约束包括实体完整性、参照完整性和用户定义的完整性三大类。其中实体完整性是保证关系中每个实体的唯一性必须满足的约束，在具体的 DBMS 实现中表现为表中主键的设置。参照完整性是保证关系之间的联系正常有效而同样必须满足的约束，在具体的 DBMS 中表现为外键的设置。用户定义的完整性是实际的应用领域需要遵循的约束条件，体现了具体应用的实际约束，如给定条件的检查约束等。

2.2 关系数据库的基本术语

数据以"关系"的形式表示，也就是以二维表的形式表示，其数据模型就是我们所说的关系模型。用关系模型表示的数据库是关系数据库，在关系数据库中所有数据及数据之间的联系均用"关系"来表达，并且对"关系"进行各种处理之后得到的还是"关系"。

2.2.1 属性和域

在现实世界中我们描述一个事物常常需要取其若干特征来表示，如一个学生的姓名、性别、年龄、身高、体重和籍贯等，如果用关系表示事物，我们将事物的这些特征称为属性。每个属性的取值范围所对应的一个值的集合称为该属性的域。

例如课程关系中的课程号、课程名称、学分等是属性，而课程号的取值范围是三位的数字字符，即 {001~999}，这个取值范围就是我们所说的域。

域是一组具有相同数据类型的值的集合。例如，人名的集合 {张三，李四，王五}，性别的集合 {男，女}，整数 1~100 的集合 {1，2，…，99，100}，实数集合，1900 年以来的日期集合等都是域。

2.2.2 笛卡儿乘积

笛卡儿乘积的形式化定义：给定一组域 D_1，D_2，…，D_n，这些域中可以有相同的。D_1，D_2，…，D_n 的笛卡儿乘积为：

$$D_1 \times D_2 \times \cdots \times D_n = \{ (d_1, d_2, \cdots, d_n) \mid d_i \in D_i, i = 1, 2, \cdots, n \}$$

其中每一个元素（d_1，d_2，…，d_n）叫做一个 n 元组或简称为元组。元组中的每一个值 d_i 叫做元组的一个分量。

假设域 A 为学生姓名＝{张明，李好}，域 B 为学生年龄＝{18，19，20}，域 C 为学生性别＝{男，女}，则 A、B 与 C 的笛卡儿乘积为：

$$
\begin{aligned}
A \times B \times C = \{ & (张明，18，男)，(张明，18，女)，\\
& (张明，19，男)，(张明，19，女)，\\
& (张明，20，男)，(张明，20，女)，\\
& (李好，18，男)，(李好，18，女)，
\end{aligned}
$$

（李好，19，男），（李好，19，女），

（李好，20，男），（李好，20，女）}

这 12 个元组构成的二维表如表 2.2 所示。

表 2.2 A、B 与 C 的笛卡儿乘积

姓名	年龄	性别	姓名	年龄	性别
张明	18	男	李好	18	男
张明	18	女	李好	18	女
张明	19	男	李好	19	男
张明	19	女	李好	19	女
张明	20	男	李好	20	男
张明	22	女	李好	22	女

其中（张明，18，男）和（李好，20，女）等都是元组，张明、18 和男是元组"（张明，18，男）"的分量，李好、20 和女是元组"（李好，20，女）"的分量。

类似的例子有，如果 A 表示某学校学生的集合，B 表示该学校所有课程的集合，则 A 与 B 的笛卡儿乘积表示所有学生的所有可能的选课情况。

很显然，笛卡儿乘积概括了给定域的所有可能的组合情况，不一定有实际意义。有实际意义的内容往往由其中的部分分量组成，这就是我们所说的关系。

2.2.3 关系

关系的形式化定义：给定一组域 D_1，D_2，…，D_n。$D_1 \times D_2 \times \cdots \times D_n$ 的子集叫做在域 D_1，D_2，…，D_n 上的关系。表示为：

$$R (D_1, D_2, \cdots, D_n)$$

这里 R 表示关系的名字，n 是关系的目或度，即表中列的数目。

关系中每个分量元素叫做关系中的元组（即表中的一行或记录）。

实际上，关系是笛卡儿乘积的有一定意义的、有限的子集，所以关系也是一个二维表，表中的每一行对应一个元组，表的每一列对应一个域。由于域可以相同，为了加以区分，必须对每列起一个唯一的名字，称为属性。n 目关系有 n 个属性，当 n＝1 时，称该关系为单元关系，当 n＝2 时，称该关系为二元关系。

例如上面介绍的 A×B×C 没有什么意义，而学生关系 1 则表示每个学生的姓名、年龄和性别等有意义的信息，显然表 2.3 是表 2.2 的子集。

表 2.3 学生关系 1

姓名	年龄	性别	姓名	年龄	性别
张明	19	男	李好	18	女

例如，对给定的三个域：D_1（年份集合＝1992，1993）、D_2（电影名集合＝星球大战，独立日）、D_3（电影长度集合＝100，120），它们的笛卡儿乘积构成的集合，不是一个有意义的关系，因为，每个电影的长度是固定的，电影的出版年份也是固定的。而如表 2.4 所示的电影关系是有意义的。

表 2.4 电影关系

年份	电影名	电影长度	年份	电影名	电影长度
1993	星球大战	120	1992	独立日	100

例如表 2.5 是一个学生关系，记录了学生的学号、姓名、性别和年龄信息。表的每一列标题栏中的名字称为关系的属性，属性描述了该列数据的意义；表中除了标题行之外的每一行称为关系的元组或记录，它表示了具体的数据信息。例如表 2.5 中有 4 个元组，记录了 4 个学生的学号、姓名、性别和年龄信息。表 2.6 和表 2.7 分别表示"课程"和"成绩"关系。

表 2.5 "学生"关系

学号	姓名	性别	年龄	
20120003001	张小光	男	19	元组1（记录1）
20120003002	刘和平	男	20	元组2（记录2）
20120003003	陈一新	女	19	元组3（记录3）
20120003004	蔡忠明	男	21	元组4（记录4）

属性1 → 学号，属性2 → 姓名，属性3 → 性别，属性4 → 年龄

表 2.6 "课程"关系

课程号	课程名	学分	课程号	课程名	学分
001	大学英语	3	003	程序设计语言	5
002	高等数学	4	004	数据库技术	4

表 2.7 "成绩"关系

学号	课程号	成绩	学号	课程号	成绩
20120003001	001	89	20120003002	003	52
20120003001	003	70	20120003003	001	72
20120003001	004	68	20120003004	001	60
20120003002	002	90	20120003004	002	80

2.2.4 关系模式

关系模式是对关系的描述，是关系的型。关系的内容是关系的值，即一行行的数据记录（元组）。

我们知道，关系实质上是一张二维表，表中的每一行是一个元组，每一列为一个属性。一个元组就是该关系所涉及的属性集的笛卡儿乘积的一个元素。关系是元组的集合，因此关系模式必须指出这个元组集合的结构，即它由哪些属性组成，这些属性来自哪些域，以及属性与域之间的关系。简化的情况下，我们将关系名称和关系的属性名称的集合称为该关系的模式，记为：

关系名（属性名 1，属性名 2，…，属性名 n）

所以表 2.5 所示的学生关系对应的关系模式为：

学生（学号，姓名，性别，年龄）

表 2.6 所示课程关系对应的关系模式为：

课程（课程号，课程名，学分）

关系模式有时简称模式，模式中的属性是一个集合而非有序列表，也就是说属性名的排列顺序不影响关系模式，但为了便于说明和讨论，我们一般会为这些属性根据其重要程度而规定一个"标准"顺序。

关系模式只是一个关系的框架，具有该框架结构的所有元组才是该关系的值，或者说是该关系的内容。关系的模式和关系的值共同确定了一个具体关系。在关系数据库系统中，一个关系可以只有模式而没有值，称为空关系，而绝对不可以没有模式只有值。关系模式一经定义，一般尽量不要修改，通常来说，模式是相对稳定的，而关系的值是具体的数据，它随时都可能被更新，即从关系中删除一个元组或修改一个元组中的某个分量等操作都改变了关系的值，使关系具有了新的当前值。

2.2.5 关系数据库模式

在关系模型中，现实世界中的实体以及实体之间的联系都是用关系来表示的。例如学生实体、课程实体和成绩都分别用一个关系来表示。在一个给定的应用系统中，所有实体和实体之间的联系以及关系的集合构成一个关系数据库。

一个关系数据库中往往包含多个关系，关系数据库中这些关系的集合称为"数据库模式"，数据库设计的主要任务是确定其中需要多少个关系，每个关系有多少个属性，属性的名称和数据类型等内容，也就是设计好每个关系的模式。

如果学生成绩管理数据库包含三个关系，分别是学生、课程和成绩，则其数据库关系模式如下所示。

学生（学号，姓名，性别，年龄）

课程（课程号，课程名，学分）

成绩（学号，课程号，成绩）

即学生、课程和成绩三个关系模式的集合就构成了学生成绩管理数据库的模式。

2.2.6 关系数据库中的相关名词

1. 关系的度或目

每个关系都要给定一个名称，称为关系的名字，一般用 R 表示关系的名字。给定关系中不同属性列的数目称为关系的目或度（度数），用 n 表示关系的度或目。例如表 2.5 所表示的学生关系共有 4 个属性列，所以此关系的度数 n 为 4；表 2.6 所表示的课程关系中共有三个属性列，所以其度数 n 为 3。

2. 主码（Primary Key）

关系中能唯一标识每个元组的最少属性或属性组称为主码（也称关键字或主键）。例如"学生"关系中的属性"学号"就是关键字，只要学号确定了，就能知道这个学号对应的姓名、性别和年龄等信息，但学生关系中的"性别"和"年龄"不能作为主码，因为即使年龄或性别确定了，还是不能确定学生的姓名和学号等信息，因为同性别或者同年龄的学生太多了。当然如果这个关系中没有同姓名的学生，则姓名也可以作为主码看待，这要根据具体的语义来决定。当一个关系有多个可选的主码（称为候选码）时，可由关系的设计者或使用者指定其中之一为主码。

在表 2.6 所示的"课程"关系中，"课程号"或"课程名"均可以作为关系的主码，但有可能不同的系别选择同样的课程名称，但课程内容有区别，所以一般使用"课程号"作为主码比较合适。而在表 2.7 所示的"成绩"关系中，单独的学号和课程号都不能作为主码，因为一个学号代表一个学生，每个学生可以选修多门课，从而对应每个学号会有多个记录，同样地，每个课程号对应一门课程，每门课程会有多个学生选修，也就会对应表中多条记录。只有学号和课程号的组合（学号，课程号）才能确定相应的成绩，所以（学号，课程号）为"成绩"关系的主码。主码可能是属性的组合，但必须是最少的。就是说少一个属性不能成为主码，但多一个就有了冗余。

3. 主属性

关系中包含在候选码中的属性称为主属性。需要注意的是，主码中的属性是主属性，如上面介绍的学生关系中的学号，课程关系中的课程号，成绩关系中的学号和课程号都是主属性。如果关系中有多个可选的主码，即候选码，即便这个候选码没有选择作为主码，那么这些候选码中包含的属性也是主属性。例如，如果学生关系中增加一个"身份证号码"属性，那么"身份证号码"也是学生关系中的候选码，即是主属性。

4. 外码（Foreign Key）

在一个关系数据库中包含有多个关系，如关系 R1、R2 等，如果某个关系 R1 中的某个属性在这个关系中不是主码，而这个属性在另一个关系 R2 中是主码，则该属性为 R1 的外码或外关键字。

【例 2.1】假设我们设计的数据库包含表 2.5 至表 2.7 所示的三个关系

学生（学号，姓名，性别，年龄）

课程（课程号，课程名，学分）

成绩（学号，课程号，成绩）

因"成绩"关系中的"学号"属性不是主码，但是这个属性在"学生"关系中是主码，所以"学号"是"成绩"关系中的外码；同样地，"成绩"关系中的"课程号"不是主码，而在"课程"关系中是主码，所以"课程号"也是"成绩"关系中的外码。这里需要注意的是，成绩关系中的主码是"学号"与"课程号"的组合，而不是其中的某一个属性。在这个例子中，通过成绩关系中的"学号"和"课程号"这两个外码将三个关系联系成一个整体。

【例 2.2】学校教工和系部关系模式如下所示

系部（系部编号，系部名称，系部主任，办公室，联系电话）

教工（教工号，姓名，性别，年龄，职称，系部编号）

在教工关系中，"系部编号"属性不是主码，但在系部关系中，"系部编号"是主码，因此，"系部编号"在教工关系中是外码。在这个例子中，通过"系部编号"属性将系部关系和教工关系联系起来了。

因此，在一个关系数据库中的若干关系往往是通过外码（外关键字、外键）而相互关联的。

外码（外关键字、外键）这个概念在关系数据库中相当重要，请同学们一定好好理解并掌握其中的含义。

2.2.7　关系及关系数据库的特点

1. 关系的特点

根据前面的说明，我们总结出关系的特点如下：

（1）关系中的每一个属性值都必须是不能再分的元素。例如学生的"姓名"不能再细分为"姓"和"名"两个属性值，必须把其作为一个整体来看待。

（2）每一列中的数值是同类型的数据。例如学生的年龄列为整数值，性别列从｛"男"，"女"｝中取值等。

（3）不同的列应该给予不同的属性名。同一个关系中的两个列即使其取值范围相同也必须有不同的属性名，以便区分其不同意义。

（4）同一关系中不允许有相同的元组，如果有相同的元组也只保留一个。

（5）关系是行或列的集合，所以行、列的次序可以任意交换，不影响关系的实际意义。

2. 关系数据库的特点

采用关系模型建立的数据库即关系数据库，具有以下特点：

（1）组织数据的结构单一。

在关系模型中，无论是数据还是数据之间的联系都是以我们熟悉的二维表（关系）形式来表示的，这种表示方法不仅让人容易理解且便于计算机操作和实现。

（2）采用集合运算。

在关系模型中，运算的对象是关系，运算的结果还是关系，而关系可以看作是行（元组或记录）的集合，所以对关系的运算可以转化为对集合的运算。

（3）数据完全独立。

因为关系数据库系统中的数据是由关系数据库管理系统（DBMS）进行管理的，对于程序员来说，不需要知道数据存放的具体位置和组织形式等方面的内容，只需要告诉系统要进行什么样的操作，由系统自动完成相关的任务，即程序和数据高度独立。

（4）数学理论支持。

在关系模型中，每个关系都是集合，对关系的运算有集合论、数理逻辑作基础，关系结构可以用关系规范化理论进行优化。总之，关系模型具有严格的数学定义，具有成熟的数学理论为依据，它是目前为止最简单有效、最受欢迎、应用最广泛的数据模型。

2.3 关系代数

从用户的角度来看，关系数据库中保存着他们需要的各种数据，那么保存数据的目的是什么呢？主要是为了今后查询和处理数据方便快捷，也可能是分析问题或决策时有供参考的内容。具体的关系数据库管理系统（DBMS）有针对数据库的数据查询、数据定义和数据控制等语句，我们这里首先了解关系的一些基本运算，它是所有数据查询语言的理论基础。

关系代数是过程化的查询语言，所谓过程化语言就是需要用户指导系统对数据库执行一系列操作从而计算得到所需要的结果。关系代数包括运算的集合，这些运算都是以一个或两个关系为输入，产生一个新的关系作为结果。

关系代数的运算分为两大类，第一类是传统的集合运算（并、交、差），另一类是专门的关系运算（选择、投影、连接等）。

2.3.1 关系的集合运算

设 P1 和 P2 为参加运算的两个关系，如果它们具有相同的属性集，则可以定义并、交、差三种传统的集合运算。

1. 并运算

P1∪P2，表示关系 P1 与关系 P2 的并，结果中的元组或者属于 P1 或者属于 P2。

2. 差运算

P1－P2，表示关系 P1 与关系 P2 的差，结果中的元组属于 P1 但不属于 P2。

3. 交运算

P1∩P2，表示关系 P1 与关系 P2 的交，结果中的元组既属于 P1 又属于 P2。

例如关系"课程表1"与关系"课程表2"分别如表 2.8 和表 2.9 所示。

表 2.8   "课程表 1"关系

课程号	课程名	学分	课程号	课程名	学分
001	大学英语	3	003	程序设计语言	5
002	高等数学	4			

表 2.9   "课程表 2"关系

课程号	课程名	学分	课程号	课程名	学分
003	程序设计语言	5	004	数据库技术	4

那么"课程表 1"∪"课程表 2"应该如表 2.10 所示。要注意的是，关系"课程表 1"与关系"课程表 2"中含有一个相同的元组（003，程序设计语言，5），在并运算的结果集中只能出现一次。正因为如此，"课程表 1"∩"课程表 2"的结果关系中只包含此一个元组，如表 2.11 所示。

表 2.10   "课程表 1"∪"课程表 2"结果关系

课程号	课程名	学分	课程号	课程名	学分
001	大学英语	3	003	程序设计语言	5
002	高等数学	4	004	数据库技术	4

表 2.11   "课程表 1"∩"课程表 2"结果关系

课程号	课程名	学分
003	程序设计语言	5

由于元组（003，程序设计语言，5）既出现在关系"课程表 1"中又出现在关系"课程表 2"中，所以"课程表 1"－"课程表 2"的结果应该只包含出现在关系"课程表 1"中不出现在关系"课程表 2"中的两个元组，结果如表 2.12 所示。

表 2.12   "课程表 1"－"课程表 2"结果关系

课程号	课程名	学分	课程号	课程名	学分
001	大学英语	3	002	高等数学	4

值得特别说明的是，对于关系的集合运算，参加运算的两个关系的模式必须相同，否则运算无法进行。

2.3.2 专门的关系运算

专门的关系运算主要有三类：选择、投影和连接，其中连接运算又分为笛卡儿乘积、等值连接和自然连接三类，我们重点要灵活掌握自然连接的运算。

1. 选择

选择是从给定关系中找出满足一定条件的元组的运算，其运算符号记为"σ"。我们在做选择运算时需要说明是从哪个关系中进行选择，即需要给出关系名；做选择运算时需要说明选择的条件，一般用"年龄>19"或"成绩<60"等形式来表示。这种条件形式在比较符号（主要有大于">"，大于等于">="，小于"<"，小于等于"<="，等于"="，不等于"<>"等）前面的一般是关系中表示某个意义的属性列名，在比较符号后面为给定的条件值。

当条件较复杂时，使用单个比较运算不能表示条件，可能需要使用逻辑运算符 AND、OR、NOT 将多个单一条件进行连接。其中"AND"表示逻辑与运算，要求与运算符前后的条件都为真时结果才为真，其他情况结果为假，即要求运算符两边的条件均为真时才满足条件。"OR"表示逻辑或运算，要求或运算符前后的条件都为假时结果才为假，其他情况结果为真，即只需要满足其中一个条件即可。"NOT"为逻辑非运算，即原条件为真时结果为假，原条件为假时结果为真。

关系代数中选择运算的基本书写形式为：

$$\sigma_{条件}（关系名）$$

在关系运算式中，条件写在关系运算符的右下角，关系名需要用圆括号括起来。

选择运算的结果仍然是一个关系，这个结果关系的属性集与原来关系的属性集相同，但元组一般会减少一些，选择运算是从关系的行（元组）的角度进行的选择，如图 2.1 所示。

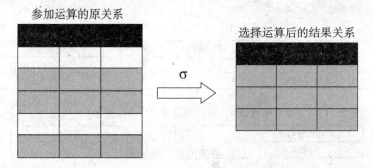

图 2.1 "选择"运算图示

例如，"学生"关系如表 2.5 所示，那么要查找年龄在 20 岁以下的学生信息，其关系运算式为：

$$\sigma_{年龄<20}（学生）$$

得到的结果关系如表 2.13 所示。

表 2.13　　　　　　　　　　　　　年龄在 20 岁以下的学生关系

学号	姓名	性别	年龄
20120003001	张小光	男	19
20120003003	陈一新	女	19

如果要求在"学生"关系中查找年龄在 20 岁以下的女学生信息，则条件有两个，一个是"年龄<20"另一个是"性别='女'"，要求同时满足条件时使用逻辑运算与（AND）进

行连接。其关系代数运算式为：

$$\sigma_{年龄<20AND性别='女'}（学生）$$

得到的结果关系如表 2.14 所示。

表 2.14   年龄在 20 岁以下的女学生关系

学号	姓名	性别	年龄
20120003003	陈一新	女	19

要注意的是，在这个关系运算式中，条件"性别＝'女'"中的女是一个字符值，在关系代数中需要用单引号进行分隔。

2. 投影

投影是从给定的关系中选取若干属性的运算，其运算符号记为"π"。做投影运算时需要说明是从哪个关系（二维表）中进行投影，即给出关系名；另外投影时还需要说明要投影的列（属性）名，如果投影到多个属性列时属性列之间则需要使用逗号分隔。

投影运算的一般表示方式如下：

$$\pi_{列名集}（关系名）$$

投影操作主要是从列的角度进行的运算，如图 2.2 所示。但需要注意的是：投影运算之后不仅取消了原来关系中的某些列，而且可能取消了某些元组（重复行）。

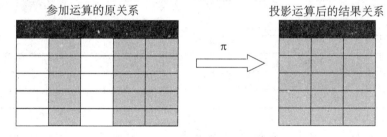

图 2.2   "投影"运算图示

例如，"学生"关系如表 2.5 所示，那么要查找所有学生的姓名和年龄信息，也就是说不需要学生关系中的学号和性别信息，其关系运算式为：

$$\pi_{姓名,年龄}（学生）$$

得到的结果关系如表 2.15 所示。

表 2.15   学生关系中的姓名和年龄信息表

姓名	年龄	姓名	年龄
张小光	19	陈一新	19
刘和平	20	蔡忠明	21

3. 连接

（1）笛卡儿乘积。

前面我们介绍的选择和投影运算是一元运算，而笛卡儿乘积是一种二元运算，它把两个关系的元组以所有可能的方式组合起来，其运算符号为"×"。两个关系 A 和 B 的笛卡儿乘积记作"A×B"，其结果为一个新的关系，其属性集是 A 的所有属性与 B 的所有属性集的合并，如果关系 A 和关系 B 有同名的属性 t，则关系名与属性名中间加一个句点符号（.）来区分，如 A.t 和 B.t 用来区分是来自 A 的属性 t 还是来自 B 的属性 t，所以 A×B 的属性列数是 A 的属性数加上 B 的属性数；A×B 的元组是 A 的一个元组和 B 的一个元组串联而成的长元组，因此 A×B 拥有的元组数是 A 的元组数与 B 的元组数的乘积。

笛卡儿乘积的运算结果仍然是一个关系，这个关系的属性集来自于参加运算的两个关系，元组也是两个关系中元组的组合。它是同时从行和列的角度进行的运算，如图 2.3 所示。

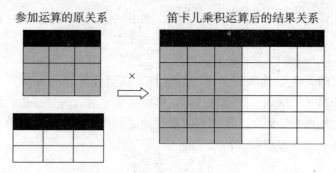

参加运算的原关系　　　　笛卡儿乘积运算后的结果关系

图 2.3　"笛卡儿乘积"运算图示

例如关系 A 和 B 如表 2.16 和表 2.17 所示。

表 2.16　　关系 A

r	s	t
1	4	3
2	5	4
3	6	5

表 2.17　　关系 B

t	x	y
4	5	5
5	6	4
3	7	3

那么在 A×B 的结果关系中，关系模式应该有六个属性：r，s，A.t，B.t，x，y，其元组数为 9，其结果关系如表 2.18 所示。

表 2.18　　　　　　　　　　　　　　　　关系 A×B

r	s	A.t	B.t	x	y
1	4	3	4	5	5
1	4	3	5	6	4
1	4	3	3	7	3
2	5	4	4	5	5
2	5	4	5	6	4
2	5	4	3	7	3
3	6	5	4	5	5
3	6	5	5	6	4
3	6	5	3	7	3

（2）自然连接。

两个关系 A 和 B 的自然连接记作 A ⋈ B，得到的结果是一个新的关系，其结果关系中的属性列是关系 A 和 B 的属性的并集（A 和 B 中相同的属性只保留一个）。其元组是这样生成的：假设 A 和 B 有相同的属性列 r_1，r_2，…，r_n，那么 A 中的一个元组和 B 中的某个元组如果在这些属性上的取值都相同，则组合成一个 A ⋈ B 的一个元组。

例如关系 A 和 B 如表 2.16 和表 2.17 所示，关系 A 和 B 中各有 3 个属性，相同的属性是 t，所以两者自然连接的结果关系中共有 5 个属性（只取一个 t），A 中第一个元组中的 t 值为 3，只和 B 中第 3 个元组中的 t 值相同，所以两者组合成结果关系中的第一个元组，同样地，A 中的第二个元组和 B 中的第一个元组组合成结果关系中的第二个元组，A 中的第三个元组和 B 中的第二个元组组合成结果关系中的第三个元组。所以 A ⋈ B 的结果关系如表 2.19 所示。

表 2.19 关系 A ⋈ B

r	s	t	x	y
1	4	3	7	3
2	5	4	5	5
3	6	5	6	4

例如，对于前面表 2.5 所示的"学生"关系，表 2.7 所示的"成绩"关系，这两个关系进行自然连接后的结果如表 2.20 所示。

表 2.20 学生 ⋈ 成绩

学号	姓名	性别	年龄	课程号	成绩
20120003001	张小光	男	19	001	89
20120003001	张小光	男	19	003	70
20120003001	张小光	男	19	004	68
20120003002	刘和平	男	20	002	90
20120003002	刘和平	男	20	003	52
20120003003	陈一新	女	19	001	72
20120003004	蔡忠明	男	21	001	60
20120003004	蔡忠明	男	21	002	80

请同学们自己对"课程"关系和"成绩"关系进行自然连接，将其结果列表显示。另外，表 2.20 所示的"学生"关系与"成绩"关系的自然连接结果与"课程"关系进行自然连接的结果如表 2.21 所示。

表 2.21 学生 ⋈ 成绩 ⋈ 课程

学号	姓名	性别	年龄	课程号	成绩	课程名	学分
20120003001	张小光	男	19	001	89	大学英语	3
20120003001	张小光	男	19	003	70	程序设计语言	5
20120003001	张小光	男	19	004	68	数据库技术	4
20120003002	刘和平	男	20	002	90	高等数学	4
20120003002	刘和平	男	20	003	52	程序设计语言	5
20120003003	陈一新	女	19	001	72	大学英语	3
20120003004	蔡忠明	男	21	001	60	大学英语	3
20120003004	蔡忠明	男	21	002	80	高等数学	4

在连接运算中，自然连接是一种特殊且有用的连接，它是把两个关系按属性名相同进行等值连接，对于每对相同的属性只保留一个在结果中。由于结果关系中不存在同名属性，所以每个属性名之前就不需要加上关系名和小数点进行限定。

4. 综合运算

我们如果将上面所学的几种关系代数运算综合起来使用，就能完成一些复杂的查询。必要的时候需要使用圆括号来改变运算的先后顺序。

【例2.3】一个学生成绩数据库中包括三个关系，分别是表2.5所示的"学生"关系、表2.6所示的"课程"关系和表2.7所示的"成绩"关系。现要求查询学生张小光选修的所有课程名及其成绩，其关系代数式为：

$$\pi_{课程名,成绩}\ (\sigma_{姓名='张小光'}\ (学生) \bowtie 成绩 \bowtie 课程)$$

【例2.4】一个学生成绩数据库中包括三个关系，分别是表2.5所示的"学生"关系、表2.6所示的"课程"关系和表2.7所示的"成绩"关系。现要求查询所有选修了课程"数据库技术"的学生姓名及其成绩，其关系代数式为：

$$\pi_{姓名,成绩}\ (\sigma_{课程名='数据库技术'}\ (课程) \bowtie 成绩 \bowtie 学生)$$

这两个查询的关系代数式有些类似，但又不完全相同。那么对于涉及多个关系的复杂查询，写好其关系代数式要注意一些什么呢？我们认为有以下几点：

（1）首先要弄清楚这个查询将会涉及哪些关系？这些关系如何连接？对于不需要的关系就不要出现在关系代数式中。例2.3中，因为查询涉及学生的姓名信息就与"学生"关系有关，同时涉及选修的课程成绩就与"成绩"关系相关，而课程名又与"课程"关系有关，所以这个查询涉及三个关系，通过"成绩"关系中的"学号"和"课程号"与"学生"关系及"课程"关系进行自然连接。

（2）找出查询的条件，写成条件表达式，再分析此条件是对哪个关系进行的运算。在例2.3中，给出的条件是学生的姓名"王小光"，其他学生的信息不需要考虑，所以应该首先进行的运算是对"学生"关系进行选择姓名"王小光"的运算。在例2.4中，条件是选修了课程"数据库技术"，所以应该首先对"课程"关系进行选择，即从课程关系中选择课程名称为"数据库技术"的课程，然后再进行连接运算。

（3）找出要求查询的结果字段，写成投影运算。在例2.3中，要求查询的结果是课程名和成绩，这也是投影要得到的结果。在例2.4中，要求查询的结果是学生的姓名和成绩，所以投影运算对象的属性名称就是姓名和成绩。

（4）一般来说，对于一个较复杂的关系运算式，应该先做选择运算，然后进行关系之间的自然连接，最后进行投影运算。

·本章小结·

关系数据模型是以关系数学理论为基础的，用关系即二维表结构来表示实体以及实体之间联系的模型。在关系模型中把数据看成是二维表中的元素，操作的对象和结果都是二维表，一张二维表就是一个关系。

关系模型与层次模型、网状模型的本质区别在于数据描述的一致性，模型概念单一。在关系数据库中，每一个关系都是一张二维表，无论实体本身还是实体间的联系均用称为"关系"的二维表来表示，它由表名、行和列组成。表的每一行代表一个元组，每一列称为一个属性。使得描述实体的数据本身能够自然地反映它们之间的联系。而传统的层次和网状模型数据库是使用链接指针来存储和体现联系的。

尽管关系数据库管理系统比层次型和网状型数据库管理系统晚出现了很多年，但关系数据库以其完备的理论基础、简单的模型、说明性的查询语言和使用方便等优点得到了最广泛的应用。

本章首先说明了关系模型的三个组成部分：关系数据结构、关系操作集合和关系完整性约束；然后介绍了关系数据模型的基本术语：域、笛卡儿乘积、关系、主码等，对关系模式和关系数据库等概念也进行了解释。最后通过实例对两大类关系代数的运算（传统的集合运算——并、交、差和专门的关系运算——选择、投影、连接）进行了详细介绍。

习题 2

一、填空题

1. 关系数据模型是以_____理论为基础的，用_____来表示实体以及实体之间的联系。

2. 关系数据模型包括_____、_____和_____三个方面。

3. 在关系型数据库中，每一个关系都是一个_____，无论实体本身还是实体间的联系均用称为"关系"的_____来表示，它由表名、_____和_____组成。表的每一行代表一个_____，每一列称为一个_____。使得描述实体的数据本身能够自然地反映它们之间的联系。

4. 关系是一种简单的二维表结构，即一个关系可以表示为一张二维表。关系中不同属性列的数目称为关系的_____。

5. 关系中能唯一标识每个元组的最少属性或属性组称为_____。

6. 在同一个数据库中某个关系 R1 中的属性或属性组若在另一个关系 R2 中作为关键字（主码）使用，则该属性或属性组为 R1 的_____。

7. 关系名称和关系的属性名集称为该关系的_____，一个数据库中往往包含多个关系，一个数据库中这些关系的集合称为_____。

8. 关系代数的运算分为两大类：第一类是传统的集合运算，分别是_____、_____和_____，另一类是专门的关系运算，分别是_____、_____和_____。

9. 设 D1、D2 和 D3 域的基数分别为 2、3 和 4，则 D1×D2×D3 的元组数为_____，每个元组有_____个分量。

10. 设一个关系模式为 R1(A，B，C)，对应的关系内容为 R＝{ {1，10，50}，{2，10，60}，{3，20，72}，{4，30，60}}，另一个关系模式为 R2(A，D，E)，对应的关系内容为 R＝{{1，10，50}，{2，10，60}，{1，20，72}，{2，30，60}}，则 R1 与 R2 自然连接的运算结果中包含有_____个元组，每个元组包含有_____个分量。

二、问答题

设一个学生关系为 S（sno，sname，sxb，age，xm），其中 sno 为学号、sname 为姓名、sxb 为学生性别、age 为学生年龄、xm 为学生所在系的系名；课程关系为 C（cno，cname， xf)，其中 cno 为课程号、cname 为课程名称、xf 为课程学分；选课关系为 X（sno，cno，cj），其中 sno 为学号，cno 为课程号，cj 为学生选修课程的成绩。请写出以下查询的关系代数式。

（1）查找"计算机"系的所有学生姓名；

（2）查找年龄在 18 岁以下的所有男学生的姓名和所在系名；

（3）查询选修了"数据库技术"课程的学生姓名；

（4）查询学生"李小明"选修的全部课程名称；

（5）查询"程序设计"课程成绩在 90 分以上的学生姓名；

（6）查询有不及格课程的学生姓名、所在系和课程名。

第 3 章　数据库设计及关系规范化

数据库设计是建立数据库及其应用系统的技术，是信息系统开发和建设中的核心技术。具体来说，数据库设计是指对于一个给定的应用环境，构造最优化的数据库模式，建立数据库及其应用系统，使之能够有效地存储数据，满足所有用户的应用需求。

有人总结说：一个成功的信息管理系统，是由"50％的业务＋50％的软件"所组成的，而 50％的软件又由"25％的数据库＋25％的程序"所组成，数据库设计的好坏是一个系统成功的关键之一，可见数据库设计是多么重要。

关系规范化理论为数据库设计提供了理论指南和工具。

3.1　数据库设计概述

数据库技术是信息资源管理最有效的手段。数据库设计是指对于一个给定的应用环境，构造最优的数据库模式，建立数据库及其应用系统，有效存储数据，满足用户信息需求和处理要求。

更具体一些，对于一个实际的数据库应用系统，我们要设计数据库最基本的工作就是设计数据库中应该有哪些关系（表），每个关系（表）中应该有哪些属性列，每列数据的取值范围是什么，关系（表）之间如何联系等内容。

3.1.1　数据库设计的特点

大型数据库的设计和开发是一项庞大的工程，是涉及多学科的综合性技术，其开发周期长，耗资多，失败的风险也大。数据库设计必须把软件工程的原理和方法应用到数据库建设中来，因此对于从事数据库设计的专业人员来说，应该具备多方面的技术和知识，主要有数据库的基本知识和数据库设计技术，计算机科学的基础知识和程序设计的方法和技巧，软件工程的原理和方法；应用领域的基本知识。

综上所述，在数据库设计中技术与管理同样十分重要，数据库设计是计算机硬件、软件和技术与管理的结合，这是数据库设计的特点之一。我们在这里一般只讨论软件设计的技术问题。

数据库设计应该和应用系统（应用软件）设计紧密结合，也就是说，在数据库设计过程中，要把数据结构（静态数据）设计和行为功能（应用处理）设计密切结合，这是数据库设计的第二个特点。

早期的数据库设计致力于数据模型和建模方法研究，着重结构特性的设计而忽略对系统功能和行为的设计。也就是说比较重视在给定的应用环境下，采用什么原则、方法来建立数据库的结构，而不考虑应用环境要求和数据结构的关系，因此结构设计与行为设计基本上是分离的。

如何把系统的结构特性和行为特性相结合，是数据库设计中应该重点注意的问题。

3.1.2 数据库设计方法和工具概述

在过去相当长的一段时期内，数据库设计主要采用手工试凑法。使用这种方法与设计人员的经验和水平有直接关系，它使数据库设计成为一种艺术而不是工程技术，缺乏科学理论和工程方法的支持，工程的质量难以保证，常常是数据库运行一段时间后又不同程度地发现各种问题，增加了系统维护的代价。长时间以来，人们努力探索，提出了各种数据库设计方法，这些方法运用软件工程的思想和方法，提出了各种设计准则和规程，都属于规范设计方法。

规范设计方法中比较著名的有新奥尔良（New Orleans）方法，它将数据库设计分为四个阶段：需求分析（分析用户要求）、概念设计（信息分析和定义）、逻辑设计（设计实现）和物理设计（物理数据库设计）。又有 I. R. Palmer 等主张把数据库设计当成一步接一步的过程，并采用一些辅助手段实现每一过程。基于 E-R 模型的数据库设计方法，基于 3NF（第三范式）的设计方法，基于抽象语法规范的设计方法等，都是在数据库设计的不同阶段上支持实现的具体技术和方法。

规范设计法从本质上看仍然是手工设计方法，其基本思想是过程迭代和逐步求精。

多年来，数据库工作者和数据库厂商一直在研究和开发数据库设计工具。经过十多年的努力，数据库设计工具已经实用化和产品化，并可同时进行数据库设计和应用程序设计。人们可以选择不同的快速应用程序开发（RAD）工具，例如，Microsoft Visual Studio、Oracle 公司的 Design 2000 等。这些 RAD 工具允许开发者迅速设计、开发、调试和配置各种各样的数据库应用程序，并且能在性能、可扩展性和可维护性这些不断增长的需求上有所收获。RAD 工具之所以强大的一个原因是它对应用程序开发工程生命周期中的每个阶段都提供了支持，这些工具软件可以自动或辅助设计人员完成数据库设计过程中的很多任务。人们已经逐渐认识到自动数据库设计工具的重要性，特别是大型数据库的设计需要自动设计工具的支持。下面介绍两个实用的数据库设计工具软件。

（1）PowerDesigner：PowerDesigner 是 Sybase 推出的主打数据库设计工具。PowerDesigner 致力于采用基于 Entity-Relation 的数据模型，分别从概念数据模型（Conceptual Data Model）和物理数据模型（Physical Data Model）两个层次对数据库进行设计。概念数据模型描述的是独立于数据库管理系统（DBMS）的实体定义和实体关系定义。物理数据模型是在概念数据模型的基础上针对目标数据库管理系统的具体化。

（2）ERWin：这个是 CA 公司的拳头产品，它有一个兄弟是 BPWin，这个是 CASE 工具的一个里程碑式的产品。ERWin 界面简洁漂亮，采用 ER 模型，适合开发中小型数据库，它的 Diagram 给人的感觉十分清晰。在一个实体中，不同的属性类型采用可定制的图标显示，实体与实体的关系也一目了然。

目前许多计算机辅助软件工程（Computer Aided Software Engineering，CASE）工具

已经把数据库设计作为软件工程设计的一部分，如 ROSE、UML（Unified Modeling language）等。

3.1.3　数据库设计的基本步骤

数据库设计是建立数据库及其应用系统的技术，是信息系统开发和建设中的核心技术。由于数据库应用系统的复杂性，为了支持相关程序的运行，数据库设计就变得异常复杂，因此最佳设计不可能一蹴而就，而只能是一种"反复探寻，逐步求精"的过程，也就是规划和结构化数据库中的数据对象以及这些数据对象之间关系的过程。

数据库设计过程一般分为需求分析、概念结构设计、逻辑结构设计、物理结构设计、数据实施以及数据库运行和维护等阶段，如图 3.1 所示。

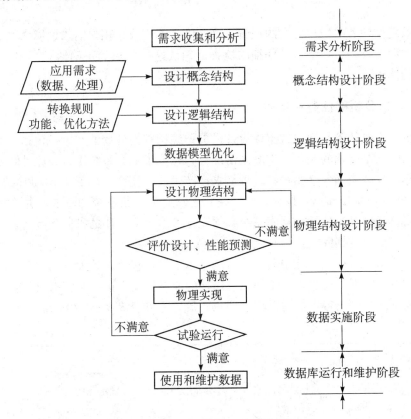

图 3.1　数据库设计步骤和过程图示

我们将在其后的各节中，对数据库设计的需求分析、概念结构设计、逻辑结构设计、物理结构设计，以及数据库的实施和维护等内容进行详细介绍。

3.2　需求分析

设计一个性能良好的数据库系统，明确应用环境对系统的要求是首要的和基本的。因此，应该把对用户需求的收集和分析作为数据库设计的第一步。

需求分析时首先围绕要设计的课题进行调查研究，明确使用系统有哪些用户，并与他们进行充分沟通，了解系统设计的目的、意义，要达到的预期目标，现有系统的状况，业务处理流程，用户希望的主要功能及特殊要求，并收集所有数据资料。

在此基础上，再对调研所收集到的所有信息进行归类、整理、筛选、抽象（抽取本质特性，去掉非本质内容）、提炼、分析和仔细审查，以确保准确地明白其含义并找出其中的错误、遗漏或其他不足的地方。在分析的过程中，我们还应该注意与用户的沟通以便澄清某些易混淆的问题，并明确哪些需求更为重要，其目的是确保与用户尽早地达成共识并对设计系统有相同而清晰的认识。

对于上一步骤得到的需求分析结果，经整理后，都必须用一种统一的方式来将它们编写成用户需求（功能）说明书。用户需求（功能）说明书阐述你设计的系统必须提供的功能和性能以及它所要考虑的限制条件，它不仅是系统测试和用户文档的基础，也是后续设计和编码、测试的基础。

为确保系统设计者对用户需求的理解正确，设计者完成了用户需求说明书之后，请有关用户对需求说明书及相关模型进行仔细的检查，确认这些需求的正确性和还未包括的内容，并进行有关的修正。

3.2.1 需求分析的任务和步骤

需求分析的主要任务是通过数据库设计人员详细调查待处理的对象，包括某个单位或组织、某个部门、某个企业的业务管理基本情况等，充分了解原系统手工或原计算机系统的工作概况及工作流程，明确各个用户的各种需求，产生数据流图（Data Flow Diagram，DFD）和数据字典（Data Dictionary，DD），然后在此基础上确定新系统的功能，并产生系统需求说明书。值得注意的是，新的数据库系统必须充分考虑今后可能的扩充和改变，不能仅仅按当前应用需求来设计数据库。

如图 3.2 所示为数据库设计中需求分析的基本步骤，包括设计人员向用户了解企业或单位的组织机构总体情况；设计人员了解熟悉用户的业务活动，进行系统需求的收集；设计人员确定用户需求的全部内容，撰写需求说明书；确定系统边界，定义数据字典（DD）和数据流图（DFD）。

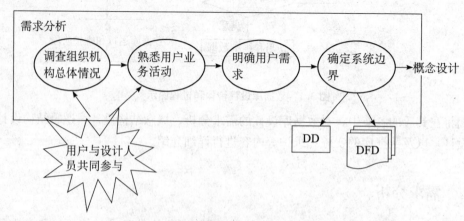

图 3.2　需求分析的步骤

3.2.2　需求分析的具体内容

需求分析的重点是调查、收集和分析用户数据管理中的信息需求、处理需求、安全性与完整性要求。

信息需求是指用户需要从数据库中获得的信息的内容和性质。由用户的信息需求可以导出数据需求，即在数据库中应该存储哪些数据；处理需求是指用户要求完成什么处理功能，对某种处理要求的响应时间；处理方式是指联机处理还是批处理等。明确用户的处理需求，将有利于后期应用程序模块的设计。

调查、收集用户需求的具体内容包括以下方面：

（1）了解组织机构的情况，调查这个组织由哪些部门组成，各部门的职责是什么，为分析信息流程做准备。

（2）熟悉各部门的业务活动情况，调查各部门输入和使用什么数据，如何加工处理这些数据，输出什么信息，输出到什么部门，输出的格式等。在调查活动的同时，要注意对各种资料的收集，如票证、单据、报表、档案、计划、合同等，要特别注意了解这些报表之间的关系，各数据项的含义等。

（3）确定新系统的边界。确定哪些功能由计算机完成或将来准备让计算机完成，哪些活动由人工完成。由计算机完成的功能就是新系统应该实现的功能。

在调查过程中，根据不同的问题和条件，可采用的调查方法很多，如设计人员跟随用户上班（跟班作业）进行观察，了解用户的工作业务、召开专门的系统调研会、请单位或部门专人介绍、设计人员耐心细致询问、设计调查表请用户填写、查阅工作记录等。

但无论采用哪种方法，都必须有用户的积极参与和配合，强调用户的参与是数据库设计的一大特点。

收集用户需求的过程实质上是数据库设计者对各类管理活动进行调查研究的过程。设计人员与各类管理人员通过相互交流，逐步取得对系统功能的一致认识。但是，由于用户还缺少软件设计方面的专业知识，而设计人员往往又不熟悉业务知识，要准确地确定需求很困难，特别是某些很难表达和描述的具体处理过程。针对这种情况，设计人员在自身熟悉业务知识的同时，应该帮助用户了解数据库设计的基本概念。对于那些因缺少现成的模式、很难设想新的系统、不知应有哪些需求的用户，还可应用原型化方法来帮助用户确定他们的需求。就是说，先给用户一个比较简单的、易调整的真实系统，让用户在熟悉使用它的过程中不断发现自己的需求，而设计人员则根据用户的反馈调整原型，反复验证最终协助用户发现和确定他们的真实需求。

调查了解用户的需求后，还需要进一步分析和抽象用户的需求，使之转换为后续各设计阶段可用的形式。在众多分析和表达用户需求的方法中，结构化分析（Structured Analysis，SA）是一个简单实用的方法。SA方法采用自顶向下，逐层分解的方式分析系统，用数据流图（DFD）、数据字典（DD）描述系统。

数据流图是软件工程中专门描绘信息在系统中流动和处理过程的图形化工具。因为数据流图是逻辑系统的图形表示，即使不是专业的计算机技术人员也容易理解，所以是极好的交流工具。

数据流图是有层次之分的，越高层次的数据流图表现的业务逻辑越抽象，越低层次的数据流图表现的业务逻辑越具体。在 SA 方法中，我们可以把任何一个系统都抽象为图 3.3 所示的形式。它是最高层次抽象的系统概貌，要反映更详细的内容，可将处理功能分解为若干子功能，每个子功能还可继续分解，直到把系统工作过程表示清楚为止。在处理功能逐步分解的同时，它们所用的数据也逐级分解，形成若干层次的数据流图。

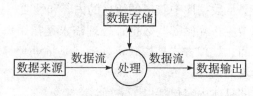

图 3.3　系统高层抽象图

数据流图表达了数据和处理过程的关系，系统中的数据则借助数据字典（DD）来描述。

数据字典是各类数据描述的集合，它是关于数据库中数据的描述，即元数据，而不是数据本身。数据字典通常包括数据项、数据结构、数据流、数据存储和处理过程五个部分（至少应该包含每个字段的数据类型和在每个表内的主外键）。

总之，数据库设计中的需求分析后，我们要很清楚地知道在计算机中长久保留哪些数据，数据之间的联系及其取值范围和其他处理要求等内容，为确定数据库模式做好准备工作。

3.3　概念结构设计

概念结构设计是设计人员以用户的观点，对用户信息的抽象和描述，是从现实世界到信息世界的第一次抽象，不需要考虑具体的数据库管理系统。

3.3.1　概念结构设计概述

现实世界的事务往往比较繁杂，即使是某一具体的应用由于存在大量不同的数据信息和对这些数据的各种处理，也必须进行分类整理，理出数据之间的关系，描述信息处理的流程，这个过程就是概念设计。

概念结构设计的策略通常有以下几种：

（1）自顶向下。这种方法一般是从全局开始设计整体框架，然后再逐步进行细化。

（2）自底向上。首先进行局部应用的概念结构设计，然后将各个局部结构集成起来合并处理后得到全局概念结构。

（3）逐步扩张。首先进行核心业务的概念结构设计，然后以此为中心向外扩张，直到覆盖全部业务为止。

（4）混合策略。就是将自顶向下和自底向上两种策略结合使用，首先确定全局框架，划分若干个局部概念模型，再采用自底向上的策略实现各个局部概念模型，加以合并，最终实现全局概念模型。

在实际应用的数据库概念设计中，这些策略没有严格的限定，可以根据具体的应用业务特点进行灵活的选择。

数据库概念结构设计最著名和最常用的方法是 P. P. S Chen 于 1976 年提出的实体—联

系方法（Entity-Relationship Approach），简称 E-R 方法。它采用 E-R 模型将现实世界的信息结构统一由实体、属性及实体之间的联系来进行描述。

3.3.2　使用 E-R 图建立概念模型

数据库概念设计阶段的主要任务和目标是根据前阶段需求分析的结果找出所有数据实体及其相互联系，画出对应的实体—联系（E-R）模型，或称 E-R 图。E-R 图是数据库建模的一种直观的易于理解的图形表示，由实体、属性和联系三部分组成。

实体、属性和联系是 E-R 图的最基本的概念，下面分别进行说明。

1. 实体

现实世界中存在的可以相互区别的事物或抽象的内容称为实体。比如数据库系统中的使用者张三和李四是实体，与系统有关的具体课程"数据结构"、"数据库技术"也是实体，与某门课程相关的主教材（书）也是实体。同一类型的实体称为实体集，如所有学生组成学生实体集，所有课程组成课程实体集等。实体集是由实体组成的，但为了简单方便，我们在设计 E-R图时，往往将实体和实体集混为一说，具体语义需要根据上下文进行理解。在 E-R 图中，我们用矩形表示实体集，在矩形中说明实体集的类别名，如学生、课程等，如图 3.4 所示。

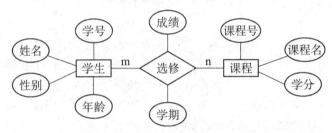

图 3.4　学生和课程实体、属性和联系图

2. 属性

属性是描述实体或联系的一些基本特征。比如说，学生实体集中每个学生都有学号、姓名、性别、年龄等基本信息，课程实体集中有课程名、课程学分等内容。那么每个实体集到底需要描述哪些信息呢？这要根据系统的需求分析结果来进行设计。在 E-R 图中，我们用椭圆表示实体集的属性，在椭圆中说明属性的名称，如学号、姓名等，并用直线将其与对应的实体联系起来，如图 3.4 所示。

3. 联系

联系是指实体之间的相互关系。在同一个系统中的实体集之间可能存在某种关系，如学生选修课程，教师为课程选择教材等都涉及两个以上的关系。联系也可能具备某个特性，比如，学生选修某门课程会有一个成绩，教师为某门课程选择教材时的使用时间信息等。在E-R 图中，我们用菱形表示实体之间的联系，在菱形框中说明联系的名称，如选修、授课等，并用直线将其与相关的实体联系起来，如图 3.4 所示。学生实体与课程实体之间有一个"选修"联系，这个联系具有两个属性，分别是成绩和学期。

联系涉及两个以上的实体集，根据一个实体集中的实体和另一个实体集中的实体联系的个数我们将联系分成三种类型，分别是 1 对 1、1 对多和多对多的联系。

（1）1 对 1 联系。

假若一个实体集中的一个实体最多与另一个实体集中的一个实体有联系，反之亦然，则称这两个实体集之间的联系为1对1的联系，也可简写为"1：1"。在E-R图中将与两个实体连接的直线上方均写上1，来表示实体之间的1对1的联系。例如，一个学校只有一位校长，每位校长只能在一个学校任职，则学校与校长之间是1对1的联系，如图3.5所示。

图3.5　1对1联系

（2）1对多联系。

假若一个实体集中的一个实体与另一个实体集中的多个实体有联系，而另一个实体集中的一个实体最多与该实体中的一个实体有联系，则称这两个实体集之间的联系为1对多的联系，也可简写为"1：n"。在E-R图中将与两个实体连接的直线上分别写上1和n来表示实体集之间的1对多的联系。例如，一个班级有多位学生，而每位学生只能属于一个班级，则班级与学生之间是1对多的联系，如图3.6所示。

图3.6　1对多联系

（3）多对多联系。

假若一个实体集中的一个实体与另一个实体集中的0到多个实体有联系，而另一个实体集中的一个实体也与该实体集中的0到多个实体有联系，则称这两个实体集之间的联系为多对多的联系，也可简写为"m：n"。在E-R图中将与两个实体连接的直线上分别写上m和n来表示实体集之间的多对多的联系。例如，一个学生可以选修多门课，每门课也可以被多个学生选修，则学生与课程之间是多对多的联系，如图3.4所示。

请注意，联系也可能涉及多个实体，这时我们一般将其转化为多个两两联系来进行设计，将复杂的问题简单化。

4. E-R图设计实例

【例3.1】假设要求我们设计一个适合大学选课的数据库。该数据库的内容包括：每个教师可担任多门课程的教学，每门课也可以由多个教师来授课；每一位教师属于一个系，每个系有多位教师；一个系可以开设多门课程，每门课程只归属于一个系；一个学生可以选修多门课，每门课也可以由多个学生选修，学生选修课程会有一个成绩。请用E-R图表达学生选课数据库。

在设计过程中，首先要做的工作是找出实体集，然后再分析实体集之间的联系，最后考虑实体集和联系的属性有哪些。

通过分析可以看出，例3.1有学生、教师、系和课程四个实体集。学生和课程之间有多对多的选课联系，即一个学生可能选修多门课，每门课亦可以由多个学生选修；教师和课程之间也是多对多的联系，系与课程之间是1对多的联系，教师与系之间也是1对多的联系。学生实体的属性有学号、姓名、性别和班级；课程的属性有课程号、课程名和学分；教师的属性有姓名、性别和职称；系的属性有系名、系办地址和联系电话。学生选修课程的联系上应该有成绩属性，而教师授课应该加上教学效果这个属性。综上分析得到E-R图如图3.7所示。

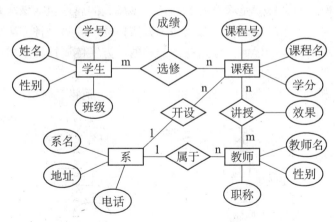

图 3.7 大学选课数据库 E-R 图

概念设计或者说 E-R 图设计过程中我们要贯彻概念单一化原则，即一个实体只用来反映一个事实，一个实体中的所有属性是与实体直接相关的。如果将不相关的数据放在同一个实体中，就会为后面的逻辑设计和规范化造成很多麻烦。

要注意的是，对于较复杂的系统，可能需要先按功能或使用者的权限画出局部 E-R 图，然后把各个局部 E-R 图综合起来形成统一的整体 E-R 图。

3.4 逻辑结构设计

逻辑设计阶段的主要任务和目标是根据概念结构设计的结果设计出数据库的逻辑结构模式，对于 RDBMS 而言，主要是确定数据库模式由哪些关系组成，每个关系由哪些属性列组成，每个属性列的数据类型和宽度等，还需要通过主码和外码确定表与表之间的关系。这是数据库设计中关键的步骤。

3.4.1 E-R 图转换成关系模式

概念结构设计阶段设计出来的 E-R 图并不能在计算机中直接表示和处理，为了能够使用关系数据库管理系统进行管理，必须将 E-R 图转换成关系模式，这个过程就是逻辑结构设计。

E-R 图由实体、属性和联系三要素构成，而关系模型中只有唯一的结构——关系模式。因此将 E-R 图转换成关系模式就要将实体、属性和联系转换成关系和关系中的属性。其转换方法如下。

1. 实体集和其属性转换成关系模式

E-R 图中的一个实体集转换成一个关系模式，一般来说，实体集的名称（实体名）对应关系模式的名称，实体的属性转换成关系模式的属性，实体标识符就是关系的主码。

2. 联系转换成关系模式

E-R 图中的联系有三种，分别是 1 对 1（1：1）、1 对多（1：n）和多对多（m：n），针对三种不同的联系有不同的转换方法。

（1）1 对 1（1：1）联系的转换。

1 对 1（1：1）联系向关系模式的转换有两种方法：一种方法是将联系转换成一个独立

的关系模式，关系模式的名称就是联系的名称，关系模式的属性包括该联系所关联的两个实体的码及联系的属性，关系的主码可以取任何一方实体的码。另一种方法是最常用的，它将联系归并到关联的两个实体的任何一方，在待归并的一方实体属性集中增加另一方实体的主码和该联系的属性即可，归并后的实体主码不变。

【例3.2】一个教师管理班级的E-R图如图3.8所示，请将其转换成关系模式。

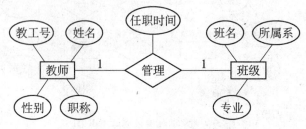

图3.8 教师管理班级 E-R 图

图3.8所示的E-R图中包括有两个实体集和一个1∶1的联系，直接将实体集转换为关系模式，对于1∶1的联系可采用以下两种方法进行转换。

第一种方法：将1∶1的联系转换成一个关系模式得到的数据库模式如下：

教师（教工号，姓名，性别，职称）

班级（班名，所属系，专业）

管理（教工号，班名，任职时间）

第二种方法：将1∶1的联系归并到教师关系中得到的关系模式如下：

教师（教工号，姓名，性别，职称，班名，任职时间）

班级（班名，所属系，专业）

（2）1对多（1∶n）联系的转换。

1对多（1∶n）联系向关系模式的转换有两种方法：一种方法是将联系转换成一个独立的关系模式，关系模式的名称就是联系的名称，关系模式的属性包括该联系所关联的两个实体的码及联系的属性，关系的主码是多方实体的主码。另一种方法是将联系归并到关联的两个实体的多的那一方，在待归并的多方实体属性集中增加一实体的主码和该联系的属性即可，归并后的多方实体主码不变。

【例3.3】学院一个系部与教师之间关系的E.R图如图3.9所示，请将其转换成关系模式。

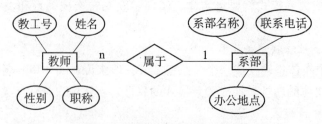

图3.9 教师与系部关系 E-R 图

图3.9所示的E-R图中包括有两个实体集和一个1∶n的联系，直接将实体集转换为关系模式，对于1∶n的联系可采用以下两种方法进行转换。

第一种方法：将1∶n的联系转换成一个关系模式得到的数据库模式如下：

教师（教工号，姓名，性别，职称）

　　系部（系部名称，办公地点，联系电话）

　　教工属于系部（教工号，系部名称）

第二种方法：将 1∶n 的联系归并到教师关系中得到的关系模式如下：

　　教师（教工号，姓名，性别，职称，系部名称）

　　班级（系部名称，办公地点，联系电话）

（3）多对多（m∶n）联系的转换。

多对多（m∶n）联系只能转换成一个独立的关系模式。关系模式的名称就是联系的名称，关系模式的属性包括该联系所关联的两个实体的码及联系的属性，关系的主码是两个多方实体的主码的组合。具体转换方法请见例 3.4。

通过以上方法，可以将 E-R 图中的实体、属性和联系转换成为关系模式，然后建立系统的初始数据库模式。下面通过两个例子来介绍 E-R 图转换成数据库关系模式的方法。

3.4.2　逻辑结构设计实例

【例 3.4】图 3.4 所示的学生选课 E-R 图，有两个实体，一个多对多的联系，转化成数据库的逻辑结构时变成三个关系，分别是学生、课程和选修。

学生关系对应原来的学生实体集，实体集的属性转换为关系的属性，其主码为"学号"；同样地，课程关系对应原来的课程实体集，课程实体集的属性转换为课程关系的属性；选修联系是多对多的，转换为逻辑模式时成为一个新的关系，其关键码（主码）是与之相关的两个实体的关键码（主码）的组合，再加上联系本身的属性"成绩"，三个关系如下所示。

　　学生（学号，姓名，性别，班级）

　　课程（课程号，课程名，学分）

　　选修（学号，课程号，成绩）

通过选修关系中的外关键码"学号"和"课程号"与学生关系和课程关系联系起来成为一个整体。

【例 3.5】图 3.7 所示的大学选课数据库 E-R 图，有四个实体，两个多对多的联系和两个一对多的联系，转化成数据库的逻辑结构时变成六个关系，分别是学生、课程、教师、系、选修和讲授，内容如下所示。

　　学生（学号，姓名，性别，年龄）

　　课程（课程号，课程名，学分，系名*）

　　教师（教师名，性别，职称，系名*）

　　系（系名，地址，电话）

　　选修（学号*，课程号*，成绩）

　　讲授（课程号*，教师名*，效果）

学生、课程、教师和系这四个关系均对应原来的实体集，但课程是由哪一个系开设的，即系与课程之间的 1 对多的联系应该表示在课程关系中，即加入系名作为课程关系的外关键字即可；同样地，系与教师之间的 1 对多的联系也是在教师关系中加入系名即可。选修和讲授联系是多对多的，转换为逻辑模式时成为一个新的关系，其关键码（主码）是与之相关的两个关系的关键码（主码）的组合，再加上联系本身的属性"成绩"或"效果"即可。

3.5　物理结构设计

数据库最终要存储在物理设备（外存）上，将逻辑设计中产生的逻辑模型结合指定的RDBMS，设计出最适合应用环境的物理结构的过程，称为数据库物理结构设计。

数据库物理结构设计分为两个步骤：首先是确定数据库的物理结构，其次是对所设计的物理结构进行评价。

3.5.1　确定数据库的物理结构

在设计数据库的物理结构前，设计人员必须要做好如下工作：

（1）充分了解给定的DBMS的特点，如存储结构和存取方法、DBMS所能提供的物理环境等。

（2）充分了解应用环境，特别是应用的处理频率和响应时间要求。

（3）熟悉外存设备的特性，如分块原则、块因子大小的规定、设备的I/O特性等。

上述任务完成后，设计人员就可以进行物理结构设计的工作了。该工作主要包括以下内容：

（1）确定数据的存储结构。影响数据存储结构的因素主要包括存取时间、存储空间利用率和维护代价三个方面。设计时应根据实际情况对这三个方面综合考虑，如利用DBMS的聚簇和索引功能等，力争选择一个折中的方案。

（2）设计合理的存储路径，主要指确定如何建立索引。如确定应该在哪些关系模式的哪些列上建立索引，建立哪种类型的索引，一个关系模式建立多少个索引更为合适，等等。关于索引的相关内容我们将在后面章节详细介绍。

（3）确定数据的存放位置。为了提高系统的存取效率，应将数据分为易变部分与稳定部分、经常存取部分和不常存取部分，确定哪些数据存放在高速存储器上，哪些存放在低速存储器上。

（4）确定系统配置。设计人员和DBA在数据存储时要考虑物理优化的问题，这就需要重新设置系统配置的参数，如同时使用数据库的用户数，同时打开数据库对象数、缓冲区的大小及个数、时间片的大小、填充因子等。这些参数将直接影响存取时间和存储空间的分配。

3.5.2　评价数据库物理结构

对数据库的物理结构进行评价主要涉及时间、空间效率、维护代价三个方面，设计人员必须定量估算各种方案在上述三方面的指标，分析其优缺点，并进行权衡、比较，选择出一个较合理的物理结构。

物理结构设计阶段实现的是数据库系统的内模式，它的质量直接决定了整个系统的性能。因此在确定数据库的存储结构和存取方法之前，对数据库系统所支持的事务要进行仔细分析，获得优化数据库物理设计的参数。

3.6 数据库的实施和维护

在进行概念结构设计和物理结构设计之后，设计者对目标系统的结构、功能已经分析得较为清楚了，但这还只是停留在文档阶段。数据系统设计的根本目的，是为用户提供一个能够实际运行的系统，并保证该系统的稳定和高效。要做到这点，还有两项工作，就是数据库的实施、运行和维护。

3.6.1 数据库的实施

数据库的实施主要是根据逻辑结构设计和物理结构设计的结果，在计算机系统上建立实际的数据库结构、导入数据并进行程序的调试。它相当于软件工程中的代码编写和程序调试。

用具体的 DBMS 提供的数据定义语言（DDL），把数据库的逻辑结构设计和物理结构设计的结果转化为程序语句，然后经过 DBMS 编译处理和运行，实际的数据库便会建立起来。目前的很多 DBMS 除了提供传统的命令行方式外，还提供了数据库结构的图形化定义方式，极大地提高了工作效率。

具体地说，建立数据库结构应包括以下几个方面：

（1）数据库模式与子模式，以及数据库空间的描述。

（2）数据完整性的描述。

（3）数据安全性的描述。

（4）数据库物理存储参数的描述。

此时的数据库系统要想真正发挥它的作用，还必须装入各种实际的数据。

3.6.2 数据库的试运行

当有部分数据装入数据库以后，就可以进入数据库的试运行阶段，数据库的试运行也称为联合调试。数据库的试运行对于系统设计的性能检测和评价是十分重要的，因为某些 DBMS 参数的最佳值只有在试运行中才能确定。

由于在数据库设计阶段，设计者对数据库的评价大多是在简化了的环境条件下进行的，因此设计结果未必是最佳的。在试运行阶段，除了对应用程序做进一步的测试之外，重点执行对数据库的各种操作，实际测量系统的各种性能，检测是否达到设计要求。如果在数据库试运行时，所产生的实际结果不理想，则应回过头来修改物理结构，甚至修改逻辑结构。

3.6.3 数据库的运行和维护

数据库系统投入正式运行，意味着数据库的设计与开发阶段的基本结束，运行与维护阶段的开始。数据库的运行和维护是个长期的工作，是数据库设计工作的延续和提高。

在数据库运行阶段，完成对数据库的日常维护，工作人员需要掌握 DBMS 的存储、控制和数据恢复等基本操作，而且要经常性地涉及物理数据库、甚至逻辑数据库的再设计，因此数据库的维护工作仍然需要具有丰富经验的专业技术人员（主要是数据库管理员）来完成。

数据库的运行和维护阶段的工作主要包括以下方面：

（1）对数据库性能的监测、分析和改善。

（2）数据库的转储和恢复。

（3）维持数据库的安全性和完整性。

（4）数据库的重组和重构。

数据库的实施和维护阶段的主要任务就是在实际的计算机系统中建立数据库应用系统。它包括建立数据库模式（即逻辑结构模式和存储结构模式），通过装入数据建立真实的数据库，按照需求分析中规定的对数据的各种处理需求，结合特定的 DBMS 和开发环境编写出相应的应用程序和操作界面。总之，要在计算机上得到一个满足设计要求的、功能完善和操作方便的数据库应用系统。

在这一阶段，当装入少量实验数据和真实数据之后，就可以编写和调试程序，检查数据库模式的正确性、完整性和有效性，若发现问题则可修改数据库模式结构。

当数据库应用系统提交给用户使用之后，要对用户在使用过程中的问题进行解决和维护。

3.7　函数依赖

在关系模型中，一个数据库模式是关系模式的集合。关系数据理论是指导数据库设计的基础，而关系数据库设计的理论核心是数据间的函数依赖，衡量的标准是关系规范化的程度和关系模式分解的无损连接性及保持函数依赖性。

数据依赖是通过一个关系中属性之间值的相等与否体现出来的数据间的相互关系，是现实世界属性间的联系和约束的抽象，是数据内在的性质，是语义的体现。函数依赖则是一种最重要和最基本的数据依赖。

在现实世界中，事物之间或事物内部的各特征之间存在着互助依赖和制约的关系，为了用数据来描述它们并便于处理，需要把具有相同特征的事物归为一类。如把人归为一类，把书归为一类，把机动车归为一类。当然可以根据实际的数据处理需要把这些类再进一步细分，如针对一个学校的数据库系统的需要，可以把人分为教师、学生和管理人员，可以把学校的资产分为房屋类和设备类等。每一种类型的数据和数据之间的联系，在关系数据库系统中都是利用相应的关系来描述的，这样事物之间及事物内部的各特征之间的相互依赖和制约关系就很自然地反映到了关系数据库中的各关系之间和关系内部的各属性之间。因为关系是由属性构成的，所以数据依赖的基础是属性之间的数据依赖。

数据依赖包括函数依赖和多值依赖两个方面，由于函数依赖存在较普遍，应用广泛，所以我们这里只讨论函数依赖。

在一个关系中，属性相当于数学上的变量，属性的域相当于变量的取值范围，属性在一个元组上的取值相当于属性变量的当前值，元组中一个属性或一些属性值对另一个属性值的影响相当于自变量值对函数的影响。当给定一个自变量值能求出唯一的一个函数值时，称此为单值函数依赖或单映射函数，否则为多值函数。在单值函数中由自变量的一个值确定函数的一个值，但不同的自变量值允许具有相同的函数值。如 $f(x) = 2x$，$f(n) = n^2 - 1$ 等都是单值函数。由 x 或 n 的值能够唯一确定 $f(x)$ 或 $f(n)$ 的值。

定义 1 设 R(U) 是属性集 U 上的关系模式，X 和 Y 是 U 的子集。若 R(U) 的任何一个可能的关系 r 中不可能存在两个元组在 X 上的属性值相等，而在 Y 上的属性值不等，则称 X 函数决定 Y 或 Y 函数依赖 X，记作 X→Y，称 X 是决定因素。

【例 3.6】 设一个职工关系为（职工号，姓名，性别，年龄，职务），职工号用来标识每个职工，选作为该关系的主码。对于该关系中的每一个职工（元组）的职工号，都对应着姓名属性中的一个唯一值，即一个职工号对应唯一一个职工的姓名，或者说一个职工的姓名由职工号唯一确定，所以职工号函数决定姓名，记作为：职工号→姓名。职工号为决定因素。

同样地，当一名职工的职工号被确定之后，它所对应的性别、年龄和职务等属性值就被唯一确定了，所以职工号函数决定性别、年龄、职务等描述职工特性的每个属性，可以分别记作为：职工号→性别、职工号→年龄、职工号→职务。

在该关系中除职工号外，其他属性都不能成为决定因素形成函数依赖，因为对于它们的每个属性值，都可能对应另一属性的多个不同的取值，如对于性别属性的一个取值"男"就会对应多个而不是一个职工号。

在这个职工关系中，若规定不允许职工有重名，则姓名也能够唯一标识一个元组，这样姓名也能够函数确定其他每个属性，此时职工号和姓名在取值上一一对应，相互成为决定因素，记作为职工号←→姓名。但通常是允许职工重名的，因为不应该让已经重名的职工重新起名，这样姓名就不能成为关系的候选码，就不能函数决定其他任何属性。

若一个关系中的属性子集 X 不能由函数决定另一个属性子集 Y，则记作 X↛Y，读作 X 不能函数决定 Y，或 Y 不能函数依赖于 X。

定义 2 设一个关系为 R(U)，X 和 Y 为属性集 U 上的子集，若 X→Y 且 X⊉Y，则称 X→Y 为非平凡函数依赖，否则若 X⊇Y 则必有 X→Y，称此 X→Y 为平凡函数依赖。

此定义很容易理解，因为整体总是决定局部的，平凡函数依赖总是成立的。就是说，关系中一个元组的任一个属性值能够函数决定它自己的值，任一属性组的值能够函数决定其中所含的任一属性或属性子集的值。平凡函数依赖又称为函数依赖的**自反性**规则。如在一个职工关系中，职工号总能函数决定它本身，对于任一个给定的职工号，都有它本身的职工号值唯一对应；职工号和性别构成的属性子集总是能够函数决定其中的职工号或性别属性，可分别记作为（职工号，性别）→职工号，（职工号，性别）→性别，因为对于任何给定的一个元组中的职工号和性别的组合值，都唯一对应一个职工号值或性别值，不可能出现其他的职工号值或性别值。

通常讨论的都是非平凡函数依赖，即 X→Y 且 X⊉Y。如在职工关系中，职工号函数决定其他每个属性都是非平凡函数依赖，另外（职工号，姓名）→性别也是非平凡函数依赖，虽然在这里由决定因素中所含的职工号单属性就能够函数决定性别。

定义 3 设一个关系为 R(U)，X 和 Y 为属性集 U 上的子集，若 X→Y，同时 X 的一个真子集 X′ 也能够函数决定 Y，即 X′→Y，则称 X 部分函数决定 Y，或 Y 部分函数依赖于 X，记作 X→Y，否则若不存在一个真子集 X′，使得 X′ 也能够函数决定 Y，则称 X 完全函数决定 Y，或 Y 完全函数依赖于 X，记作 X→Y。X→Y 的部分函数依赖也称局部函数依赖。

例如，在职工关系中，职工号同其他每个属性之间的函数依赖都是完全函数依赖，因为职工号是一个单属性决定因素，它不可能再包含其他任何属性，也就不可能存在真子集函数决定其他每个属性的情况。另外，如（职工号，性别）的值虽然能够函数决定相应职工的年龄，但其中的真子集职工号也能够函数决定年龄，所以（职工号，性别）到年龄之间的函数依赖为部分函数依赖。

【例 3.7】设一个教师任课关系为（教工号，姓名，职称，课程号，课程名，课时数，课时费），该关系给出某个学校每个教师在一个学期内任课安排的情况，假定每个教师可以讲授多门课程，每门课程可以由不同教师来讲授。

函数依赖分析：在该关系中，由教工号和课程号的组合能够唯一确定一个元组，即确定哪个教师讲授哪门课程，所以（教工号，课程号）为主码。一个教师的姓名和职称完全由该教师的教工号决定，所以该关系中存在"教工号→姓名"和"教工号→职称"这两个函数依赖。一个教师所讲授某门课程的课程名和课时数，完全由该门课程的课程号所决定，所以该关系中又存在"课程号→课程名"和"课程号→课时数"这两个函数依赖。一个教师所讲某门课程的课时费通常是由教师的职称和课程号共同决定的，即存在"（职称，课程号）→课时费"这个函数依赖，它也是一种完全函数依赖，因为职称和课程号中的任何一个属性都不能单独决定课时费的多少。在该教师任课关系中也存在许多部分函数依赖，如（教工号，课程号）→姓名，（教工号，课程号）→职称，（教工号，课程号）→课程名，（教工号，课程号）→课时数等。

这里需要指出，在一个关系中，通常只存储基本数据，而不存储通过计算能够求出的数据。如在教师任课关系中，每个教师每门课程的讲课总酬金就不需要用一个属性单独列出，因为它随时可以通过表达式"课时数×课时费"计算出来。

定义 4 一个关系为 R(U)，X，Y 和 Z 为属性集 U 上的子集，其中 X→Y，Y→Z，但 Y↛X，Y⊉Z，则存在 X→Z，称此为传递函数依赖，即 X 传递函数决定 Z，Z 传递函数依赖于 X。

在这里必须强调 Y↛X，因为如果 X→Y 同时 Y→X，则为 X←→Y，这样 X 和 Y 是等价的，在函数依赖中是可以互换的，X→Z 就是直接函数依赖，而不是传递函数依赖了。另外，Y⊉Z 也是必须满足的，因为如果 Y⊇Z，则 X→Y 必然包含着 X 直接函数决定 Y 中的每个子集，这称为函数依赖的**分解性**规则，此时 X→Z 也是直接函数依赖而不是传递函数依赖。

【例 3.8】设一个学生关系为（学号，姓名，性别，系号，系名，系主任名），通常每个学生只属于一个系，每个系有许多学生，每个系都对应唯一的系名和系主任名。

函数依赖分析：在该关系中，学号能够函数决定姓名、性别和系号，系号又能够函数决定系名、系主任名。由于学号决定系号，系号又决定系名和系主任名，所以给定一个学号之后也就能够唯一对应一个系名或系主任名，也就是说，在学生关系中还存在"学号→系名"和"学号→系主任名"这两个函数依赖，由于它们是通过从学号开始的间接函数依赖得到的，所以系名和系主任名是传递依赖于学号。

定义 5 设一个关系为 R(U)，X，Y 和 Z 为属性集 U 上的子集，若 X→Y，则存在 XZ→YZ 和 XZ→Y。

根据 X→Y 得到 XZ→YZ 称为函数依赖的**增广性**规则，这很容易理解，因为 X→Y 成立，在其两边各增加同一个属性后也必然成立。如职工号→职务成立，则（职工号，性别）→（职务，性别）也必然成立，又如系号→系名成立，则（系号，学号）→（系名，学号）也必然成立。

由于根据 X→Y 得到 XZ→YZ 成立，所以根据函数依赖的分解性规则，XZ→Y 必然成立。就是说在一个函数依赖中，可以在决定因素的一方添加任何一个属性或一组属性都仍然保持函数依赖关系不变。如根据教师任课关系中的"教工号→姓名"可得"（教工号，课程号）→姓名"函数依赖，此为部分函数依赖；根据"教工号→职称"和"（职称，课程号）→课时费"，可得"（教工号，课程号）→（职称，课程号）→课时费"，即为"（教工号，课程号）→课时费"函数依赖，此为传递依赖。

与函数依赖分解性规则相对应的为**合并性**规则，若 X→Y，X→Z，则 X→YZ。如"职工号→姓名"和"职工号→性别"存在，则"职工号→（姓名，性别）"也存在，反之亦然，即"职工号→（姓名，性别）"存在，则"职工号→姓名"和"职工号→性别"也同时存在。

定义 6 设一个关系为 R(U)，X 和 Y 为 U 的子集，若 X→Y，并且为完全非平凡函数依赖，同时 Y 为单属性，则称 X→Y 为 R 的最小函数依赖。由 R 中所有最小函数依赖构成 R 的最小函数依赖集，其中不含有冗余的传递函数依赖。

【例 3.9】 设一个关系为 R(A，B，C，D)，它的函数依赖集为 FD＝{A→B，B→C，A→C，B→D}，判断它是否为 R 的最小函数依赖集。

分析：由 FD 中的 A→B 和 B→C 可得到 A→C，也就是说 A→B 和 B→C 中已经蕴涵 A→C，所以给出的 A→C 是冗余的，应去掉。原 FD 不是 R 的一个最小依赖集，若修改为 FD＝{A→B，B→C，B→D}，就成为 R 的最小依赖集。

【例 3.10】 给出例 3.6 职工关系、例 3.7 教师任课关系和例 3.8 学生关系的最小依赖集。

分析：设它们的最小函数依赖集依次用 FD1、FD2 和 FD3 表示，由以前对它们每个关系的函数依赖分析可以得出如下结论：

FD1＝{职工号→姓名，职工号→性别，职工号→年龄，职工号→职务}

FD2＝{教工号→姓名，教工号→职称，课程号→课程名，课程号→课时数，
（职称，课程号）→课时费}

FD3＝{学号→姓名，学号→性别，学号→系号，系号→系名，系号→系主任名}

定义 7 设一个关系为 R(U)，X 为 U 的一个子集，若 X 能够函数决定 U 中的每个属性，并且 X 的任何真子集都不能函数决定 U 中的每个属性，则称 X 为关系 R 的一个候选码。

由于一个候选码能够函数决定关系中的每个属性，根据函数依赖的合并性规则，可知候选码能够函数决定整个元组，即所有属性。所以候选码的另一个等价定义为：若关系中的一个属性或属性组能够函数决定整个元组，并且它的任何子集都不能函数决定整个元组，则它被称为该关系的一个候选码。

【例 3.11】 在例 3.6 的职工关系中，职工号属性能够函数决定职工号、姓名、性别、年龄、职务等所有属性，并且职工号为单属性，不可再分，肯定不会存在任何子集能够函数决定整个元组，所以职工号为该关系的一个候选码；若在该关系中还带有身份证号属性，则元组中该属性的每一个值也能够唯一标识一个元组，所以也能够函数决定关系中的所有属性，因此身份证号也是一个候选码。该关系中的其他属性及其组合可能都会出现重复值，都不能够函数决定另外任何属性，所以都不能作为该关系的候选码。

在例 3.7 的教师任课关系中，存在着如例 3.10 中 FD2 所给出的最小函数依赖集，由于任一个单属性都不能函数决定关系中的所有属性，所以都不是候选码，若选取一个属性子集

（教工号，课程号），由于它能够函数决定所有属性，所以它是该关系的一个候选码，并且是唯一的候选码。注意：（教工号，课程号）到教工号、姓名、职称、课程号、课程名、课时数等是部分依赖，到课时费是传递依赖，其中到教工号和课程号又都是平凡函数依赖，一般情况下只给出非平凡函数依赖。

在例3.8的学生关系中，学号属性能够函数决定所有属性，其中对姓名、性别、系号是直接函数决定，系名、系主任名是传递函数决定，所以学号是该关系的一个候选码。该关系中的其他属性都不能函数决定所有属性，如系号属性只能函数决定系名和系主任名，不能函数决定剩余属性，除学号和系号外的其他每个属性都不能够函数决定任何属性，所以都不能作为该关系的候选码。

【例3.12】设一个教学关系为（教师号，姓名，课程号，课程名，课程学分，专业号，专业名，教学等级分），假定每个教师有一个唯一的教师号，每门课程有一个唯一的课程号，每个专业有一个唯一的专业号，每个教师号对应一个姓名，每个课程号对应一个课程名和一个课程学分，每个专业号对应一个专业名，教学等级分是根据某个教师给某个专业上某门课程的教学评价效果而得到的分数，每个教师可以给不同的专业上不同的课程，请通过函数依赖分析，求出该关系的候选码。

分析：根据题意，即所给教学关系模式的语义，可知存在着以下最小函数依赖集：

FD={教师号→姓名，课程号→课程名，课程号→课程学分，专业号→专业名，
（教师号，课程号，专业号）→教学等级分}

由FD可以看出，只有（教师号，课程号，专业号）能够函数决定每个属性，并且它的任何真子集都不能函数决定每个属性，所以（教师号，课程号，专业号）是该关系的唯一一个候选码。

在这个教学关系中，若规定每个教师的姓名也是唯一的，则教师号和姓名是一一对应的，即相互依赖的，将得到该关系的两个候选码（教师号，课程号，专业号）和（姓名，课程号，专业号）。同样，若再规定每门课程也不许重名，或者每个专业也不许重名，则将得到更多的候选码。不管一个关系有多少候选码，实用中只选取一个作为主码。

【例3.13】设一个关系为R（A，B，C，D，E，F），它的最小函数依赖集FD为｛A→B，A→C，（C，D）→E｝，请求出该关系的候选码。

分析：由该关系的FD可知，B、C、E属性都对应有决定因素，A、D、F属性都没有决定因素，所以A、D、F属性应该包含在候选码中，假定不包含它们，则其他属性无法决定它们，从而无法决定所有属性，也就不是候选码了。设（A，D，F）是一个候选码，再检查它是否能够函数决定其他所有属性。因A→B可得（A，D，F）→B，此为部分依赖。因A→C可得（A，D，F）→C，此也为部分依赖。因A→C，（C，D）→E，根据函数依赖的增广性规则可得（A，D）→（C，D），再根据传递性规则可得（A，D）→E，其实可从A→C，（C，D）→E直接得到（A，D）→E，这称为函数依赖的**伪传递性**规则。有了（A，D）→E可得（A，D，F）→E，此也为部分函数依赖。当然（A，D，F）分别能够函数决定A、D、F，此均为平凡函数依赖。所以（A，D，F）能够函数决定所有属性，并且它的任何子集都不能够函数决定所有属性，它是该关系的一个候选码，该关系没有其他任何候选码。

分析一个关系的函数依赖，完全是根据关系模式的语义进行的，绝不能根据一个关系的

某个实例（即关系在某个时刻的内容）来判定。如某个属性在元组上允许或不允许重复取值，允许不允许为空等都只能由语义决定，不能由具体实例决定。

在关系数据库中通常把同类事物或活动用一个关系来描述，若单靠事物或活动本身的特征不好或者不方便标识时，就应该给它们进行人为的统一编码，这样既能够唯一标识每个对象，又便于人们进行处理。如平常使用的标识系列——职工编号、学生号、身份证号、借书证号、驾驶证号、车牌号、银行账号、订单号、合同号、图书编号、设备编号、零件编号等都是以人为处理对象的方便而附加的主码特征。对一种对象的人为编码可以采用数字码，如从 1 开始的编码；也可以采用含有某种意义的带格式的编码，如在学生号编码中，可以规定前两个字符表示所在系或学院的编码，中间两个字符表示所学专业的编码，最后三个字符表示在该专业中学生的数字顺序号，这样每个学生号编码为 7 个字符组成的字符串。若在编码中所在系编码与所在专业编码之间、所在专业编码与顺序号之间用句点或下划线分隔，使各编码段的含义更清晰，则需要 9 个字符的长度。

本节最后总结性给出函数依赖的一些常用规则，设关系为 R(U)，X、Y、Z、W 是 U 上的子集，则：

- 自反性：若 $X \supseteq Y$，则存在 $X \to Y$。
- 增广性：若 $X \to Y$，则存在 $XZ \to YZ$。
- 传递性：若 $X \to Y$ 和 $Y \to Z$，则存在 $X \to Z$。
- 合并性：若 $X \to Y$ 和 $X \to Z$，则存在 $X \to YZ$。
- 分解性：若 $X \to Y$，且 $Y \supseteq Z$，则存在 $X \to Z$
- 伪传递性：若 $X \to Y$ 和 $WY \to Z$，则存在 $WX \to Z$。
- 复合性：若 $X \to Y$ 和 $Z \to W$，则存在 $XZ \to YW$。
- 自增性：若 $X \to Y$，则存在 $WX \to Y$。

3.8　关系规范化

关系数据库由相互联系的一组关系所组成，每个关系包括关系模式和关系值两个方面，关系模式是对关系的抽象定义，给出关系的具体结构，关系的值是关系的具体内容，反映关系在某一时刻的状态。一个关系包含许多元组，每个元组都是符合关系模式结构的一个具体值，并且都分属于相应的属性。在关系数据库中的每个关系都需要进行规范化，使之达到一定的规范化程度，从而提高数据的结构化、共享性、一致性和可操作性。

对关系进行规范化分为六个级别，从低到高依次为第一范式、第二范式、第三范式、BC范式、第四范式和第五范式。通常只要求规范到第三范式就可以了，并且前三个范式能够很好地保持数据的无损连接性和函数依赖性，再向后规范化容易破坏这两个特性，有时可能得不偿失，所以本书主要介绍前三种范式，并简单说明一下 BC 范式，对第四和第五范式不予讨论。

3.8.1　第一范式（First Normal Form）

定义 8　设一个关系为 R(U)，若 U 中的每个属性都是不可再分的，或者说都是不被其他属性所包含的独立属性，则称关系 R(U) 是符合第一范式的。

关系数据库中的每个关系都必须达到第一范式，这是对关系数据库的最起码要求。若一个关系不满足第一范式，则称为非规范化的关系，否则称为规范化的关系。若一个关系数据库中的所有关系都满足第一范式要求，则称为满足第一范式的数据库。

第一范式简称1NF。

【例 3.14】设一个通信录关系为 T（姓名，性别，单位，省市，邮编，电话（长途区号，办公电话，家庭电话）），假定对应的关系实例如表 3.1 所示。

表 3.1　　　　　　　　　　　　　不规范的通信录关系

姓名	性别	单位	省市	邮编	电　话		
					长途区号	办公电话	家庭电话
王明	男	天津大学	天津	300152	022	82310542	64356622
张晶	女	东北化工	沈阳	110021	024	62311259	30480032
刘芹	女	华联商场	上海	201200	021	38052647	
张鲁	男	实验二中	天津	300016	022	62445513	73559097
史良	男	四川财大	成都	610025	028	61546888	
江州	男	首都医大	北京	100004	010	55210724	45623210
赵红	女	上地开发	北京	100082	010	67280506	66250782
刘江	男	第一建筑	西安	710109	029		22449918

表 3.1 不是一个规范化的关系，因为电话属性不是一个原子属性，它包含三个子属性，所以必须把每个子属性提升为一般属性，才能变为满足第一范式的规范化关系，此时得到的关系模式为 T（姓名，性别，单位，省市，邮编，长途区号，办公电话，家庭电话），得到的关系实例如表 3.2 所示。

表 3.2　　　　　　　　　　　　符合第一范式的通信录关系

姓名	性别	单位	省市	邮编	长途区号	办公电话	家庭电话
王明	男	天津大学	天津	300152	022	82310542	64356622
张晶	女	东北化工	沈阳	110021	024	62311259	30480032
刘芹	女	华联商场	上海	201200	021	38052647	
张鲁	男	实验二中	天津	300016	022	62445513	73559097
史良	男	四川财大	成都	610025	028	61546888	
江州	男	首都医大	北京	100004	010	55210724	45623210
赵红	女	上地开发	北京	100082	010	67280506	66250782
刘江	男	第一建筑	西安	710109	029		22449918

还可以把表 3.1 所示的通信录关系分解为两个关系，一个为 T1（姓名，性别，单位，省市，邮编），另一个为 T2（姓名，长途区号，办公电话，家庭电话，手机号码）。在每个关系中还可以增加一些必要的属性，如在 T2 中增加手机号码属性，为联系手机提供方便。这两个关系可以单独使用，如进行信件联系时使用关系 T1，进行电话联系时使用关系 T2，也可以通过姓名（假定没有重名，姓名在每个关系中既是主码又是外码，因此姓名在每个关系中都不能为空）一一对应连接起来使用，同时可以获得每个人的通信地址和电话。另外，从 T1 和 T2 的关系模式可知，它们之间的关系是 1 对 1 联系，公共联系属性是姓名。

【例 3.15】设一个借阅图书关系为 J（借阅证号，姓名，性别，借阅图书登记（图书号1，书名 1，图书号 2，书名 2，图书号 3，书名 3）），对应的关系实例假定如表 3.3 所示。

表 3.3　　　　　　　　　　　　　不规范的借阅图书关系

借阅证号	姓名	性别	借 阅 图 书 登 记					
			图书号 1	书名 1	图书号 2	书名 2	图书号 3	书名 3
BJ10001	王明	男	SP. 256.1	营养学	SP. 368.2	家庭菜谱		
BJ10015	张会	男	JZ. 372.6	施工手册				
BJ10603	刘华	女	FZ. 25.48	丝绸缝纫				
BJ15021	赵阳	男	TP. 342.5	计算原理	TP. 638.24	程序设计	DK. 42.5	信息学
BJ23456	李玉	女	GL. 683.4	管理学	XP. 35.26	人事管理		
BJ00527	甘路	女	CS. 136.5	外国旅游	TY. 46.20	公关学		
BJ03042	黄明	女						
BJ20349	陈亮	男	JX. 13.42	生物学				

该关系也是一个非规范化的关系，在借阅图书登记一栏包含有 6 个分栏，若要规范化为满足第一范式的关系，一种方法是在原关系中增加独立属性，取消分栏，得到的关系模式为 J（借阅证号，姓名，性别，图书号 1，书名 1，图书号 2，书名 2，图书号 3，书名 3）。由于每个人借书的情况不可能相同，有的只借一本，有的借两本，最多借 3 本，还有的一本没借，按照这种方法规范化将出现许多空值，这不仅造成存储空间的大量浪费，而且不便于 DBMS 进行数据处理，所以应采用第二种方法，把原关系分解为两个关系，第一个为 J1（借阅证号，姓名，性别），第二个为 J2（借阅证号，图书号，书名，借阅日期，归还日期），其中又在 J2 中增加了借阅日期和归还日期两个属性。借阅证号是 J1 关系的主码，借阅证号和图书号联合构成 J2 关系的主码，借阅证号又是 J2 关系的外码，需要时对这两个关系进行自然连接就可以得到原关系中的全部信息。J1 和 J2 关系实例分别如表 3.4 和表 3.5 所示。由表 3.4 和表 3.5 可以清楚地看出：J1 和 J2 是 1 对多的联系，联系属性是借阅证号。

表 3.4　　　　　　　　　　　　　　　　J1 关系

借阅证号	姓名	性别	借阅证号	姓名	性别
BJ10001	王明	男	BJ23456	李玉	女
BJ10015	张会	男	BJ00527	甘路	女
BJ10603	刘华	女	BJ03042	黄明	女
BJ15021	赵阳	男	BJ20349	陈亮	男

表 3.5　　　　　　　　　　　　　　　　J2 关系

借阅证号	图书号	书名	借阅日期	归还日期
BJ10001	SP. 256.1	营养学	03/05/06	03/08/10
BJ10001	SP. 368.2	家庭菜谱	03/05/12	03/06/23
BJ10015	JZ. 372.6	施工手册	03/02/10	03/07/01
BJ10603	FZ. 25.48	丝绸缝纫	03/04/22	03/06/23
BJ15021	TP. 342.5	计算原理	03/03/18	03/07/10
BJ15021	TP. 638.24	程序设计	03/03/18	03/08/28
BJ15021	DK. 42.5	信息学	03/05/13	03/09/14
BJ23456	GL. 683.4	管理学	03/08/25	
BJ23456	XP. 35.26	人事管理	03/06/23	04/01/18
BJ00527	CS. 136.5	外国旅游	03/09/05	04/02/15
BJ00527	TY. 46.20	公关学	03/12/08	
BJ20349	JX. 13.42	生物学	04/02/15	

规范化借阅图书关系还可以采用第三种方法，其关系模式为 J（借阅证号，姓名，性别，图书号，书名），即把原关系中所借阅的每本图书都用一个单独的元组表示出来。第一种方法是在属性上展开，使之变为第一范式的关系，第三种方法是在元组上展开，使之变为第一范式的关系，此时虽然不出现空值数据，但会出现大量重复的数据，因为每本借阅图书都要重复存储一次借阅证号、姓名、性别等数据，所以第三种方法同样是不可取的。若每个人借阅图书的本数不受三本的限制，则第一和第三种规范化方法就更不可取了，只有采用第二种方法是合适的，它既节省存储，又便于处理。这样一个人可以先办理借阅证号，不借阅图书，每次借阅图书时只需要登记借阅图书信息，不需要登记姓名、性别、单位等有关描述个人的信息。

3.8.2　第二范式（Second Normal Form）

定义 9　设一个关系为 R(U)，它是满足第一范式的，若 R 中不存在非主属性对候选码的部分函数依赖，则称该关系是符合第二范式的。

一个关系若只满足第一范式，那可能会带来数据冗余和操作异常，操作异常又具体包括插入异常、删除异常和修改异常。操作异常又常称更新异常或存储异常。

第二范式简称 2NF。

【例 3.16】设一个学生选课关系为 SSC（学生号，姓名，性别，专业，课程号，课程名，课程学分，成绩），其中每个学生只能属于一个专业，每个学生可以选修多门课程，每门课程可以由多个学生选修，成绩属性描述某个学生学习某门课程的考试成绩。SSC 关系的具体实例如表 3.6 所示。

表 3.6　　　　　　　　　　　　带有部分依赖的学生选课关系

学生号	姓名	性别	专业	课程号	课程名	课程学分	成绩
0101001	王明	男	计算机	C001	C++语言	4	78
0101001	王明	男	计算机	C004	操作系统	3	62
0102005	刘芹	女	电子	E002	电子技术	5	73
0202003	张鲁	男	电子	C001	C++语言	4	94
0202003	张鲁	男	电子	X003	信号原理	4	80
0202003	张鲁	男	电子	C004	操作系统	3	65
0303001	赵红	女	电气	C001	C++语言	4	76
0304006	刘川	男	通信	E002	电子技术	5	72

根据 SSC 关系模式的语义，可以得出该关系的最小函数依赖集 FD 为：

FD＝｛学生号→姓名，学生号→性别，学生号→专业，课程号→课程名，

课程号→课程学分，（学生号，课程号）→成绩｝

在该关系中，由于学生号和课程号属性没有决定因素，所以它们必包含在候选码中，若由这两个属性构成属性组则能够函数决定所有属性，因此（学生号，课程号）就是该关系的一个候选码，并且是唯一的候选码，同时只能由它作为关系的主码。

在该关系中存在着非主属性对主码（候选码）的部分依赖，其中姓名、性别和专业依赖于学生号，课程名和课程学分依赖于课程号。所以在该关系中必然存在数据冗余，这从表 3.6 可以明显地看出。

一个学生要选修多门课程，该学生的个人属性信息要重复存储多次，如张鲁选修了三门课程，其姓名、性别、专业等信息要重复存储三次。一门课程可以被多个学生选修，该课程的属性信息也得被存储多次，如C++语言课分别被三个学生选修，其课程名和课程学分也要被重复存储三次。由此可见，数据库中存在着大量冗余的数据。

对该关系进行插入、删除和修改时，也会带来意外的麻烦。进行插入时，由于学生号和课程号是主码，主码中任何属性都必须非空，所以当一个学生不选修课程时就无法被插入，而不选修课程应是允许的；或者一门课在无人选修之前也无法被插入。这些正确的数据都无法入库，这就是插入异常。

进行删除时，若一个学生选课的所有元组被删除了，则该学生的信息也就不存在了，或者同选一门课的所有学生选课元组都删除了，该课程的信息也就不存在了，这样数据库中不能完整地保存所有学生信息、课程信息和选课信息，在删除一种信息时把另外不该删除的信息也删除掉了，这就是删除异常。

进行修改操作时，若一个人的专业改变了，就需要修改它对应的所有选课元组中的专业属性值，若遗漏一处就将造成数据存储的不一致，若一门课程的学分改变了，也需要同时修改所有选修该课程的学分属性。

这里顺便提一下"事务"的概念。在数据库操作中有一个非常重要的概念叫"事务（Transaction）"，每个事务是一组相关操作的集合，事务具有原子性，属于事务中的一组操作要么全都做，要么全不做。在执行一个事务操作的过程中，对数据的更新（包括插入、删除和修改）都暂存于内存中，只有整个事务操作完成后才写入外存保存，若在执行中出现意外情况不能继续向下执行时，则应该放弃已有的执行结果，待系统恢复正常后再重新执行被中断处理的事务。为了保证每个事务的正确性、有效性和灵活性，要求每个事务所含的操作越少越好。在上述修改学生专业或课程学分的情况时，其修改操作必须作为一个事务来完成，这样构成的事务就很大，执行时占用的时间也很长，给系统管理带来不便。如果不把它们组织成一个事务，就很容易造成数据的不一致，有的可能被修改了，有的可能没被修改，这就是修改异常。

通过分析，我们已经感受到关系中的部分依赖必然带来数据冗余和操作异常，那么如何消除部分依赖，进而消除由此造成的数据冗余和操作异常呢？这很容易通过关系分解的方法来实现。对于一个关系R(U)，假定W、X、Y、Z是U的互不相交的属性子集，其中（W，X）是主码，X完全函数决定Y，（W，X）函数决定Z，但Z中不含依赖于X的属性，则把R(U)分解为两个关系R1(X，Y)和R2(W，X，Z)后就取消了Y对（W，X）的部分依赖，其中X是R1的主码和R2外码，通过X使R1和R2自然连接仍可得到原来的R(U)。同样，若R2(W，X，Z)中仍存在着部分依赖，仍可以按此方法继续分解，直到消除全部部分依赖为止。

对应学生选课关系SSC可分解成以下三个关系：

　　S＝（学生号，姓名，性别，专业）

　　C＝（课程号，课程名，课程学分）

　　SC＝（学生号，课程号，成绩）

它们对应的最小函数依赖集分别为：

　　FD1＝{学生号→姓名，学生号→性别，学生号→专业}

FD2＝{课程号→课程名，课程号→课程学分}

FD3＝{（学生号，课程号）→成绩}

把学生选课关系模式 SSC 分解成学生关系模式 S、课程关系模式 C 和选课关系模式 SC 后，再对表 3.6 所示的 SSC 关系实例按分解模式进行关系投影得到的关系实例分别如表 3.7、表 3.8 和表 3.9 所示。

表 3.7　　　　　　　　　　　　　　　学生关系 S

学生号	姓名	性别	专业
0101001	王明	男	计算机
0102005	刘芹	女	电子
0202003	张鲁	男	电子
0303001	赵红	女	电气
0304006	刘川	男	通信

表 3.8　　　　　　　　　　　　　　　课程关系 C

课程号	课程名	课程学分	课程号	课程名	课程学分
C001	C＋＋语言	4	E002	电子技术	5
C004	操作系统	3	X003	信号原理	4

表 3.9　　　　　　　　　　　　　　　选课关系 SC

学生号	课程号	成绩	学生号	课程号	成绩
0101001	C001	78	0202003	X003	80
0101001	C004	62	0202003	C004	65
0102005	E002	73	0303001	C001	76
0202003	C001	94	0304006	E002	72

从分解后的三个关系可以看出，每个关系都没有部分函数依赖，都符合第二范式。把对应的关系按外码自然连接完全能够得到原来的关系 SSC，这表明原关系 SSC 被正确分解成三个关系后能够得到正确的连接结果，这称为关系的无损分解和无损连接。另外，正确分解后的每个关系的最小函数依赖集都是原关系的最小函数依赖集的子集，并且所有子集的并就等于原关系的最小函数依赖集，这证明分解后没有破坏原有关系的所有函数依赖。因此，把 SSC 分解成 S、C 和 SC 后保持了关系的无损连接性和函数依赖性，这种分解是正确、有效和合理的分解。

取消部分依赖后的关系减少了数据冗余（外码的数据冗余是为连接所必须付出的代价），消除了操作异常，使得每个学生的信息和每门课程的信息只在相应的关系中保存一个版本，每个学生、每门课程、每次选课的有关信息都能够分别独立地被插入、删除或修改。

若在一个关系中所有候选码都是单属性，则就不存在部分依赖，满足第一范式也就满足了第二范式，只有出现复合候选码时才有可能存在部分函数依赖，才需要判断和消除部分函数依赖，通过分解达到第二范式。

3.8.3　第三范式（Third Normal Form）

定义 10　设一个关系为 R(U)，它是满足第一范式的，若 R 中不存在非主属性对候选码的传递函数依赖，则称该关系是符合第三范式的。

一个关系中的部分函数依赖也是一种传递依赖。如假定 WX 是候选码，存在 X→Y 的函数依赖，则 WX→Y 是部分函数依赖，因有 WX→X，X $\nrightarrow$ WX，X→Y，所以 WX→Y 是传递依赖。若关系 R 中不存在非主属性对候选码的传递函数依赖，就包括不存在部分函数依赖。因此，一个关系若达到了第三范式，则自然也就包括达到了第二范式。

第三范式简称 3NF。

若一个数据库中所有关系都达到了第三范式则称该数据库是符合第三范式的。

一个关系若只满足第二范式，没有满足第三范式，则仍然存在着由传递依赖带来的数据冗余和操作异常问题。

【例 3.17】设一个关系为 SDH=（学号，姓名，性别，籍贯，系号，系名，系地址，系电话，宿舍号，宿舍电话），每个学生只能属于一个系，一个系有许多学生，每个系有对应的系号、系名、系地址和系电话，每个学生只能住在一个宿舍里，一个宿舍可以住多名学生，每个宿舍有一个编号和至多一个联系电话。SDH 关系的具体实例如表 3.10 所示。

表 3.10　　　　　　　　　　　　　　带有传递依赖的关系实例

学号	姓名	性别	籍贯	系号	系名	系地址	系电话	宿舍号	宿舍电话
J001	张新	女	江苏	X01	计算机	5 号楼	78264315	S0503	65384326
J002	刘民	男	上海	X01	计算机	5 号楼	78264315	S0406	66320053
D001	王亮	男	江西	X02	电子	3 号楼	78265020	S0503	65384326
G005	王京	男	江西	X04	经管	6 号楼	75320011	S0406	66320053
D006	赵华	女	陕西	X02	电子	3 号楼	78265020	S0815	62266728
H002	孙平	女	河南	X08	化学	9 号楼	65002033	S0503	65384326
J008	陈宇	男	上海	X01	计算机	5 号楼	78264315	S0120	
C004	黄明	女	山东	X06	财会	6 号楼	75325424	S0815	62266728

根据 SDH 关系模式和所给的语义，可得到该关系的最小函数依赖集 FD 为：

FD=｛学号→姓名，学号→性别，学号→籍贯，学号→系号，系号→系名，
　　　系号→系地址，系号→系电话，学号→宿舍号，宿舍号→宿舍电话｝

在 FD 中只有学号没有决定因素，所以学号属性必然包含在候选码中。由学号可以直接决定姓名、性别、籍贯、系号、宿舍号等属性，同时学号传递决定系名、系地址、系电话、宿舍电话等属性，所以学号能够函数决定所有属性，学号是该关系的候选码，并且是唯一的，只能用它作为该关系的主码。由于该关系是单属性候选码，所以不会存在部分函数依赖，它自然满足第二范式。

由于在该关系中存在系的各属性对学号的传递依赖，也存在宿舍电话对学号的传递依赖，所以必然会产生数据冗余和操作异常。

注意：按照传递函数依赖的定义，该关系中存在"学号→系号，系号 $\nrightarrow$ 学号"，所以无论系号对系名、系地址、系电话是单向函数决定，还是双向函数决定（即相互依赖），学号对它们都是传递函数依赖。同样，因关系中存在"学号→宿舍号，宿舍号 $\nrightarrow$ 学号"，所以无论存在"宿舍号→宿舍电话"还是存在"宿舍号←→宿舍电话"，函数依赖"学号→宿舍电话"都是传递函数依赖。

从表 3.10 可以看出，对于同一个系的每个学生元组，其系名、系地址、系电话都要被存储一次，显然是冗余的，应当总共只存储一次即可；对于多名学生同住一个宿舍，其宿舍电话也都被存储多次，其实只需要存储一次就可以了。这些都是数据冗余，使只需存储一次

的信息存储了多次。

当新成立一个系，但暂时无学生时，因相应元组的主码为空而无法被插入到关系中；当新建好一个宿舍，暂未安排学生居住时也无法插入到关系中。这些都是插入异常，使该插入的信息无法插入。

当居住于同一宿舍的学生元组被删除后，描述该宿舍的信息就从关系中消失了；或者，同一个系的所有学生元组被删除后，描述该系的所有信息也就不存在了。这些都是删除异常，使不该删除的信息被删除了。

当一个系的地址或电话改变时，需要修改同一个系的所有元组中的系地址值或系电话值；或者当一个宿舍的宿舍电话改变时，也需要修改同宿舍的所有学生元组的宿舍电话的值。这些都是修改异常，本来只需修改一处的操作必须修改多处才能完成。

消除关系中的传递依赖也是通过关系分解的方法来实现的。设一个关系为 R(U)，X、Y、Z、W 是 U 的互不相交的属性子集，其中 X 是主码，Y→Z 是直接函数依赖（也可能包含部分函数依赖），X→Z 是传递函数依赖，则把 R(U) 分解成两个关系 R1(Y，Z) 和 R2(X，Y，W)，其中 Y 是 R1 的主码 R2 的外码，这样就消除了 Z 对 X 的传递依赖，通过 Y 对 R1 和 R2 自然连接仍可得到原来的 R。同样，若 R1 和 R2 中仍存在传递依赖（部分依赖是传递依赖的特例，若存在按产生第二范式的方法分解）则继续按此方法分解下去，直到消除全部传递依赖为止。

对 SDH 关系进行分解得到以下三个关系：

D=（系号，系名，系地址，系电话）

H=（宿舍号，宿舍电话）

S=（学号，姓名，性别，籍贯，系号，宿舍号）

它们对应的最小函数依赖集分别为：

FDD={系号→系名，系号→系地址，系号→系电话}

FDH={宿舍号→宿舍电话}

FDS={学号→姓名，学号→性别，学号→籍贯，学号→系号，学号→宿舍号}

把 SDH 关系模式分解成描述系的关系模式 D、描述宿舍的关系模式 H 和描述学生的关系模式 S 后，再对表 3.10 所示的 SDH 关系实例按分解模式进行投影，得到的关系实例分别如表 3.11、表 3.12 和表 3.13 所示。

表 3.11　　　　　　　　　　　　　　　　系关系实例

系号	系名	系地址	系电话
X01	计算机	5 号楼	78264315
X02	电子	3 号楼	78265020
X04	经管	6 号楼	75320011
X08	化学	9 号楼	65002033
X06	财会	6 号楼	75325424

表 3.12　　　　　　　　　　　　　　　　宿舍关系实例

宿舍号	宿舍电话	宿舍号	宿舍电话
S0503	65384326	S0815	62266728
S0406	66320053	S0120	

表 3.13   学生关系实例

学号	姓名	性别	籍贯	系号	宿舍号
J001	张新	女	江苏	X01	S0503
J002	刘民	男	上海	X01	S0406
D001	王亮	男	江西	X02	S0503
G005	王京	男	江西	X04	S0406
D006	赵华	女	陕西	X02	S0815
H002	孙平	女	河南	X08	S0503
J008	陈宇	男	上海	X01	S0120
C004	黄明	女	山东	X06	S0815

从分解后的三个关系可以看出，每个关系都没有传递依赖，所以都是第三范式，并且它们保持了原关系的无损连接性和函数依赖性，当它们自然连接后完全获得原来的关系，当然在需要时还可以两两分别连接得到各种不同的关系。

SDH 关系被规范化成第三范式后，减少了数据冗余，消除了操作异常，使得每个学生的信息、每个系的信息和每个宿舍的信息分别保存，并且只在相应的关系中保持一个版本，从而既能够各自独立地对每个单一关系进行查询、插入、删除和修改操作，又能够按照需要对它们进行各种联合查询操作。

【例 3.18】设一个关系模式为 S＝（学生，教师，课程，成绩，学术分，奖金额），假定每个学生可以选修多门课程，每门课程可以由不同的学生选修，每个教师可以主讲多门课程，每门课程可以由不同教师主讲，一个学生选修一门课程有一个成绩，一个教师主讲一门课程有一个学术分，一个学术分对应一个奖金额。请把该关系模式分解为第三范式。

分析：根据所给的关系模式和语义可知，学生和课程之间、课程和教师之间都是多对多的联系，它们没有函数依赖关系，一个学生选修一门课程有一个成绩，对应的函数依赖为（学生，课程）→成绩，一个教师主讲一门课程有一个学术分，对应的函数依赖为（教师，课程）→学术分，一个学术分对应一个奖金额的函数依赖为学术分→奖金额。所以该关系模式所对应的最小函数依赖集 FD 为：

　　　　FD＝{（学生，课程）→成绩，（教师，课程）→学术分，学术分→奖金额}

由于学生、课程、教师都没有决定因素，所以，可以由它们组成一个属性子集（学生，课程，教师），该属性子集能够函数决定成绩、学术分和奖金额，其中对成绩和学术分是部分决定，对奖金额是传递决定，并且它的任何真子集都不能函数决定所有属性，因此该属性组是关系 S 的一个候选码。

由于该关系存在部分依赖和传递依赖，不符合第三范式的要求，所以应首先消除传递依赖，得到如下两个关系模式：

　　　　S1＝（学术分，奖金额）

　　　　SS＝（学生，教师，课程，成绩，学术分）

接着从 SS 中消除（学生，课程）→成绩的部分依赖，得到如下两个关系模式：

　　　　S2＝（学生，课程，成绩）

　　　　SSS＝（学生，教师，课程，学术分）

再接着从 SSS 中消除（教师，课程）→学术分的部分依赖，得到如下两个关系模式：

S3＝（教师，课程，学术分）

S4＝（学生，教师，课程）

至此分解完毕，其中学术分是 S1 关系的主码 S3 关系的外码，学生和课程是 S2 关系的主码 S4 关系的外码，教师和课程是 S3 关系的主码 S4 关系的外码。在这四个关系中，都不存在部分依赖和传递依赖，所以都达到了第三范式。该分解具有无损连接性和数据依赖性。

在 S 关系模式中，若每门课程可以由不同教师主讲，改为每门课程只能由一个教师主讲，其他语义不变，则该关系的函数依赖集 FDS 为：

FDS＝{（学生，课程）→成绩，（教师，课程）→学术分，学术分→奖金额，课程→教师}

由课程→教师的两边同时加上课程属性可推出课程→（教师，课程），因（教师，课程）→学术分，所以该 FDS 蕴涵课程→学术分。因 FDS 中的（教师，课程）→学术分存在课程→学术分的依赖，所以它不是最小函数依赖，应替换为课程→学术分。该关系的最小函数依赖集 FD 为：

FD＝{（学生，课程）→成绩，课程→学术分，学术分→奖金额，课程→教师}

因（学生，课程）能够函数决定所有属性，所以它是该关系的一个候选码，并且是唯一的候选码。在该关系中存在部分依赖和传递依赖，经分解后得到如下各关系模式：

S1＝（学术分，奖金额）

S2＝（课程，教师，学术分）

S3＝（学生，课程，成绩）

若学生、教师、课程不是单个属性，需要分别用一个记录（元组）来描述，则应分别另外建立三个对应关系，通过它们的主码同上述关系中的学生、教师、课程属性建立联系。

【例 3.19】根据例 3.7，有教师任课关系为 X（教工号，姓名，职称，课程号，课程名，课时数，课时费），在例 3.5 中给出的最小函数依赖集 FD 为：

FD＝{教工号→姓名，教工号→职称，课程号→课程名，课程号→课时数，
（职称，课程号）→课时费}

由教工号→职称，两边同时加上课程号得（教工号，课程号）→（职称，课程号），又（职称，课程号）→课时费，所以（教工号，课程号）→课时费。

在该关系中，（教工号，课程号）能够决定所有属性，其中对姓名、职称、课程名、课时数是部分决定，对课时费是传递决定，所以它是该关系的候选码和主码。

要使该关系达到第三范式，首先消除传递依赖，得到如下两个关系模式：

X1＝（职称，课程号，课时费）

XX＝（教工号，姓名，职称，课程号，课程名，课时数）

接着对关系 XX 消除通过课程号的部分依赖，得到如下两个关系模式：

X2＝（课程号，课程名，课时数）

XXX＝（教工号，姓名，职称，课程号）

再接着对关系 XXX 消除对教工号的部分依赖，得到如下两个关系模式：

X3＝（教工号，姓名，职称）

X4＝（教工号，课程号）

至此分解完成，最后得到的四个关系 X1、X2、X3、X4 都消除了部分依赖和传递依赖，达到了第三范式，并且可以证明分解过程保持了无损连接性和函数依赖性。

设一个关系为 R，若分解成两个关系 R1 和 R2 后，函数依赖（R1∩R2）→（R1−R2）或者（R1∩R2）→（R2−R1）能够被该关系 R 的最小函数依赖集所蕴涵，则称此分解为无损分解，并称具有无损连接性。若分解后的各关系的最小函数依赖集的并等于原关系的最小函数依赖集则称此分解保持了函数依赖性。

3.8.4 BC 范式（Boyce-Codd Normal Form）

BC 范式又称为 BCNF，它比第三范式的规范化程度更高。

定义 11 若一个关系为 R(U)，它满足第一范式，当 R 中不存在任何属性对候选码的传递函数依赖时，则称 R 是符合 BCNF 的。

BCNF 的定义也可以采用另一种等价的方式叙述：若 R 中的所有属性都完全直接依赖于候选码，或者说 R 的最小函数集中的所有函数依赖的决定因素都是候选码，则 R 是符合 BCNF 的。

在第三范式中，只要求非主属性不传递依赖于候选码，没有强调主属性是否传递依赖于候选码，而在 BCNF 中，不但要求非主属性，而且要求主属性都不能传递依赖于候选码，当然传递依赖包含部分依赖在内。

若一个关系虽然达到了第三范式要求，没有达到 BCNF 要求，表明在主属性中存在着部分依赖或传递依赖，这也会带来数据冗余和操作异常，经常也需要继续分解使之达到 BCNF，不过此分解过程可能破坏无损连接性和函数依赖性。

在前面列举的所有达到第三范式的例子中，由于都只存在单个候选码，所以都不存在主属性对候选码的部分依赖或传递依赖，因此它们都符合 BCNF 要求，对应的数据库都是达到 BCNF 要求的数据库。

【例 3.20】设有一个库存管理关系为 W（仓库号，商品号，职工号，商品数量），假定：（1）一个仓库有多名职工，一个职工只能属于一个仓库；（2）每个职工负责管理该仓库内的多种商品，每种商品只能由一人管理；（3）一种商品可以保存在多个仓库中，一个仓库可以保存多种商品；（4）每个仓库中每种商品的数量由商品数量属性给出。

分析：由语义（1）可得函数依赖"职工号→仓库号"，由语义（2）和（3）可得函数依赖"（仓库号，商品号）→职工号"，由语义（4）可得函数依赖"（仓库号，商品号）→商品数量"。该函数的最小函数依赖集 FD 为：

FD={职工号→仓库号，（仓库号，商品号）→职工号，（仓库号，商品号）→商品数量}

该关系中（仓库号，商品号）是候选码，因为它能够函数决定其余的职工号和商品数量属性，另外，（职工号，商品号）也是一个候选码，由职工号→仓库号，可得出（职工号，商品号）→（仓库号，商品号），因存在（仓库号，商品号）→商品数量，所以（职工号，商品号）传递函数决定商品数量，该属性组部分函数决定仓库号，它能够函数决定所有属性，所以它也是一个候选码。

在该关系中，仓库号、职工号、商品号都是主属性，只有商品数量是非主属性，商品数量直接依赖于候选码（仓库号，商品号），通过（仓库号，商品号）传递依赖于候选码（职工号，商品号）。同时在主属性中存在仓库号对候选码（职工号，商品号）的部分函数依赖（也称为传递依赖，即（职工号，商品号）→职工号→仓库号），所以需要规范化。

首先消除传递依赖，得到符合第三范式的关系模式如下：

W1=（仓库号，商品号，商品数量）

WW=（仓库号，商品号，职工号）

接着从 WW 中消除部分函数依赖，得到如下两个关系模式：

W2=（职工号，仓库号）

W3=（职工号，商品号）

至此分解完成，W1、W2、W3 都符合 BCNF 要求，但从第三范式分解到 BCNF 时，使函数依赖"（仓库号，商品号）→职工号"消失了，即破坏了原有的函数依赖性。所以在数据库应用中通常规范化到第三范式就可以了，再向后规范化可能会带来负面影响。

关系规范化的过程就是合理分解关系的过程，就是概念单一化的过程，就是把不适当属性依赖转化为关系联系的过程。在建立和设计数据库应用系统时，要切记概念单一化的原则，即用一个关系反映一个对象（实体或活动），每个关系的所有属性都是对主码的具体描述，或者说都是依附于主码的，另外在必要时附加一些联系属性，作为外码使用。千万不要让一个关系大而全地包含许多对象的信息，出现不是直接描述主码（候选码）属性的情况。

数据库规范化程度越高，越能够减少数据冗余和操作异常，关系也分解得越细越多，当进行查询时，需要经常做连接运算，如果连接运算过多将影响系统运行的效率，即降低查询速度，所以对于经常需要查询使用的数据，有时容忍采用较低的规范化，从而带来较高的查询效率。这要求数据库设计人员要充分了解数据库未来应用的情况，权衡利弊，选用较合适的规范化程度。对于一般应用来说，通常是规范化到第三范式。

·本章小结·

数据库应用系统设计是学习数据库课程的主要目的。要设计好一个系统非常不易，需要具有广泛的知识和丰富的实践经验，绝不是一蹴而就的。所以数据库设计时要有耐心，要脚踏实地，一步一个脚印地向前走。

数据库应用系统设计的第一步，也是最重要的一步是需求分析，开发者要对待实现的系统有充分的了解和认识，要弄清楚所有用户的数据表示和数据处理要求等。概念设计和逻辑设计可以综合起来考虑，在设计过程中要始终贯彻关系规范化的思想，但又要结合实际需要，使每个关系达到一定的规范化程度。

在学习实际的数据库管理系统时，一定要以数据库基础理论知识为指导，这样才能够真正理解和掌握具体操作的含义，才能够达到事半功倍的效果，才能够设计出真正有价值和实用的数据库应用系统，否则将可能出现劳而无功的结局。

函数依赖涉及平凡函数依赖、非平凡函数依赖、完全函数依赖、局部函数依赖、直接函数依赖、传递函数依赖等概念。根据一个关系模式的语义，能够求出它的最小函数依赖集，从而能够得到各属性间的函数依赖关系，以及得到所有候选码。第一范式是一个关系的最低规范化级别，它确保关系中的每个属性都是单值属性，即不是复合属性。第二范式消除了关系中所有非主属性对候选码的部分依赖。若关系中的每个候选码都是单属性，则符合第一范式的关系自然也达到第二范式。第三范式消除了关系中所有非主属性对候选码的部分依赖和传递依赖。在关系规范化的过程中，经常是先消除传递依赖，然后再消除部分依赖。BC 范式消除了关系中所有属性对候选码的部分依赖和传递依赖。若一个关系达到了第三范式，并且它只有单个候选码，或者它的每个候选码都是单属性，则该关系自然达到 BC 范式。

关系规范化的过程就是概念单一化和逐步分解关系的过程，就是把属性间存在的部分依赖和传递依赖逐步转化为关系之间 1 对 1 或 1 对多联系的过程。通过关系的规范化能够逐步消除数据冗余和操作异常，从而提高数据的共享度，提高插入、删除、修改数据的安全性、一致性、单一性和灵活性。但规范化程度越高，查询时越需要进行多个关系之间的连接操作，从而增加了一些查询的复杂性。所以，对于一个关系数据库应用系统，每个关系究竟规范化到何种程度，视具体情况灵活掌握和运用，不能一概而论。

习题 3

一、填空题

1. 在实体中能作为主码的属性称为_____，否则称为_____。

2. 域是实体中相应属性的_____，性别属性的域包含有_____个值。

3. 实体之间的联系类型有三种，分别为_____、_____和_____。

4. 若实体 A 和 B 是多对多的联系，实体 B 和 C 是 1 对 1 的联系，则实体 A 和 C 是____对_____的联系。

5. 若实体 A 和 B 是 1 对多的联系，实体 B 和 C 是 1 对多的联系，则实体 A 和 C 是____对_____的联系。

6. 若实体 A 和 B 是 1 对多的联系，实体 B 和 C 是多对 1 的联系，则实体 A 和 C 是____对_____的联系。

7. 若实体 A 和 B 是 1 对多的联系，实体 B 和 C 是 1 对 1 的联系，则实体 A 和 C 是_____对_____的联系。

8. 一个数据库应用系统的开发过程大致相继经过_____、_____、_____、_____、实施和运行维护六个阶段。

9. 需求分析阶段的主要目标是画出_____、建立_____和编写_____。

10. 概念设计阶段的主要任务是根据_____的结果找出所有数据实体，画出相应的_____。

11. 设计数据库的逻辑结构模式时，首先要设计好_____，然后再设计好各个_____。

12. 由概念设计进入逻辑设计时，原来的实体被转换为对应的_____。

13. 由概念设计进入逻辑设计时，原来的_____联系或_____联系通常不需要被转换为关系。

14. 由概念设计进入逻辑设计时，原来的_____联系通常需要被转换为对应的_____。

15. 在一个关系 R 中，若属性集 X 函数决定属性集 Y，则记作_____，称 X 为_____。

16. 在一个关系 R 中，若属性集 X 函数决定属性集 Y，同时 Y 函数决定 X，则记作_____，它们之间互为_____。

17. 在一个关系 R 中，若 X→Y 且 X⊉Y，则称 X→Y 为_____依赖；否则，若

X→Y 且 XY，则称 X→Y 为_____依赖。

18. 在一个关系 R 中，若 X→Y，并且 X 的任何真子集都不能函数决定 Y，则称 X→Y 为_____函数依赖；否则，若 X→Y，并且 X 的一个真子集也能够函数决定 Y，则称 X→Y 为_____函数依赖。

19. 在一个关系 R 中，若 X，Y 和 Z 为互不相同的单属性，并且存在 X→Y 和 Y→Z，则必然存在_____到_____的传递函数依赖。

20. 在一个关系 R 中，若存在"学号→系号，系号→系主任"，则隐含存在_____函数决定_____。

21. 在一个关系 R 中，若存在 X→Y 和 X→Z，则存在_____，称此为函数依赖的_____规则。

22. 在一个关系 R 中，若存在 X→（Y，Z），则也隐含存在_____和_____，称此为函数依赖的_____规则。

23. 在一个关系 R 中，若 X 能够函数决定关系 R 中的每个属性，并且 X 的任何真子集都不能函数决定 R 中的每个属性，则称_____为关系 R 的一个_____。

24. 一个关系的候选码能够函数决定每个属性，其中除了存在完全函数决定外，也允许存在_____函数决定和_____函数决定。

25. 设一个关系为 R（A，B，C，D，E），它的最小函数依赖集为 FD＝｛A→B，C→D，（A，C）→E｝，则该关系的候选码为_____，该候选码含有_____属性。

26. 设一个关系为 R（A，B，C，D，E），它的最小函数依赖集为 FD＝｛A→B，B→C，D→E｝，则该关系的候选码为_____，该候选码含有_____属性。

27. 设一个关系为 R（A，B，C，D，E），它的最小函数依赖集为 FD＝｛A→B，B→C，B→D，D→E｝，则该关系的候选码为_____，该候选码含有_____属性。

28. 设一个关系为 R（A，B，C，D，E，F），它的最小函数依赖集为 FD＝｛A→B，A→C，D→E，D→F｝，则该关系的候选码为_____，该候选码含有_____属性。

29. 设一个关系为 R（A，B，C，D，E，F，G），它的最小函数依赖集为 FD＝｛A→B，C→D，B→E，E→F｝，则该关系的候选码为_____，该候选码含有_____属性。

30. 设一个关系为 R（A，B，C，D，E），它的最小函数依赖集为 FD＝｛A→B，A→C，（C，D）→E｝，则该关系的候选码为_____，候选码函数决定 E 是_____性。

31. 对关系进行规范化，通常只要求规范化到_____范式，该规范化过程能够很好地保持数据的_____性和_____性。

32. 关系数据库中的每个关系必须最低达到_____范式，该范式中的每个属性都是_____的。

33. 把一个非规范化的关系变为第一范式时，可以在_____上展开，也可以在_____上展开，还可以把每个复合属性单独分解为_____。

34. 一个关系若存在部分函数依赖和传递函数依赖，则必然会造成数据_____以及_____、_____和_____异常。

35. 一个关系若存在部分函数依赖和传递函数依赖，则必然会造成_____和_____。

二、选择题

1. 如果关系 R 属于 1NF，并且 R 的每一个非主属性（字段）都完全依赖于主键，则 R 属于_____。

A. 1NF   B. 2NF   C. 3NF   D. 4NF

2. 假设一位教师可以讲授多门课程，一门课程可由多位教师讲授，则教师与课程之间是_____。

A. 1 对 1 关系   B. 1 对多关系   C. 多对多关系   D. 其他关系

3. 在下面教师表和系部表中，教师号和系部号分别是两个表的主键：

教师表（教师号，教师名，系部号，职务，工资）

系部表（系部号，系部名，部门人数，工资总额）

在这两个表中，只有一个是外键，它是_____。

A. 教师表中的"教师号"   B. 教师表中的"系部号"

C. 系部表中的"系部号"   D. 系部表中的"系部名"

三、问答题

1. 一个电影数据库包括的内容有：每部电影信息包括电影名、制作年份、电影播放的长度和导演等内容，电影演员信息包括演员姓名、性别、年龄和联系电话等信息；每部电影可能有多个演员出演，每个演员都可能出演多部电影。请按要求完成电影数据库的 E-R 图，然后给出对应的关系数据库模式。

2. 一个图书订购数据库包括的内容有：书店信息包括书店号、书店名、地址等内容，图书信息包括书号、书名、作者和价格等信息；每本图书可能发行到多个书店，每个书店会订购多本图书。请按要求完成图书订购数据库的 E-R 图，然后给出对应的关系数据库模式。

3. 涉及学生和课程的关系模式 SC（学号，姓名，年龄，课程名，成绩），假设学生有可能同名，课程名无重名，每个学生可能选修多门课，每门课可由多个学生选修，学生选修某门课对应有一个成绩。

（1）写出关系的键码和函数依赖。

（2）该关系属于第几范式？为什么？如果它不属于第三范式请将其分解使之符合第三范式的要求。

第4章 SQL Server 2008 基础

微软公司的 SQL Server 是一个关系数据库管理系统软件，主要经历了 SQL Server 6.5、SQL Server 7.0、SQL Server 2000、SQL Server 2005、SQL Server 2008 等多个版本的更新换代，本章主要介绍 SQL Server 2008 的相关内容。

4.1 SQL Server 2008 概述

"SQL Server 2008 是用于大规模联机事务处理（OLTP）、数据仓库和电子商务应用的数据库和数据分析平台。"这句话是微软公司对 SQL Server 2008 的定义，可以从定义中得知，SQL Server 2008 是一个数据平台，是一个全面的、集成的、端到端的数据解决方案，它能为使用者提供一个安全可靠并且高效的平台用于企业数据管理和人工智能。

4.1.1 SQL Server 2008 数据平台

Microsoft@ 数据平台愿景提供了一个解决方案来满足用户对数据存储的需求，这个解决方案就是用户可以存储和管理许多数据类型，包括 XML、E-mail、时间/日历、文件、文档、地理等，同时提供一个丰富的服务集合来与数据交互作用，即搜索、查询、数据分析、报表、数据整合和强大的同步功能。用户可以访问从创建到存档于任何设备的信息，从桌面到移动设备的信息。图 4.1 所示就是 Microsoft@ 数据平台愿景，即 SQL Server 2008 数据平台。

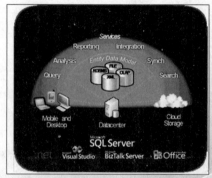

图 4.1 SQL Server 2008 数据平台

从图 4.1 可以看出，SQL Server 2008 数据平台集成了以下 8 个组成部分。

（1）Integration Services（集成服务）。它的前身是 SQL Server 2000 中的导入导出工具（DTS），现在的 SSIS（SQL Server Integration Services）发展成为了高性能数据集成解决方案的平台。用户可以用它来执行 FTP 操作、SQL 语句执行和电子邮件消息传递等工作流功能任务，也可以用它在不同的数据源之间导入/导出数据，或者用它来清理、聚合、合并、复制数据的转移。

（2）数据库引擎。SQL Server 2008 数据库引擎是用来完成存储和处理数据任务的服务，它就是我们平常所说的"数据库"。利用它可以设计和创建数据库、访问和更改数据库中存储的数据、提供日常数据库管理的支持、优化数据库的性能。

（3）Reporting Services（报表服务）。SQL Server 2008 的报表服务提供企业级的报告功能，可以在多种数据源中获取报表的内容，能用不同的格式创建报表，并通过 Web 连接来查看和管理这些报表。

（4）Analysis Services（分析服务）。SQL Server 2008 Analysis Services（SSAS）能为商业智能应用程序提供联机分析处理和数据挖掘功能。通过 SSAS 可以将数据仓库的内容以更有效率的方式提供给决策分析者。

（5）Service Broker（服务代理）。服务代理可以帮助开发人员生成可伸缩的、安全的数据库应用程序。服务代理也是数据库引擎的一个组成部分，是围绕发送和接收消息的基本功能来设计的。

（6）复制。复制功能可以将数据和数据库对象从一个数据库复制或分发到另一个数据库，然后在数据库之间进行同步，以保持它们的一致性。

（7）全文搜索：SQL Server 2008 的全文搜索可以将表中纯字符的数据以词或短语的形式执行全文查询。全文搜索与 SQL 语言中的 Like 语句不同，它先为数据库中的文本数据创建索引，然后根据特定语言的规则对词和短语进行搜索，其速度快、形式灵活，使用方便。

（8）通知服务（Notification Services）。通知服务是生成并发送通知的应用程序的开发和部署平台，它可以生成个性化消息，并将其发送给所有的订阅方，也可以向各种设备传送消息。

4.1.2　SQL Server 2008 新特点

Microsoft SQL Server 2008 推出了许多新的功能特性和关键功能的改进，使得它成为至今为止的最强大和最全面的 SQL Server 版本。Microsoft SQL Server 2008 提供了一套综合的能满足不断增长的企业业务需求的数据管理与分析平台。SQL Server 2008 不仅提供了可扩展的服务器功能以及大型数据库的技术，而且还提供了性能优化工具。Microsoft SQL Server 2008 提供了一套可信赖的、高效率的、智能化的数据平台，它可以帮助用户运行关键业务型应用程序，提供对于超越关系型数据的支持，降低应用程序部署和管理所需的时间和成本，并在整个企业范围内提供全面且易操作的平台。

这个平台有以下特点：

● 可信赖的——使得公司可以以很高的安全性、可靠性和可扩展性来运行他们最关键任务的应用程序。

● 高效率的——使得公司可以降低开发和管理他们的数据基础设施的时间和成本。

●智能化的——提供了一个全面的平台，可以在用户需要的时候给他发送观察和信息。

4.1.3　SQL Server 2008 各个版本比较

SQL Server 2008 本身有多个版本，分别为 SQL Server 2008 Enterprise Edition（企业版）、SQL Server 2008 Standard（标准版）、SQL Server 2008 Workgroup Edition（工作组版）、SQL Server 2008 Development（开发者版）、SQL Server 2008 Express（简易版）、SQL Server 2008 Web 版，并集成了 SQL Server Compact 3.5。其功能和作用也各不相同，其中 SQL Server 2008 Express 版是免费版本。

（1）SQL Server 2008 企业版。

SQL Server 2008 企业版是一个全面的数据管理和业务智能平台，为关键业务应用提供了企业级的可扩展性、数据仓库、安全、高级分析和报表支持。这一版本将为用户提供更加坚固的服务器和执行大规模在线事务处理。

（2）SQL Server 2008 标准版。

SQL Server 2008 标准版是一个完整的数据管理和业务智能平台，为部门级应用提供了最佳的易用性和可管理特性。

（3）SQL Server 2008 工作组版。

SQL Server 2008 工作组版是一个值得信赖的数据管理和报表平台，用以实现安全的发布、远程同步和对运行分支应用的管理能力。这一版本拥有核心的数据库特性，可以很容易地升级到标准版或企业版。

（4）SQL Server 2008 开发者版。

SQL Server 2008 开发者版允许开发人员构建和测试基于 SQL Server 的任意类型应用。这一版本拥有所有企业版的特性，但只限于在开发、测试和演示中使用。基于这一版本开发的应用和数据库可以很容易地升级到企业版。

（5）SQL Server 2008 Express 版。

SQL Server 2008 Express 版是 SQL Server 的一个免费版本，它拥有核心的数据库功能，其中包括了 SQL Server 2008 中最新的数据类型，但它是 SQL Server 的一个微型版本。这一版本是为了学习、创建桌面应用和小型服务器应用而发布的，也可供 ISV 再发行使用。

（6）SQL Server 2008 Web 版。

SQL Server 2008 Web 版是针对运行于 Windows 服务器中要求高可用、面向 Internet Web 服务的环境而设计的。这一版本为实现低成本、大规模、高可用性的 Web 应用或客户托管解决方案提供了必要的支持工具。

（7）SQL Server Compact 3.5 版。

SQL Server Compact 是一个针对开发人员设计的免费嵌入式数据库，这一版本的意图是构建独立、仅有少量连接需求的移动设备、桌面和 Web 客户端应用。SQL Server Compact 3.5 版可以运行于所有微软 Windows 平台之上，包括 Windows XP 和 Windows Vista 操作系统，以及 Pocket PC 和 SmartPhone 设备。

4.2 SQL Server 2008 的安装与测试

SQL Server 2008 的安装过程很友好，但是对于初次接触的使用者来说，在安装过程中面对一些参数的设置和选项的选择，可能会有些不知如何是好。本节介绍 SQL Server 2008 的安装准备，然后了解安装中的一些参数设置的意义和选项选择的说明，最后介绍安装过程。

4.2.1 安装 SQL Server 2008 的系统要求

SQL Server 2008 可以安装在 32 位操作系统和 64 位操作系统之上，对于不同的操作平台，对系统的要求也不一样。我们以 32 位操作系统为例来说明安装 SQL Server 2008 各版本的系统要求。

（1）硬件要求。

所有版本的 SQL Server 2008 对计算机的 CPU 要求为主频最低要求 1.0GHz，建议 2.0GHz 以上；内存最小要求 512MB（Express Edition 最小要求 256MB），建议 2GB 以上；硬盘空间的要求取决于所选组件的多少，一般要求至少有 10GB 的可用硬盘空间。

（2）操作系统要求。

安装 SQL Server 2008 企业版一般要求操作系统为 Windows Server 2003 SP2 以上版本，不能安装在 Windows XP 操作系统之上；而对于其他版本，基本上能安装在 Windows XP Professional SP2 操作系统及其之后推出的操作系统之上。

（3）其他要求。

一般要求 IE 6.0 SP1 以及更高版本。

4.2.2 安装 SQL Server 2008

（1）SQL Server 2008 标准版可以安装在 Windows XP 和 Windows 7 操作系统之上，单击安装程序，进入安装界面。

（2）选择安装页面，单击"全新 SQL Server 独立安装或向现有安装添加功能"超链接，如图 4.2 所示。

（3）出现如图 4.3 所示的"安装程序支持规则"界面，通过检查后单击"确定"按钮进入"产品密钥"对话框。

（4）在如图 4.4 所示的"产品密钥"界面中，可以选择"指定可用版本"选项，或者输入有效的产品密钥，然后单击"下一步"按钮。

（5）在如图 4.5 所示的"许可条款"界面中，勾选"我接受许可条款"复选框，然后单击"下一步"按钮。

（6）SQL Server 2008 安装程序将会对系统的软件、硬件和网络环境进行检查，只有满足条件后才可以继续安装。如果所有条件均满足，则进入下一步。

（7）在如图 4.6 所示的"功能选择"界面中，选择需要安装的组件（默认全部不选），然后进入下一步。

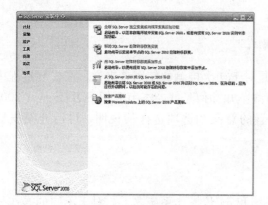

图 4.2　安装页面

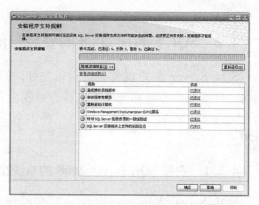

图 4.3　"安装程序支持规则"界面

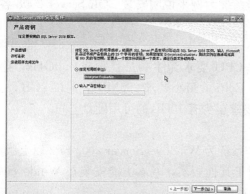

图 4.4　"产品密钥"界面

图 4.5　"许可条款"界面

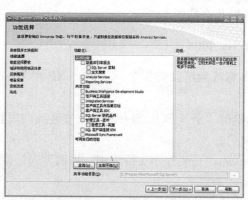

图 4.6　"功能选择"界面

（8）出现如图 4.7 所示的"实例配置"界面。实例就是虚拟的服务器，SQL Server 2008 允许在同一台计算机上安装多个实例，并可以让这些实例同时执行或独立运行，就好像有多台 SQL Server 服务器同时在运行。不同的实例以实例名来区分，SQL Server 2008 默认的实例名称是"MSSQLSERVER"，在同一台计算机上只能有一个默认实例，但可以有多个命名实例。如果是第一次在计算机上安装 SQL Server 可选择默认实例，如果已经安装过 SQL Server 2000 或 SQL Server 2005，则只能选择命名实例。选择实例名称后，可改变实例目录。

图 4.7 "实例配置并选择安装路径"界面

（9）进入下一步，会出现"磁盘空间要求"界面，浏览信息后单击进入下一步。

（10）出现如图 4.8 所示的"服务器配置"界面，要设置每个 SQL Server 服务使用的账户。设置好后单击"下一步"按钮。

（11）进入"数据库引擎配置"界面，指定连接 SQL Server 时使用的安全设置，见图 4.9。SQL Server 2008 提供两种身份验证模式：Windows 身份验证和 SQL Server 身份验证。

● Windows 身份验证模式是在 SQL Server 中建立与 Windows 用户账户对应的登录账号，这样在登录了 Windows 操作系统之后，登录 SQL Server 就不用输入用户名和密码了。

● SQL Server 身份验证模式是在 SQL Server 中建立专门用来登录 SQL Server 的账户和密码，这些账户和密码与 Windows 登录无关。

我们选择"混合模式（SQL Server 身份验证和 Windows 身份验证）"登录。选择"混合模式"单选按钮之后，要求输入内置 SQL Server 系统管理员账号的密码。设置完成后进入下一步。

（12）在"数据库引擎配置"对话框中打开"数据目录"选项卡，可以设置用户数据文件的存放路径。

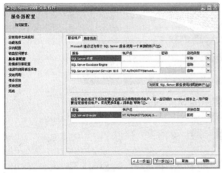

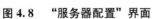

图 4.8 "服务器配置"界面   图 4.9 "数据库引擎配置"界面

（13）进入下一步，可以进行一些服务或报告设置，一般选择默认设置即可，然后进入如图 4.10 所示的"准备安装"界面，在这里可以查看需要安装的所有组件，也可以单击"上一步"修改安装计划，如果不需要修改单击"安装"按钮正式开始安装。

（14）"安装进度"界面如图 4.11 所示，开始安装并安装完成用时大约 1 小时，当然这取决于需要安装的组件。安装完成后的开始菜单，如图 4.12 所示。

图 4.10　"准备安装"界面

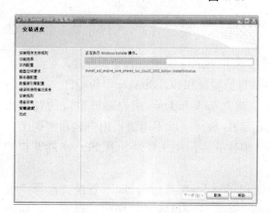

图 4.11　"安装进度"界面

图 4.12　安装完成后开始菜中的 SQL Server 2008

4.2.3　安装 SQL Server 2008 SP2（补丁）

SQL Server 2008 SP2 主要包括一些兼容性功能，帮助实现与 SQL Server 2008 的兼容，还包括一些基于 SQL Server 社区用户反馈的产品改进，以及使用 SP1 以来的所有补丁。SQL Server 2008 SP2 新增功能如下：

● SQL Server 实用工具：在部署 SP2 后，可使用 SQL Server 的实用工具控制点将 SQL Server 2008 数据库引擎实例注册为托管实例。

● 数据层应用程序（DAC）：安装 SP2 后，SQL Server 2008 数据库引擎的实例能够支持所有 DAC 操作，用户可以部署、升级、注册、提取和删除 DAC。

4.3 SQL Server 2008 常用工具简介

安装完 SQL Server 2008 之后，我们就可以使用 SQL Server 2008。在这一任务中，我们首先介绍 SQL Server 2008 的后台服务、管理工具，SQL Server Management Studio 工具的基本使用方法和 SQL Server 2008 系统数据库。

4.3.1 服务器上的后台服务

当 SQL Server 2008 服务器程序安装完毕之后，其服务器端组件是以"服务"的形式在计算机系统中运行的。打开"控制面板"→"管理工具"→"服务"对话框，如图 4.13 所示。

图 4.13 SQL Server 2008 服务组件

从这个对话框中，我们可以查看到已经安装的 SQL Server 2008 服务组件。一般都包括如下几个服务。

● SQL Server 服务：就是 SQL Server 2008 的数据引擎，也是 SQL Server 2008 的核心服务。只有启动此服务，用户才能与数据库服务建立连接，才能执行 SQL 语句。

● SQL Server Agent 服务：SQL Server 代理，它可以执行数据库管理员安排的管理任务，也就是专业术语"作业"。一个作业可以包含一个或多个步骤，每个步骤完成一个任务，例如数据库备份，SQL 查询语句等。

● SQL Server Analysis Services 服务：是为商业智能应用程序提供联机分析处理（OLAP）和数据挖掘功能的服务。OLAP 是一种软件技术，它使分析人员能够迅速、一致、交互地从各个方面观察信息，以达到深入理解数据的目的，这些信息是从原始数据直接转换过来的，它们以用户容易理解的方式反映企业的真实情况。

● SQL Server Browser 服务：将 SQL Server 的连接信息提供给客户端计算机。

● SQL Server FullText Search 服务：此服务是快速创建结构化和半结构化数据内容和属性的全文索引，以便对数据进行快速的文字搜索。

● SQL Server Integration Services 服务：此服务为 SSIS 包的存储和执行提供管理支持。

● SQL Server Reporting Services 服务：其功能是管理、执行、呈现、计划和传递报表。

● SQL Server VSS Writer 服务：称为 SQL 编写服务，其功能是通过卷影复制服务（VSS）框架，提供用来备份和还原 SQL Server 2008 的附加功能。

● SQL Server Active Directory Helper 服务：支持与 Active Directory 的集成。Active Directory 是活动目录服务，可分层存储网络对象的信息，并向管理员、用户和应用程序提供这些信息。

4.3.2　客户端上的管理工具

安装完 SQL Server 2008 的客户端程序后，在 Windows 操作系统的"开始"→"程序"→"Microsoft SQL Server 2008"菜单下可以看到 8 个菜单项，如图 4.12 所示，这些就是 SQL Server 2008 的客户端管理工具，我们介绍其中的两个工具，其余的工具请参看帮助文档理解使用。

1. SQL Server 2008 配置管理器（SQL Server Configuration Manager）

SQL Server 2008 配置管理器（SQL Server Configuration Manager）是一个管理工具，用于管理与 SQL Server 有关的连接服务。

在 Windows 操作系统中依次选择"开始"→"程序"→"Microsoft SQL Server 2008"→"配置工具"→"SQL Server 配置管理器"菜单项，启动 SQL Server Configuration Manager，如图 4.14 所示。

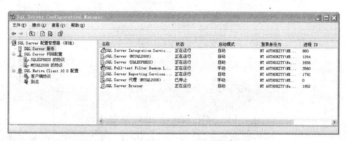

图 4.14　SQL Server 配置管理器

从图 4.14 中可以看出，SQL Server 配置管理器实际是将 SQL Server 2000 中的服务管理器、服务器网络实用工具和客户端网络实用工具三个工具集成在了一个工具中。

● SQL Server 服务：可以用来启动、暂停、恢复和停止服务，还可以查看和更改每个服务的登录方式和启动模式。

● SQL Server 网络配置：可以用来配置服务器端的网络协议和连接选项，其中包括强制协议加密、查看别名属性或启用/禁用协议等功能。

● SQL Native Client 10.0 配置：与 SQL Server 网络配置功能类似，它配置的是客户端的网络协议、连接选项和别名。

2. SQL Server Management Studio

SQL Server Management Studio 是 SQL Server 2008 中最重要的管理工具，提供了用于数据库管理的图形工具和功能丰富的开发环境。SQL Server Management Studio 将 SQL Server 2000 中的企业管理器、Analysis Management 和 SQL 查询分析器功能集合为一体。

在 Windows 操作系统中依次选择"开始"→"程序"→"Microsoft SQL Server 2008"→"SQL Server Management Studio"菜单项，启动 SQL Server Management Studio，如图 4.15 所示。

在图 4.15 中，单击"连接"按钮，连接到 SQL Server 2008 服务器；出现如图 4.16 所示的 SQL Server Management Studio 主界面。在此界面中集成了很多组件，这些组件均可以在对话框中关闭、隐藏和移动。

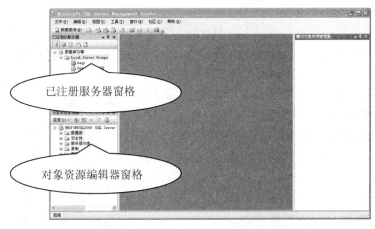

图 4.15　连接到 SQL Server 2008 服务器

图 4.16　SQL Server Management Studio 主界面

　　例如，在图 4.16 所示的 SQL Server Management Studio 主界面左边，已经打开两个组件窗格，"已注册服务器"和"对象资源管理器"。单击对应窗格中的""、""和""按钮可以移动、隐藏和关闭窗格。

　　SQL Server Management Studio 还集成了用于编写 T-SQL 的查询编辑器，它与 SQL Server 2000 中的查询分析器十分相似。在其主界面的工具栏中，每单击"新建查询"按钮一次，就会出现一个新的查询编辑器的代码窗格，在窗格中输入代码，单击工具栏中的"执行"按钮，可以执行此语句，并打开"查询结果"窗格显示语句的执行结果，如图 4.17 所示。

图 4.17　查询编辑器界面

4.3.3 系统数据库

安装 SQL Server 2008 时，安装程序会创建如表 4.1 所示的 4 个系统数据库。

表 4.1 系统数据库表

数据库名称	数据文件	日志文件
master	Master. mdf	Mastlog. ldf
model	Model. mdf	Modellog. ldf
msdb	MsdbData. mdf	Msdblog. ldf
tempdb	Tempdb. ldf	Templog. ldf

在 SQL Server Management Studio 中的"对象资源管理器"窗格中，显示有 4 个系统数据库，分别是 master、model、msdb 和 tempdb，如图 4.18 所示。下面分别介绍 4 个系统数据库的作用。

1. master 数据库

master 数据库记录 SQL Server 2008 系统的所有系统级信息，包括实例范围的元数据（例如登录账户）、端点、链接服务器和系统配置设置。此外，master 数据库还记录了所有其他数据库的存在、数据库文件的位置以及 SQL Server 2008 的初始化信息。因此，如果 master 数据库不可用，则 SQL Server 2008 无法启动。在 SQL Server 2008 中，系统对象不再存储在 master 数据库中，而是存储在 Resource 数据库中。

2. model 数据库

用作 SQL Server 2008 实例上创建的所有数据库的模板。对 model 数据库进行的修改（如数据库大小、排序规则、恢复模式和其他数据库选项）将应用于以后创建的所有数据库。

图 4.18 系统数据库

3. msdb 数据库

msdb 数据库由 SQL Server 2008 代理用于计划警报和作业，也可以由其他功能（如 Service Broker 和数据库邮件）使用。

4. tempdb 数据库

tempdb 数据库是一个工作空间，用于保存临时对象或中间结果集。tempdb 系统数据库是一个全局资源，可供连接到 SQL Server 2008 实例的所有用户使用，并可用于保存下列各项内容：

● 显示创建的临时用户对象，例如全局或局部临时表、临时存储过程、表变量或游标。

● SQL Server 数据库引擎创建的内部对象，例如，用于存储假脱机或排序中间结果的工作表。

● 由使用已提交读（使用行版本控制隔离或快照隔离事务）的数据库中数据修改事务生成的行版本。

● 由数据修改事务为实现联机索引操作、多个活动的结果集（MARS）以及 AFTER 触发器等功能而生成的行版本。

tempdb 中的操作是最小日志记录操作，这将使事务产生回滚。每次启动 SQL Server 时都会重新创建 tempdb，从而在系统启动时总是保持一个干净的数据库副本。在断开连接时会自动删除临时表和存储过程，并且在系统关闭后没有活动连接。因此 tempdb 中不会有什么内容从一个 SQL Server 2008 会话保存到另一个会话。也不允许对 tempdb 进行备份和还原操作。

注意： SQL Server 2008 不支持用户直接更新系统对象（如系统表、系统存储过程和目录视图）中的信息。

·本章小结·

本章介绍了 SQL Server 2008 数据平台的 8 个组成部分，SQL Server 2008 的新特点，SQL Server 2008 各个版本之间的比较，SQL Server 2008 的安装过程说明和 SQL Server 2008 安装完成后的后台服务启动和停止方法及常用客户端工具介绍。

SQL Server 配置管理器（SQL Server Configuration Manager）用于管理与 SQL Server 有关的连接服务。SQL Server Management Studio 是 SQL Server 2008 中最重要的管理工具，提供了用于数据库管理的图形工具和功能丰富的开发环境。SQL Server Management Studio 将 SQL Server 2000 中的企业管理器、Analysis Management 和 SQL 查询分析器功能集合为一体。

习题 4

一、填空题

1. SQL Server 2008 服务器要完成各种数据的管理工作，就要记载各式各样的信息，这些信息我们称之为系统数据信息，它们存放在_____中。

2. 默认情况下安装 SQL Server 2008 后，系统就自动建立了_____个系统数据库。

二、操作题

1. 了解自己的计算机是否符合安装 SQL Server 2008 标准版的基本要求，如果符合，请正确安装 SQL Server 2008 标准版，并理解各个选项及设置的意义。

2. 下载 SQL Server 2008 的 SP2 然后正确安装。

第 5 章　使用 SQL Server 2008 建立数据库和表

数据库是存储和管理数据的单位，也是数据库系统中最重要的概念。从用户的角度来看，数据库是数据表、视图、存储过程等对象组成的集合；从计算机的角度来看，数据库是由若干个物理文件组成的整体。

数据表是数据库中一个非常重要的对象，是其他对象的基础。没有数据表，关键字、主键、索引等也就无从谈起。

数据库只是一个框架，数据表才是其实质内容。根据信息的分类情况，一个数据库中可能包含若干个数据表。如"教学管理系统"数据库一般包含围绕特定主题的 6 个数据表："教师"表、"课程"表、"成绩"表、"学生"表、"班级"表和"授课"表，用来管理教学过程中学生、教师、课程等信息。这些各自独立的数据表通过建立关系被连接起来，成为可以交叉查阅、一目了然的数据库。

5.1　建立用户数据库

本节介绍在 SQL Server 2008 中通过 SQL Server Management Studio（简称 SSMS）工具建立与管理用户数据库的步骤和方法，同时简要说明 SQL Server 2008 用户数据库的内部结构。

5.1.1　SQL Server 2008 数据库逻辑结构

从逻辑（用户）的角度来看，数据库是各种数据对象的一个总称。这些数据对象是数据库中数据存储、管理的基本单位，数据库包括的逻辑对象如图 5.1 所示，各对象的作用说明如下。

（1）表：是数据库中最主要的对象之一，是存储数据的容器，由数据行（记录）和列（字段）组成的二维表结构。

（2）视图：为不同的用户定义的对一个或多个表的浏览内容，就好像是表的窗户，用户只能查看到数据库中他可以看到的内容。

（3）索引：是在表的列上建立的一种数据对象，相当于指向表中数据的指针，用于提高数据的查询速度。

（4）存储过程：是一组预先编译好的 Transact-SQL 代码，用于完成某些特定的功能。

（5）触发器：是一类特殊的存储过程，为了保证数据的完整性，它基于一个表而创建，但可针对多个表进行操作，与表紧密结合，可以看成是表定义的一部分。

（6）用户定义的数据类型：由用户定义的将在数据表中使用的数据类型。

（7）用户定义的函数：由用户定义的将在数据库的其他对象中使用的函数。

5.1.2 SQL Server 数据库物理结构

从物理（机器）的角度来看，数据库是若干个由操作系统管理的文件组成的整体，这些文件在创建数据库时建立，默认存放在 SQL Server 2008 安装的文件夹 \ MSSQL.1 \ MSSQL \ DATA 下，如图 5.2 所示。

SQL Server 的每个数据库文件包括下面两类文件，缺一不可。

（1）数据文件：用于存储数据库中的所有数据和其他附属数据对象。数据文件可分为主要数据文件（扩展名为 mdf）和次要数据文件（扩展名为 ndf）两类，每个数据库必须有且只能有一个主要数据文件，其默认文件名为：数据库名 .mdf，可以有零到多个次要数据库文件，这由用户在建立数据库时决定。

（2）日志文件：日志文件是记录式文件，其中记录了哪个用户对哪个数据库在什么时间进行了什么样的操作，主要用于数据库的恢复、复制等操作，是 SQL Server 数据库区别于 ACCESS 等桌面数据库的重要标志之一。日志文件的扩展名为 ldf，数据库的默认日志文件名为：数据库名 _ log.ldf，每个 SQL Server 数据库可以有一到多个日志文件。

图 5.1 数据库的逻辑结构

图 5.2 数据库的物理结构

5.1.3 文件组及日志文件

数据库中一个或多个文件的集合称为文件组，SQL Server 中允许对多个数据文件分组，以方便数据的分配和放置。SQL Server 支持两种类型的文件组：主文件组（Primary）和用户定义文件组（文件组名称由用户建立时给定）。如果用户没有建立文件组，所有数据文件均存放在主文件组中，当用户建立了文件组后，就可以将新建立的次要数据文件放入用户建立的文件组中。

一般情况下，一个数据库只包含一个主要数据文件和一个日志文件就能很好地运行，这时有一个主文件组管理已经足够了。如果数据库的中数据量庞大，就应该建立新的文件组并将它设为默认文件组，然后将新建立的次要数据文件放到此文件组中进行管理比较妥当。

事务日志文件简称日志文件。在 SQL Server 中，数据库必须至少包含一个事务日志文件。数据和事务日志信息不能混合在同一文件中，并且每个文件只能由一个数据库使用。

事务日志文件中记录了所有用户对数据库中已发生的所有修改和执行每次修改的事务的一连串记录。它记录了在每个事务期间，对数据的更改及撤销所做更改（以后如有必要）所需的足够信息。对于一些大的操作（如建立索引），事务日志则记录该操作发生的事实。随着数据库中发生的被记录的操作的增多，日志记录将会不断地增长。

利用事务日志可以将数据库恢复到特定的时间点（如输入不想要的数据之前的那一点）或故障发生点。

日志文件的存储与数据文件的存储不同，它不是以页为单位的，而是由一条条日志记录组成的。若干条相邻的日志记录构成用户对数据库的某个操作事务，在最少情况下会产生三条日志记录，其中第一条用于记录用户开始某个操作，第二条用于记录用户的相应操作，数据改变的页面位置等，第三条用于记录用户完成了这个操作。

5.1.4 使用 SSMS 工具创建用户数据库

创建用户数据库之前要考虑好有关的一些问题，如数据库的名字、数据库中数据量的大小等，要注意的是，用户开始创建的数据库是空的，也就是说没有具体的数据内容，因为数据是保存在数据库的表对象中，这部分内容将在后面进行说明。我们在这里首先介绍用户数据库的命名规则，然后详细说明在 SQL Server Management Studio 中如何创建用户数据库。

1. 用户数据库的命名

用户在创建数据库时，首先要给数据库命名，数据库的命名应该遵守 SQL Server 标识符命名的如下基本规则。

（1）第一个字符必须是：字母 a～z 和 A～Z、汉字或者下划线（_）、at 符号（@）或者数字符号（#）。

（2）后续字符可以是：字母、汉字、十进制数、at 符号、美元符号（$）、数字符号或下划线。

（3）标识符不能是 Transact-SQL 的保留字。SQL Server 保留其保留字的大写和小写形式。不允许嵌入空格或其他特殊字符。

（4）长度不能超过 128 个字符。

在 SQL Server 中，可以直接使用汉字给数据库命名，一般我们给数据库命名的名字应该便于理解和记忆。

2. 创建用户数据库

这里介绍使用 SQL Server 2008 的工具 SQL Server Management Studio 采用图形界面的方式创建数据库。假设要创建一个名为"学生成绩管理"的数据库，其数据文件和日志文件的存储位置为 E:\data。

（1）打开 SQL Server 2008 下的工具 SQL Server Management Studio，在其"对象资源管理器"面板中单击展开服务器，鼠标右键单击"数据库"节点，在打开的菜单中选择"新建数据库"命令，如图 5.3 所示。

（2）打开"新建数据库"界面，在其"常规"页的"数据库名称"栏中输入"学生成绩管理"；在"所有者"下拉列表框中选择数据库的所有者，默认值为系统登录者；在"数据库文件"下的列表区中可改变数据文件和日志文件的逻辑名称和存放的物理位置、文件初始大小和增长率等内容，可以根据需要进行修改也可取默认值，如图 5.4 所示。

图5.3 选择"新建数据库"命令

图5.4 "新建数据库/常规"页

（3）在"新建数据库"界面左边的"选择页"列表区中选择"选项"页，打开如图5.5所示的"新建数据库/选项"页，在其中可对数据库的排序规则、恢复模式、状态等内容进行设置，可以根据需要进行修改也可取默认值。

（4）在"新建数据库"界面左边的"选择页"列表区中选择"文件组"页，打开如图5.6所示的"新建数据库/文件组"页，单击右下端的"添加"或"删除"按钮可以为数据库添加或删除文件组。

图5.5 "新建数据库/选项"页

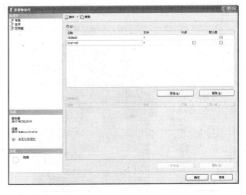

图5.6 "新建数据库/文件组"页

（5）所有设置按要求完成后，单击对话框下方的"确定"按钮，新的数据库建立完成。返回 SQL Server Management Studio 界面，在其"对象资源管理器"面板中的"数据库"节点下有了新建的数据库"学生成绩管理"，如图5.7所示。

图5.7 新建立的"学生成绩管理"

根据上述步骤建立的用户数据库，只是数据库的框架，还没有具体的对象内容，因此是一个"空"数据库。

5.2　配置用户数据库

在前一节中，我们学会了建立用户数据库，如果有必要，还要进行相关配置才能更有利于系统对数据库的相关管理。本节介绍对用户建立的数据库通过"数据库属性"界面来对数据库进行配置。

5.2.1　用户数据库的基本属性

打开 SQL Server 2008 下的 SQL Server Management Studio 工具，在其"对象资源管理器"面板中"数据库"节点下用鼠标右键单击已建立的数据库"学生成绩管理"，在弹出的快捷菜单中选择"属性"命令，如图 5.8 所示。

接着打开如图 5.9 所示的数据库属性对话框的"常规"页，显示了当前数据库的基本信息。在"备份"栏中显示了数据库和日志上次备份的时间；在"数据库"栏中显示了数据库的名称、状态、所有者、创建日期、大小、可用空间和用户数等信息，在"维护"栏中显示了排序规则。所有这些信息均只能查看不能修改。

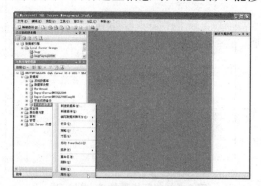

图 5.8　选择"数据库/属性"命令

图 5.9　"数据库属性/常规"页

5.2.2　用户数据库的文件/文件组属性配置

在"数据库属性"界面切换到"文件"页，在"数据库文件"列表区中"逻辑名称"列下可修改文件的逻辑名称，在"文件类型"栏下显示文件是"数据"文件还是"日志"文件，在"文件组"列下显示文件所属的组名，注意，日志文件不属于任何文件组。在"初始大小"列下可修改文件的初始大小，因为 SQL Server 对文件是先分配后使用空间，如果初始大小分配不符合要求则可以进行修改。在"自动增长"列下显示文件原有的增长方式，单击右边的"……"按钮可以修改文件自动增长方式，如图 5.10 所示。"路径"和"文件名"列是不可修改的，表示文件存储的物理路径和文件名。

在"数据库属性"界面切换到"文件组"页，在右边的列表区中显示了数据库已有的文件组，默认有一个主文件组"PRIMARY"。单击对话框右下方的"添加"按钮可以添加新的文件组，可以定义它是否为默认的文件组，所谓默认文件组即新增加的数据文件默认属于此文件组，如图 5.11 所示。如已建立的文件组不再需要，可以单击"删除"按钮将其删除。

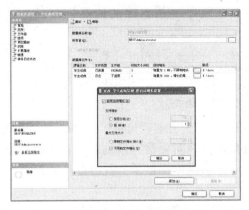

图 5.10 "数据库属性/文件"页

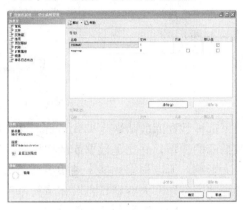

图 5.11 "数据库属性/文件组"页

5.2.3 用户数据库的选项属性配置

在"数据库属性"界面切换到"选项"页，在右边显示了数据库的一些选项设置，如图 5.12 所示。下面我们对一些比较重要的选项设置进行说明，其他选项可取默认值。

图 5.12 "数据库属性/选项"页

1. 排序规则

在"选项"页的"排序规则"下拉列表框中可以配置数据库采用的排序规则，如图 5.13 所示。排序规则指定了 SQL Server 字符的物理存储模式和比较字符所使用的规则。一般使用默认设置"Chinese_PRC_CS_AI"，其前半部分"Chinese_PRC"表示其字符集为简体中文字符集，其排序规则为 UNICODE 的排序规则；后半部分"CS"表示排序时区分大小写，"AI"表示不区分重音。

图 5.13 选择数据的排序规则

2．恢复模式

在"选项"页的"恢复模式"下拉列表框中可以配置数据库的故障恢复模式，如图 5.14 所示。

图 5.14   选择数据库故障恢复模式

选择数据库故障恢复模式与日志文件的大小和增长方式有密切关系。日志记录了用户对数据库的操作，好比是数据库的"黑匣子"。但日志的读写对磁盘容量的需求和系统性能有较大影响，所以根据数据库的重要程度，SQL Server 数据库提供了三种故障恢复模式，分别是"完整"、"大容量日志"和"简单"。

如果是特别重要的数据库，比如银行、电信、招生考试等部门的重要数据应该使用"完整"恢复模式；经常进行大容量的数据插入和删除等操作，如果日志文件太庞大，就可以使用"大容量日志"恢复模式，记录必要的操作，不必记录所有的操作。但在这种模式下，一旦出现问题可能导致数据无法恢复的后果。对于性能要求高但安全性要求较低的数据库采用"简单"恢复模式即可。

3．限制用户对数据库的访问

在"数据库属性"界面的"选项"页的"限制访问"下拉列表框中可以根据需要限制对数据库的访问，选择"SINGLE_USER"方式，此时限制一次只能有一个用户访问此数据库；选择"RESTRICTED_USER"方式，这时只有"db_owner"（数据库所有者）、"db-creator"（数据库创建者）或"sysadmin"（系统管理员）这三种角色的成员才能访问数据库，有关"角色"的概念将在后面介绍。选择"MULTIPLE"是数据库的正常状态，允许多个用户按权限同时访问数据库。

选项页中还有其他一些设置，我们可慢慢理解其意义，一般取默认值即可。

5.3   用户数据库基本操作

已经建立好的用户数据库，不管数据库中是否有数据，都可以根据需要进行移动和删除等操作，这节中我们介绍对数据库的分离、附加和删除操作的方法。

5.3.1   分离用户数据库

在 SQL Server 中的数据库，除了系统数据库外，其余的数据库都可以从服务器的管理中脱离出来，同时能保持数据文件和日志文件的完整性和一致性，这样分离出来的数据库还可以附加到其他服务器上构成完整的数据库。这种方式就好像一个人调离现在的工作岗位，从其管理单位中脱离出来，然后重新找一个新单位接受新单位的管理一样。

分离用户数据库的操作步骤如下：

（1）打开 SQL Server 2008 下的工具 SQL Server Management Studio，在"对象资源管理器"面板中选择用户数据库"学生成绩管理"，单击鼠标右键，在弹出的快捷菜单中依次选择"任务"→"分离"命令，如图 5.15 所示。

（2）打开如图 5.16 所示的"分离数据库"界面，显示要分离的数据库名称和状态，选择是否删除与这个数据库的连接和更新统计信息等内容。

（3）单击如图 5.16 所示界面中的"确定"按钮，成功完成对数据库的分离操作，此时分离的数据库将不属于该 SQL Server 2008 服务器管理，从 Management Studio 工具中也就找不到这个数据库了。

图 5.15　选择"分离"命令　　　　　　图 5.16　　"分离数据库"界面

（4）如果需要将分离的数据库附加到其他计算机的 SQL Server 数据库服务器上，则可以复制其所有数据文件和日志文件到另一台计算机上，然后执行下面介绍的附加操作即可。

5.3.2　附加用户数据库

附加用户数据库的基本操作方法如下：

（1）打开 SQL Server 2008 下的工具 SQL Server Management Studio，在"对象资源管理器"面板中选择"数据库"节点，单击鼠标右键，在弹出的快捷菜单中依次选择"附加"命令，如图 5.17 所示。

（2）打开"附加数据库"界面，如图 5.18 所示，单击其中的"添加"按钮，弹出"定位数据库文件"界面，在其中寻找要附加数据库的主要数据文件的位置和名称，选择后单击"确定"按钮。

图 5.17　选择"附加"命令　　　　　　图 5.18　　"附加数据库"界面

（3）返回到"附加数据库"界面，在"要附加的数据库"栏中显示 MDF 文件位置，数据库的名称和附加后的名称等内容，在"…数据库详细信息"栏目中显示数据库原始文件名和位置等信息，如图 5.18 所示。

（4）所有内容确认无误后，单击"确定"按钮，开始附加数据库。成功完成对数据库的附加操作后，被附加的数据库将归属于该 SQL Server 服务器管理，从 Management Studio

工具中也就可以见到这个数据库了。

分离和附加操作很有用。如果在家中做的数据库要搬到学校或单位中去，我们就可以在家中将数据库从服务器中分离出来，用磁盘复制文件（所有数据文件和日志文件）到学校或单位的计算机中，然后执行附加操作，则相当于将数据库从家中搬到了学校或单位中。执行附加操作时请注意文件复制的路径等问题。

5.3.3 删除用户数据库

如果数据库确实不再需要，这时应该从服务器中将其删除，释放其所占有的存储空间。SQL Server 在 Management Studio 中删除数据库的方法如下。

（1）在"Management Studio"工具中单击选择"对象资源管理器"面板下"数据库"节点下要删除的数据库名称，然后单击鼠标右键，在弹出的快捷菜单中选择"删除"命令，如图 5.19 所示。

（2）打开如图 5.20 所示的"删除数据库"界面，默认选择"为数据库删除备份并还原历史记录"复选框，表示同时删除数据库的备份等内容。单击"确定"按钮完成数据库的删除，这时数据库所对应的数据文件和日志文件也同时删除了。

（3）在"Management Studio"工具中"对象资源管理器"面板下"数据库"节点下被删除的数据库不再存在，删除成功。

图 5.19　选择"删除"命令　　　　　　　图 5.20　　"删除数据库"界面

5.4 SQL Server 2008 数据类型与数据表

数据库中的表对象是用来存储数据的，也是 SQL Server 中最重要的数据对象。下面介绍 SQL Server 数据库中表的一些基本概念，数据完整性概念及其应用，在 SQL Server Management Studio 中用户表的建立、用户表结构的修改、表中约束的建立、表之间的关系建立以及表的删除操作等内容。

5.4.1 数据表说明

数据库中的数据表与我们平常所说的表类似，也是由行和列组成的二维结构。表定义的是列的集合，每一行代表一条记录，每一列代表一个属性，称为字段。例如表 5.1，记录教工的基本信息，表中每一行代表一个教工的具体信息，每一列则是教工某一个方面的信息，例如教工号、姓名、性别等。

表 5.1　　　　　　　　　　　　　　　　教工信息表

教工号	姓名	性别	部门	职称	年龄
1	张平乐	男	教务处	副研究员	52
2	李明明	男	科研处	研究员	48
3	彭小玲	女	计算机系	副教授	46
4	陈东浩	男	经管系	讲师	38
5	吴恒	男	外语系	副教授	40
6	刘涵珏	女	外语系	讲师	28
7	李先锋	男	工程系	讲师	30
8	陈忠实	女	计算机系	助教	26

1. 数据表的分类

按照不同的分类标准，或者说从不同的角度来区分，SQL Server 的表有不同的类型。

按照数据存储的时间来分类，可以分为永久表和临时表两类。永久表建立后，除非人工删除，否则一直保存。例如用户建立的数据表就是永久表。临时表只在数据库运行期间存在，例如在 tempdb 数据库中建立的用于排序等用途的表就是临时表。这些表一旦使用完毕或服务器关闭后就不再存在。

按照表的用途来分类，可以分为系统表和用户表两类。

系统表是维护 SQL Server 服务器和数据库正常工作的数据表，每个数据库下都会建立一些系统表，用户一般不需要对系统表进行修改等操作，而是由 DBMS 系统自行维护。

同样地，SQL Server 2008 在创建用户数据库时也会自动创建系统表，系统表记录了 SQL Server 服务器信息和系统的数据字典，是维护 SQL Server 服务器和数据库正常工作的数据表，用户直接更新系统表是很危险的，可能导致系统瘫痪和数据库的损坏；但是，从系统表中获取信息对 DBA 而言却是非常有用的。因此系统表往往设置成可读的，可以保护它免遭破坏。

在前面我们已经知道，安装好 SQL Server 2008 后，会自动创建系统数据库，在这些系统数据库中的表绝大部分都是系统表。

2. 表中的列

数据库中表的建立方法，实际上就是对表中列的定义，需要为每一列定义列名（字段名）、说明列中数据的取值范围（数据类型）以及一些其他的内容，比如是否允许为空（NULL）等。

表中每一列需要定义列名，即字段名，这些名称需要在建立表时定义，名称要符合标识符的命名规则。

字段的数据类型规定了该列的取值范围和列中数据能够进行的运算。例如姓名应该是字符型的，而年龄应该是数值型的，等等。

表中的列还需要说明列中的值是否为空（NULL），如果不能为空，则这列的数据是必填内容，不能为空。数据表中的内容尽量不要为空，这样计算或统计的结果就不会有误。

3. 用户表的主要内容

用户表是由用户建立的、用于某种实际用途的表。

根据实际需要设计数据库时，应该考虑好需要什么样的表，各表中应该保存哪些数据及表之间的关系等内容。在创建表时最有效的方法是将用户表中所需信息一次定义完成，包括一些约束条件（后面介绍）和附加信息等。用户表的主要内容如下：

（1）表的名字，每个表都需要一个好读好记忆的名字。

（2）表所包含的基本数据类型及自定义的数据类型。

（3）表的各列的名字及每一列的数据类型（有必要的话还需说明列的宽度等信息）。

（4）表的主码和外码信息。

（5）表中哪些列允许空值。

（6）哪些列需要索引以及索引的类型。

（7）是否要使用以及何时使用约束、默认设置或规则。

用户表的内容很多，我们在下面的内容中首先建立用户表框架的基本信息，再逐步完善用户表，建立表间的关联，然后再往表中添加数据，对数据进行必要的维护操作，如插入、修改和删除等。

5.4.2　SQL Server 2008 中的数据类型

数据类型就是以数据的表现方式和存储方式来划分的数据种类。SQL Server 2008 的数据类型可以分为基本数据类型和用户自定义数据类型两类。

1. 基本数据类型

SQL Server 2008 支持包括整型、浮点型、二进制型、字符型、文本型、日期时间型和货币型在内的多种基本数据类型。

（1）整数数据类型是最常用的数据类型之一。SQL Server 2008 支持的整数分为 INT、SMALLINT、TINYINT、BIGINT 和 BIT 五种，如表 5.2 所示。

表 5.2　　　　　　　　　　　　　　　　　　整数数据类型

类型名称	取值范围和说明
INT	$(-2)^{31} \sim 2^{31}-1$，占 4 个字节，其中符号占 1 位
SMALLINT	$(-2)^{15} \sim 2^{15}-1$，占 2 个字节，其中符号占 1 位
TINYINT	$0 \sim 255$，占 1 个字节
BIGINT	$(-2)^{63} \sim 2^{63}-1$，占 8 个字节，其中符号占 1 位
BIT	0，1 或 NULL

虽然我们将 BIT 类型归为整数类型，但这个类型只能存储 0，1 或 NULL 三种值，并且字符串值 TRUE 和 FALSE 可以转换为 BIT 类型（TRUE 转换为 1，FALSE 转换为 0）。所以 BIT 类型可以当作逻辑类型使用。

（2）浮点数据类型用于存储十进制小数，浮点数值的数据在 SQL Server 中采用上舍入（round up 或称为只入不舍）方式进行存储。所谓上舍入是指，当（且仅当）要舍入的数是一个非零数时，对其保留数字部分的最低有效位上的数值加 1，并进行必要的进位。若 1 个数是上舍入数，其绝对值不会减少。如：对 3.141 592 653 589 79 分别进行 2 位和 12 位舍入，结果为 3.15 和 3.141 592 653 590。

SQL Server 2008 支持的浮点数据类型分为 REAL、FLOAT、DECIMAL 和 NUMERIC 四种，如表 5.3 所示。

表 5.3 浮点数据类型

类型名称	取值范围和说明
REAL	$-3.40E+38 \sim 3.40E+38$，占 4 个字节
FLOAT	$-1.79E+308 \sim 1.79E+308$，占 8 个字节
DECIMAL	$-10^{38}+1 \sim 10^{38}-1$，根据精度选择不同，占 5 到 17 个字节。详细说明请参见 SQL Server 联机丛书
NUMERIC	NUMERIC 数据类型与 DECIMAL 数据类型完全相同

（3）二进制数据类型用于存储二进制数据，分为 BINARY、VARBINARY 和 IMAGE 三种，如表 5.4 所示。

表 5.4 二进制数据类型

类型名称	取值范围和说明
BINARY	BINARY（n），表示定长的二进制数据，n 为长度，取值为 1～8 000，占 n+4 个字节，在输入数据时必须在数据前加上字符"0X"作为二进制标识
VARBINARY	VARBINARY（n），表示变长的二进制数据，n 为长度，取值为 1～8 000，占实际数据长度+4 个字节，在输入数据时必须在数据前加上字符"0X"作为二进制标识
IMAGE	可以用来存储超过 8KB 的可变长度的二进制数据，如 Microsoft Word 文档、Microsoft Excel 电子表格、包含位图的图像、图形交换格式（GIF）文件和联合图像专家组（JPEG）文件等。在输入数据时同样必须在数据前加上字符"0X"作为二进制标识

（4）字符数据类型是使用最多的数据类型，可以用它来存储各种字母、数字符号、特殊符号。一般情况下，使用字符类型数据时须在其前后加上单引号。字符数据类型可细分为 CHAR、VARCHAR、NCHAR、NVARCHAR 四种，如表 5.5 所示。

表 5.5 字符数据类型

类型名称	取值范围和说明
CHAR	定义形式为：CHAR［(n)］，表示长度为 n 个字节的固定长度且非 Unicode 的字符数据，n 必须是一个介于 1 和 8 000 之间的数值，存储大小为 n 个字节
VARCHAR	定义形式为：VARCHAR［(n)］，表示长度为 n 个字节的可变长度且非 Unicode 的字符数据。n 必须是一个介于 1 和 8 000 之间的数值。存储大小为输入数据的字节的实际长度，而不是 n 个字节。所输入的数据字符长度可以为零
NCHAR	NCHAR 是固定长度 Unicode 数据的数据类型，定义形式为：NCHAR（n），表示包含 n 个字符的固定长度 Unicode 字符数据。n 的值必须介于 1 与 4 000 之间。存储大小为 n 字节的两倍
NVARCHAR	NVARCHAR 是可变长度 Unicode 数据的数据类型，定义形式为：NVARCHAR（n），表示包含 n 个字符的可变长度 Unicode 字符数据。n 的值必须介于 1 与 4 000 之间。字节的存储大小是所输入字符个数的两倍。所输入的数据字符长度可以为零

（5）文本数据类型用于存储大量的字符，可分为 TEXT 和 NTEXT 两种，如表 5.6 所示。

表 5.6 文本数据类型

类型名称	取值范围和说明
TEXT	其容量理论上为 1 到 $2^{31}-1$（2 147 483 647）个字节，在实际应用时需要视硬盘的存储空间而定
NTEXT	可变长度 Unicode 数据的最大长度为 $2^{30}-1$（1 073 741 823）个字符。存储大小是所输入字符个数的两倍（以字节为单位）

（6）日期和时间数据类型用于存储日期和时间，可细分为 DATETIME 和 SMALLDA-TETIME 两种，如表 5.7 所示。

表 5.7 日期和时间数据类型

类型名称	取值范围和说明
DATETIME	1753 年 1 月 1 日—9999 年 12 月 31 日的日期和时间，时间表示的精度达到毫秒。占用的存储空间为 8 个字节
SMALLDATETIME	1900 年 1 月 1 日—2079 年 6 月 6 日的日期和时间，时间表示精确到分钟，占用的存储空间为 4 个字节

（7）货币数据类型用于存储货币值，在使用货币数据类型时，应在数据前加上货币符号，系统才能辨识其为哪国货币，如果不加货币符号，则默认为"￥"。货币数据类型分为 MONEY 和 SMALLMONEY 两种，如表 5.8 所示。

表 5.8 货币数据类型

类型名称	取值范围和说明
MONEY	$(-2)^{63}\sim2^{63}-1$，占 8 个字节，数据精度为万分之一货币单位
SMALLMONEY	SMALLMONEY 数据类型类似于 MONEY 类型，但其存储的货币值范围比 MONEY 数据类型小，其取值从 $-214\ 748.364\ 8$ 到 $+214\ 748.364\ 7$，存储空间为 4 个字节

（8）特殊数据类型。SQL Server 中包含了一些用于数据存储的特殊数据类型，如表 5.9 所示。

表 5.9 特殊数据类型

类型名称	取值范围和说明
TIMESTAMP	TIMESTAMP 这种数据类型表示自动生成的二进制数，确保这些数在数据库中是唯一的。TIMESTAMP 一般用作给表行加版本戳的机制。存储大小为 8 字节
UNIQUEIDENTIFIER	UNIQUEIDENTIFIER 数据类型存储一个 16 位的二进制数字。此数字称为 GUID（Globally Unique Identifier，即全球唯一鉴别号）。此数字由 SQL Server 的 NEWID 函数产生全球唯一的编码，全球各地的计算机经由此函数产生的数字不会相同
SQL_VARIANT	可以存储除文本、图形数据（TEXT、NTEXT、IMAGE）和 TIMESTAMP 类型数据外的其他任何合法的 SQL Server 数据。此数据类型大大方便了 SQL Server 的开发工作

（9）其他数据类型：除上面介绍的数据类型之外还有 CURSOR、TABLE、XML 三种数据类型，其中 CURSOR 类型主要是用于变量或存储过程 OUTPUT 参数的一种数据类型，这些参数包括对游标的引用。这种类型只能用于程序中，不能用于定义数据表中的字段类型。TABLE 类型是一种特殊的数据类型，用于存储结果集以便于后续的处理。同样地，TABLE 类型只能用于程序中，不能用于定义数据表中的字段类型。XML 数据类型可以在列或变量中存储 XML 文档或片段，XML 片段是缺少单个顶级元素的 XML 实例。这是 SQL Server 2005 开始新增的数据类型，XML 数据类型实例的存储空间不能超过 2GB。

2. 用户自定义数据类型

在基本数据类型的基础上根据实际需要由用户自己定义的数据类型称为用户自定义数据类型。下面通过一个实例来介绍在 SQL Server Management Studio 中如何定义用户自定义数据类型。

（1）启动"SQL Server Management Studio"，在"对象资源管理器"面板中选择"数据库"节点下的数据库"学生成绩管理"，依次单击展开节点"可编程性"→"类型"，用鼠标右键单击节点"类型"，在弹出的快捷菜单中依次选择"新建"→"用户定义数据类型"命令。

（2）打开"新建用户定义数据类型"界面，在其常规选项卡下的"名称"文本框中输入自定义数据类型的名称为：postcode；在其"数据类型"下拉列表框中选择字符类型：char；在长度文本框中输入：6；选择"允许 NULL 值"复选框表示允许插入空值，"规则"和"默认值"可以不用设置。完成上面设置后如图 5.21 所示，单击"确定"按钮，就创建了名为"postcode"的邮政编码自定义数据类型，它是 6 位字符数据类型。

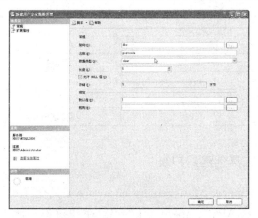

图 5.21 "新建用户定义数据类型"界面

用户一旦为数据库创建了自定义数据类型，其使用方法与基本数据类型使用一样。

3. NULL 的含义

在现实世界中我们填写某些表格时，某些表项的内容不能确定或者没有必要说明时可以不用填写。在 SQL Server 2008 中，我们用 NULL 表示数值未知的空值。要注意的是，空值不是"空白"或者"0"，没有两个空值是相等的，当把两个空值进行比较或将空值与任意数值进行比较时均返回未知的空值 NULL。因此，NULL 表示未知、不可用或将在以后添加的数据。

在 SQL Server 2008 设计表的各个字段（列）时，应该尽量避免 NULL 值，因为在数据统计等操作时有 NULL 数据的列可能会出错。应用 NOT NULL 表示数据列不允许空值，这样就可以确保数据列必须包含有意义的数据，从而确保数据的完整性。

5.5 建立数据表

我们在"学生成绩管理"数据库下创建三个用户表，分别是学生表、课程表和成绩表。三个表的基本内容如表 5.10、表 5.11 和表 5.12 所示。

表 5.10 　　　　　　　　　　　　　　　学生表

列名	类型	宽度	说明
学号	char	12	主键
姓名	char	8	NOT NULL
性别	char	2	NOT NULL
出生年月	smalldatetime	默认（4）	
所在系	varchar	30	

表 5.11 　　　　　　　　　　　　　　　课程表

列名	类型	宽度	说明
课程号	char	8	主键
课程名	varchar	30	NOT NULL
学分	smallint	默认（2）	NOT NULL
任课教师	char	8	

表 5.12 　　　　　　　　　　　　　　　成绩表

列名	类型	宽度	说明
学号	char	12	组合主键
课程号	char	8	
成绩	int	默认（4）	

5.5.1 使用 SSMS 工具创建用户表

下面介绍使用"SQL Server Management Studio"工具交互式创建用户表的步骤。

（1）启动"SQL Server Management Studio"，在"对象资源管理器"面板中单击展开"数据库"节点下的"学生成绩管理"节点，鼠标右键单击其下的"表"节点，在弹出的快捷菜单中选择"新建表"命令，如图 5.22 所示，打开"新建表"面板。

（2）在打开的"新建表"面板中，在其"列名"列下输入表中各字段列的名称，在"数据类型"列下拉列表框中选择字段列对应的数据类型并指定宽度，也可在其下的"列属性"面板中设定各列的数据类型、宽度、默认值等内容，在"允许空"列下选中复选框以确定该列中的数据是否允许为空值 NULL，如图 5.23 所示。

图 5.22　选择"新建表"命令　　　　　图 5.23　"新建表"面板

　　(3) 依次定义表中各列,定义完毕后可为表指定主键。选择表的某一列或列的组合(按住 Ctrl 键选择多列),单击鼠标右键,在弹出的快捷菜单中选择"设置主键"命令,如图 5.24 所示。也可使用工具栏中的主键工具" "来设置表的主键。"学生表"的所有列定义完毕后,如图 5.25 所示。

图 5.24　设置主键　　　　　　　　图 5.25　"学生表"定义

　　(4) 表的所有列定义完毕后可在表的属性面板中定义表的名称和所有者,也可单击工具栏中的"保存"工具,在弹出的"选择名称"对话框中输入表名称"学生表"后单击"确定"按钮,即保存表的设置,如图 5.26 所示。

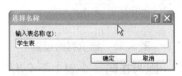

图 5.26　"选择名称"对话框

　　请同学们依照上面介绍的方法建立"学生表"、"课程表"和"成绩表",其中"课程表"和"成绩表"的定义如图 5.27 和图 5.28 所示。

图 5.27　"课程表"定义　　　　　图 5.28　"成绩表"定义

5.5.2　数据表中标识列和计算列的设置

　　标识列和计算列都是在表定义时设置的,这两种列也是有实际应用场合的,下面分别进行介绍。

91

1. 标识列的设置

SQL Server 数据表中的标识列相当于 Access 数据表中的自动增长列。SQL Server 数据表中标识列的设置是在表的定义时完成的，如果表中某列要定义为标识列，则这个列（字段）的数据类型必须是数值型的，一般设置为整型（int）或大整型（bigint），而不能是字符类型或其他类型，因为标识列的数值增长需要进行数值运算。

设置标识列时需要定义标识种子（初值，默认值为 1）和标识增量（增长量，默认值为 1），下面介绍标识列的设置方法。

对于前面介绍的表 5.1 "教工信息表"，其中的教工号可以定义为标识列。

（1）在教工信息表的设计状态下选中"教工号"列（字段）。

（2）在其下的"列属性"窗格内展开"标识规范"选项。

（3）将"标识规范"选项下的"是标识"选项选为"是"，将"标识增量"设置为 1（根据实际情况可设为其他合法的数值），标识种子也设置为 1（根据实际情况同样可设为其他合法的数值），如图 5.29 所示。

（4）设置完成后单击"保存"按钮完成设置。

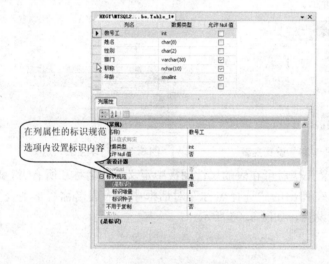

图 5.29　标识列的设置

标识列一般可作为主键使用，因为在同一个表中不会有相同的两个标识值存在；使用时标识列也不需要用户输入具体的值，是由系统根据标识种子和标识增量来自动产生的。

2. 计算列的设置

SQL Server 数据表中的计算列是指某列的值由其他列的值通过计算而得到的。SQL Server 数据表中计算列的设置也是在表的定义时完成的，如果表中某列要定义为计算列，则这个列（字段）只需定义其列名，不需要定义数据类型和长度等基本内容，在其列属性的"计算列规范"选项内设置计算列公式即可。

下面通过一个实例介绍计算列的设置方法。

对于学生的学期成绩总表，每个学期学生的所有科目（假设为语文、数学和外语三科）成绩相加为总成绩。

（1）在学期成绩总表的设计状态下选中"总分"列（字段）。

（2）在其下的"列属性"窗格内展开"计算列规范"选项。

（3）在"计算列规范"选项下的"公式"选项内添加计算公式（我们这里是"语文＋数学＋外语"，如果是其他表可根据实际情况定义计算列的计算公式），如图 5.30 所示。

（4）设置完成后单击"保存"按钮完成设置。

标识列和计算列设置好以后，如何验证呢？有些什么规定呢？还有一些什么情况会发生呢？同学们输入一些测试数据，试一试吧。

图 5.30 计算列的设置

5.5.3 修改用户表结构

已经建立的用户表，如果发现不符合要求，例如某列的类型不合适、列的宽度需要增大或缩小、需要增加列或修改列的约束，还有某些列不再需要，想要删除等，这些都可以进行修改。本节主要介绍用户表结构的修改并说明建立数据库间关系图的方法。

下面介绍在"SQL Server Management Studio"工具中修改用户表结构的基本方法。

（1）启动"SQL Server Management Studio"，在"对象资源管理器"面板中依次单击展开"数据库"节点下的"学生成绩管理"→"表"节点，鼠标右键单击其下需要修改结构的表名"学生表"，在弹出的快捷菜单中选择"设计"命令，如图 5.31 所示。

（2）在随后打开的学生表设计内容对话框中，可对表的各列的列名、数据类型、是否允许为空和其他属性进行修改，如图 5.32 所示。

（3）如果想往表中插入新的列，可在学生表设计内容窗格中现有列下面直接插入或单击鼠标右键在弹出的菜单中选择"插入"命令，然后输入列名，定义列的类型、相关属性和列是否设置为空等内容；如果想删除某列，则在选中的列上单击鼠标右键，然后在弹出的快捷菜单中选择"删除"命令即可。

（4）全部修改完成后，单击表设计内容窗格右上角中的"☒"按钮，弹出如图 5.33 所示保存确认对话框，单击"是"按钮，再弹出如图 5.34 所示的保存警告对话框，告之将会受影响的表，单击"是"按钮，完成表结构的修改。

修改表的结构操作很简单，但一般应该在往表中输入数据前修改表的结构，否则会影响现有数据的存储或违反相应约束规定而导致修改失败或者对现有数据的损坏。

图 5.31　选择"新建约束"命令

图 5.32　"学生表设计"对话框

图 5.33　保存确认对话框

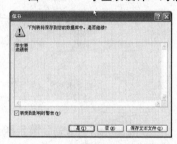

图 5.34　保存警告对话框

5.5.4　删除用户表

如果数据库中有不需要的数据表，则可以将其删除，以便释放其所占有的存储空间。但删除的表是不能再恢复的，所以在删除表时一定要小心确认。

下面介绍使用"SQL Server Management Studio"工具删除用户表的基本方法。

假设我们已经在"学生成绩管理"数据库中建立了一个表"学生表备份"，这个表不再需要，想从数据库中删除它，其方法如下。

（1）启动"SQL Server Management Studio"，在"对象资源管理器"面板中单击展开"数据库"节点下的"学生成绩管理"节点，鼠标右键单击其下的"dbo.学生表备份"表节点，在弹出的快捷菜单中选择"删除"命令。

（2）打开"删除对象"对话框，单击"显示依赖关系"按钮，查看与其相关的依赖，因为如果表建立有外码，则必须首先删除外码关系，然后才能删除表。单击对话框下面的"确定"按钮，则完成删除表任务。

对于已删除的用户表，在"SQL Server Management Studio"工具中不再存在。另外请注意：不能删除当前正在使用的表，也不要试图删除系统表。

5.6　数据完整性与表中约束的建立

数据库中的数据（存放在表中）应该防止输入不符合语义的错误数据，而始终保持其中数据的正确性、一致性和有效性，这就是本节要介绍的数据完整性。数据完整性是衡量数据库质量好坏的标准之一，SQL Server 2008 数据库提供了完善的数据完整性机制。我们这一节首先介绍数据完整性的基本概念，然后用实例说明在 SQL Server 2008 中约束和默认对象等的创建和管理。

5.6.1 数据完整性

1. 数据完整性的含义和类型

数据完整性是指数据的正确性、一致性和有效性，是指数据库中不应该存在不符合语义的数据。所谓正确性是指数据表中的数据应该是正确的，比如学生选修某门课程的成绩应该是 85 分，但不小心输入成 185 分，数据库管理系统应该能够检测出来并指出错误。一致性是指数据库中各个表中的数据应该相互照应的，比如学生表中一个学生的学号和这个学生在成绩表中的学号应该对应一致，在学生表中不存在的学号在成绩表中不应该有相应的选课记录等；而有效性是指数据应该是合法有效的，比如学生的性别应该是"男"或"女"，而不能是其他值。

数据完整性可分为四种类型：实体完整性、域完整性、参照完整性和用户定义完整性。

实体完整性是指任何一个实体（对应表中的一行或一条记录）都有区别于其他实体的特征。比如世界上没有完全相同的两个人（实体），对应到数据表中每个人对应一条记录其中的编号（或者说身份证号）应该是不同的。

域完整性是指表中每列的数据应该具有正确的数据类型、格式和有效的数值范围。

参照完整性是指在两个表的主键和外键之间数据的一致。其含义有三：一是保证被参照表和参照表之间数据的一致；二是防止数据丢失或者无意义的数据；三是可以禁止在从表（例如"学生成绩管理"数据库中的"成绩表"，其"学号"列是"学生表"的外码）中插入被参照表（"学生成绩管理"数据库中的"学生表"）中不存在的关键字的记录。

用户定义完整性是用户希望定义的数据的完整性。例如电话号码是 8 位的数字码，邮政编号为 6 位数字码，对学生出生日期范围的限制等。

2. SQL Server 2008 如何实现数据完整性

SQL Server 2008 中提供的用来实施数据完整性的途径主要有创建表时的列级约束或表级约束、标识列（Identity Column）、默认（Default）、触发器（Trigger）、数据类型（Data Type）、索引（Index）和存储过程（Stored Procedure）等，表 5.13 中列出了 SQL Server 2008 实施完整性的主要途径。

表 5.13   SQL Server 实施完整性的主要途径

数据完整性类型	实施途径
实体完整性	Primary Key（主键） Unique 约束 Index 索引 Identity Column（标识列）
域完整性	Default（默认） Check（检查）与 Rule（规则） Foreign Key（外键） Data Type（数据类型） Not Null（非空）

续前表

数据完整性类型	实施途径
参照完整性	Foreign Key（外键） Check（检查） Trigger（触发器） Stored Procedure（存储过程）
用户定义完整性	列级约束和表级约束（Create Table） Trigger（触发器） Stored Procedure（存储过程）

3. 规则与默认值对象

规则（Rule）是对输入的数据列中的数据所实施的完整性约束条件，它指定了插入到数据列中的可能值。规则相当于数据库的把关人员，输入或修改的数据首先通过它的检查，如果符合规范的描述，则接收入库，否则就不予接收。

默认值对象是数据库的对象不依附于具体的表对象，即默认值对象的作用范围是整个数据库。

规则与默认值对象都必须先定义后绑定到表中指定列上才能起作用。

在 SQL Server 2008 中，规则与默认值对象是逐步消除的对象，因此只能通过命令的方式来创建，而不能在"Management Studio"工具中创建。在其后续版本中将删除 create rule 与 create default 语句，因此尽量不要使用它们，而改为在创建表时定义列的检查约束和默认值。

5.6.2　创建和管理约束

1. 约束的定义

约束（Constraint）定义了列允许的取值，是强制完整性的标准机制，SQL Server 2008 中的约束机制包括以下 6 种。

（1）NOT NULL 约束（非空约束）：指定数据列不接受空值（NULL）。

（2）PRIMARY KEY 约束（主键约束）：标识列或列的组合，在一个表中不允许有两行记录包含同样的主键值。

（3）UNIQUE 约束（唯一约束）：在列或列的组合内强制执行值的唯一性。

（4）FOREIGN KEY 约束（外键约束）：一个表的外键指向另一个表的主键，当一个外键没有与之对应的主键值时可阻止其插入或修改。

（5）CHECK 约束（检查约束）：对放入数据列中的值进行限制，以强制执行域的完整性。

（6）默认值约束：当不给一个记录中的某列分量输入值时则采用由＜常量表达式＞所提供的值，整数、浮点数、用单引号括起来的字符串或日期都是常量表达式。

2. 创建非空约束

在"SQL Server Management Studio"工具中创建非空约束的方法如下：

在"SQL Server Management Studio"工具中创建表时，定义某个字段列，取消选中"允许空"复选框，即建立了列的"非空约束"，如图 4.35 所示。

图 5.35　创建表时建立非空约束

3. 创建 PRIMARY KEY 约束（主键约束）

主键约束是用来实现实体完整性的约束，表中定义了主键后，就不允许有相同主键的两个记录存在。

在"SQL Server Management Studio"工具中创建主键约束的方法如下：

在"SQL Server Management Studio"工具中创建表时，选中要设为主键的列或列的组合（如果是多个列组合为主键，先选择一个列，其余的列按住 Ctrl 键再单击选择即可），单击鼠标右键，在弹出的菜单中选择"设置主键"命令，如图 5.36 所示。也可单击工具栏中的钥匙形状的主键工具来设置表的主键。

图 5.36　定义表的主键

4. 创建 UNIQUE 约束（唯一约束）

有需要时可以为非主键列创建唯一约束，以确定指定列不允许有相同的值。创建唯一约束时自动创建索引。

在"SQL Server Management Studio"工具中创建唯一约束的方法如下：

在"SQL Server Management Studio"工具中创建表时，选中要创建唯一约束的列，单击鼠标右键，在弹出的快捷菜单中选择"索引/键"命令，如图 5.37 所示。也可单击工具栏中的"管理索引和键"工具来进行设置。

在打开的"索引/键"对话框中的"常规"内容栏中，首先选择类型为"唯一键"，指定唯一键的列字段和排列方式（升序或降序），在"是唯一的"下拉列表中选择"是"，在标识列栏内定义"名称"及其说明，然后单击"关闭"按钮，如图 5.38 所示。

5. 创建 FOREIGN KEY 约束（外键约束）

在"SQL Server Management Studio"工具中创建外键约束的方法如下：

在表设计中单击鼠标右键选择弹出的菜单命令"关系"或单击工具栏中的"关系"工具，打开"外键关系"对话框，在其中显示已有的外键关系，单击其中的"添加"命令按钮添加新的外键关系，单击"删除"按钮可删除已建立的选中的外键关系。

图 5.37　选择"索引/键"命令

图 5.38　"索引/键"对话框

　　建立外键关系时，在常规内容栏中单击"表和列规范"文本框，单击右边的"…"按钮弹出"表和列"对话框。在其中首先定义关系名，在左边设定主键表和列的名字，在右边设定外键表和列的名字，然后单击"确定"按钮，如图 5.39 所示。设计完后回到图 5.40 所示"外键关系"对话框中单击"关闭"按钮，即建立了外键约束。如果一个表中有多个外键，可以在关闭之前继续添加新的外键。

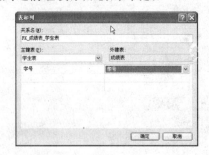

图 5.39　"表和列"对话框

图 5.40　"外键关系"对话框

6. 创建 CHECK 约束（检查约束）

　　检查约束就是由用户给出检查的条件，然后数据库管理系统按照用户的条件来判断输入或更改列中的数据是否正确。

　　一个简单的检查条件一般由三部分组成，其样式是"列名 比较运算符 值"，其中"列名"是表中某一个列的名称，如学生表中的学号、姓名、性别等，比较运算符是">、>=、<、<=、=、<>"等，"值"是一个具体条件中给定的具体内容，如数值 60、人名"张三"等。也可以将多个条件通过逻辑运算符"AND OR NOT"进行连接。更复杂一些条件写法请见第 6 章的 6.2.2 小节。

　　下面我们以在"课程表"中要求"课程学分"的值应该介于 1 至 6 之间为例来创建检查约束。

　　在"SQL Server Management Studio"工具中创建 CHECK 约束（检查约束）的方法如下：

　　在"SQL Server Management Studio"工具中的"对象资源管理器"面板中依次单击展开"数据库/学生成绩管理/表/课程表"节点，在"约束"节点上单击鼠标右键，在弹出的快捷菜单中选择"新建约束"命令，如图 5.41 所示。

在打开的"CHECK 约束"对话框中自动添加了一个新的约束，如图 5.42 所示，在其"常规"栏中的"表达式"文本框中输入规则内容，也可单击其右边的"…"按钮弹出"表和列"对话框，在其文本框中输入关于学分的约束，如图 5.43 所示。定义完毕后单击"确定"按钮后返回图 5.42"CHECK 约束"对话框，定义名称后"关闭"。要使设置的约束起作用，需要单击工具栏上的"保存"按钮或选择"文件"菜单中的"保存"命令才起作用。在保存时，如果表中已有的数据不符合约束规定（例如：有课程的学分是 8），这样约束将不能保存，也就不能起作用。这时需要修改表中的数据，使所有数据行都符合要求才能保存成功。

图 5.41 选择"新建约束"命令　　　　**图 5.42 "CHECK 约束"对话框**

图 5.43 "CHECK 约束表达式"对话框

7. 创建默认值约束

在 SQL Server 2008 中，建立用户表时可定义列的默认值。例如，将"学生表"的"性别"列定义默认值为"男"，在"SQL Server Management Studio"工具中创建默认值约束方法如下：

（1）在表设计窗格中单击选择"性别"列。

（2）在其下面的"列属性"窗格中的"默认值或绑定"栏中输入字符"男"，如图 5.44 所示。

（3）关闭表设计窗口，保存设置即可。

图 5.44 定义性别字段的默认值为男

5.6.3　建立关系图

数据库中的用户表往往不是孤立的，而是相互关联的。前面我们已经介绍了如何在表中建立外码约束，其实外码约束就是表之间的列建立的一种联系，以保持数据之间的一致性或者参照性。

数据库有一个称为"关系图"的逻辑对象，其作用是以图形方式显示通过数据连接选择的表或表结构化对象，同时也显示它们之间的连接关系。

下面介绍在"学生成绩管理"数据库中使用"SQL Server Management Studio"工具建立关系图的方法。

（1）启动"SQL Server Management Studio"，在"对象资源管理器"面板中单击展开"数据库"节点下的"学生成绩管理"节点，鼠标右键单击其下的"数据库关系图"节点，在弹出的快捷菜单中选择"新建数据库关系图"命令，如图 5.45 所示。

（2）打开如图 5.46 所示的"添加表"对话框，这里列出了数据库下的所有用户表，单击选中要加入关系图中的表，然后单击"添加"命令即可添加表到关系图中。这里依次选择添加学生表、课程表、成绩表，然后单击"关闭"按钮，关闭"添加表"对话框。

图 5.45　"新建数据库关系图"命令

图 5.46　"添加表"对话框

（3）在关系图建立的内容窗格中，因为我们建立表时已定义成绩表中的学号和课程号是外键，所以学生表中的学号与成绩表中的学号已建立了 1 对多的联系（说明：学生表中的学号是主键，成绩表中的学号是外键；学生表中的一个学号可以在成绩表中出现多次，学生表中不存在的学号不可以在成绩表中出现）。同样地，课程表中的课程号与成绩表中的课程号也建立了 1 对多的联系，如图 5.47 所示。

图 5.47　关系图内容窗格 1

（4）另外一种情况，如果在数据库建立关系图之前没有建立成绩表的外键，则上面第(2)步完成后，在关系图建立的内容窗格中的情况如图 5.48 所示，三个表之间并没有建立联系。

（5）此时可以在此建立成绩表中的两个外键关系。使用鼠标指向学生表中的学号字段，按住鼠标左键不放拖动到成绩表中的学号字段，这时两个表中有一条虚线相连，然后松开鼠标。

（6）松开鼠标后，弹出"外键关系"与"表和列"对话框，首先在"表和列"对话框中，定义好外键关系名和两个表中的关联列，然后单击表下的列名可在下拉列表框中选择列名，如图 5.49 所示，定义好后单击"确定"按钮。

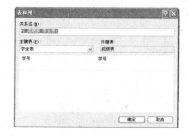

图 5.48　关系图内容窗格 2　　　　图 5.49　建立外键关系

（7）在"外键关系"对话框中，单击"确定"按钮，则在对应的内容窗格中有一条连接线将学生表和成绩表连接，其中的钥匙符号指向主表中的键码列（也表示为关系中的1），另一端指向子表中的外码列（表示为多）。

（8）同样的方法，我们建立课程表中的课程号和成绩表中的课程号之间的 1 对多联系，都建立好以后，效果如图 5.47 所示。

（9）全部设置完成后，单击关系图内容窗格右上角中的"🗙"按钮，弹出保存确认对话框，单击"是"按钮，弹出如图 5.50 所示的"选择名称"对话框，在其中输入关系图的名称，单击"确定"按钮，完成数据库关系图的建立。

关系图建立好后，数据库的表间约束将防止一些不正确数据的插入。比如在学生成绩管理数据库中成绩表中的学号和课程号必须是学生表和课程表中已经存在的学号和课程号。

建立数据库关系图一般应该在往表中输入数据之前建立，否则如果数据表中有数据违反外码约束将会出现错误，导致关系图创建失败。

图 5.50　"选择名称"对话框

5.7　查看和编辑数据表中的数据

创建好用户表结构之后，表内是空的，没有数据记录。本节介绍在已经建立好表结构的表中如何插入、修改、删除和查看数据记录。

5.7.1　使用 SSMS 工具查看数据

在 SQL Server Management Studio 中可以很直观地查看记录、精确定位到指定记录，也可以返回前面若干条记录。下面介绍具体的操作方法。

1. 显示表中前 1 000 行记录

（1）在 SQL Server Management Studio 中的"对象资源管理器"窗格中展开目录，选择某个数据库中已有数据记录的表，本例选择 Northwind 数据库中的 Employees 表。

（2）右击所选表，在弹出的快捷菜单中选择"选择前 1 000 行"选项，如图 5.51 所示。

（3）在右边打开的如图 5.52 所示的界面中，显示了指定表的前 1 000 条记录（少于等于 1 000 条记录的表则显示所有记录）。

图 5.51　用户表菜单

图 5.52　显示表中前 1000 条记录菜单

2. 编辑表中前 200 行

（1）在 SQL Server Management Studio 中的"对象资源管理器"窗格中展开目录，选择某个数据库中已有数据记录的表，这个例子选择了 Northwind 数据库中的 Employees 表。

（2）右击所选表，在弹出的快捷菜单中选择"编辑前 200 行"选项。

（3）在右边打开界面中，显示了指定表的前 200 条记录。

（4）如果只想看到前面几条记录或前面部分记录，可在右边的"属性"窗格中展开"Top 规范"选项，在"Top"下拉列表框中选择"是"选项，在"百分比"选项中选择"否"选项，在"表达式"文本框里输入"20"，即显示表中前 20 条记录，如图 5.53 所示。

（5）在"结果"窗格中空白处单击一下，获取操作焦点，然后单击工具栏中的"运行 SQL"按钮，"结果"窗格中显示指定表中前 20 条记录。

如果在属性窗格中"百分比"选项中选择"是"选项，在"表达式"文本框里输入"20"，即显示表中前面 20% 的记录数。

图 5.53　显示表中前 20 条记录

5.7.2 使用 SSMS 工具插入数据

采用前面介绍的"编辑前 200 行"的方法查看记录时，在打开的结果窗体中最后一行记录的值全为 NULL，如图 5.54 所示。在这里可以输入新的记录内容，但输入新的记录内容时要注意以下几点：

图 5.54　在编辑状态下插入新记录

（1）表中已定义的标识列不需要输入也不能输入，是由 SQL Server 系统按照定义自动维护的，是只读列。

（2）同样地，表中已定义的计算列不需要输入也不能输入，是由 SQL Server 系统按照公式自动计算的，也是只读列。

（3）输入记录中的每个字段内容时，要注意与表定义时该字段的类型相符、长度和精度等相符，否则会出现警告框，且整个记录无效，不能保存到数据表中。

（4）如果定义表时某列的值不能为空（NULL），则必须要输入内容，否则也会出现警告框，告诉你表的哪列数据不能为空。

（5）如果字段是外键，则在主表中不存在的值不能在外键表中出现，否则也会出现警告信息，记录插入无效。

（6）如果表定义时还有别的检查约束（CHECK）或唯一约束，例如课程表中的学分值在 1 到 6 之间，你给学分列输入－1 或者 20 这样的值，就不能保存记录，同样会弹出警告框，告诉你违反了检查约束。

（7）如果表中某列已经定义了默认值，在输入记录时想使用默认值则不要在对应的列内输入任何内容，保存这条记录时这个列自动取你设定的默认值。

（8）在输入完一条记录后，如果将光标移开到其他记录或者关闭对话框，符合要求的新记录会自动保存。

（9）在数据表中也可以使用"复制"和"粘贴"方法来进行记录行的复制，但要注意马上修改（在光标移开粘贴的行之前），因为数据库的表中不允许有两行数据完全相同。

5.7.3 使用 SSMS 工具删除数据

采用前面介绍的"编辑前 200 行"的方法查看记录时，在打开的结果窗体中用鼠标单击选中要删除的记录行，用鼠标右击该行记录，在弹出的快捷菜单中选择"删除"命令，如图 5.55 所示，则会出现如图 5.56 所示的删除记录确认对话框，单击"是"按钮则删除所选的记录，单击"否"按钮则删除失败。

删除表中已有记录行时要注意以下几点：

（1）记录删除之后是不能恢复的，即删除是永久的，删除之前一定要确认无误。

（2）一次可以删除多条记录，按住"Shift"或"Ctrl"键，可以选择多条记录删除。

（3）在选好记录后，也可以按"Delete"键删除记录。

图 5.55　在编辑状态下删除记录

图 5.56　删除记录确认对话框

（4）如果删除的记录是其他表的外键指向，删除操作就可能会影响另外一个表即外键表。例如在学生表中删除一个学生记录时，因为学生表的学号是主键，而成绩表中的学号是外键，则这个学生的所有成绩记录有可能也被删除了，这要看外键定义时的具体情况而定。

5.7.4　使用 SSMS 工具修改数据

采用前面介绍的"编辑前 200 行"的方法查看记录时，在打开的结果窗体中用鼠标单击要更新的记录行中某个字段单元格，即可以编辑此单元格的内容，修改一个字段的值后可以继续修改本记录的其他字段值，修改后有一个红底白色的"!"标志，如图 5.57 所示。当一行的所有修改完成后单击工具栏上的"执行 SQL"按钮，保存修改后的数据。另外当修改完成光标移开这个记录行后，修改会被自动保存生效，修改标志也会自动消失。

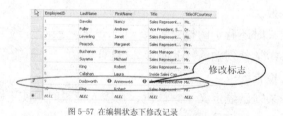

图 5-57 在编辑状态下修改记录

图 5.57　在编辑状态下修改记录

·本章小结·

本章简要说明了 SQL Server 2008 数据库的内部结构，介绍了在 SQL Server 2008 中使用 SQL Server Management Studio 工具建立用户数据库，配置用户数据库，对数据库进行分离、附加和删除操作的方法和步骤。然后介绍了如何在数据库中建立用户表、修改用户表的结构、表中约束的建立、表之间关系图的建立、表的删除，以及表中数据的插入、删除、修改和查看操作的实现方法和步骤，并说明了 SQL Server 2008 数据库中表的一些基本概念，如数据完整性概念及其应用。

习题 5

一、选择题

1. 在 SQL Server Management Studio 工具中设置表的主键时，如果表中的多个字段组合才能成为主键，则可以按住_____键实现这个操作。

    A. Ctrl   B. Shift   C. Alt   D. Tab

2. 如果要求表中的一个或多个字段的组合具有不重复的值，而且不允许为空，就应当将这个字段或字段的组合设置_____。

    A. 外键约束   B. 主键约束   C. 唯一性约束   D. 检查约束

3. _____约束通过使用逻辑表达式来限制字段上可以接受的数据。

    A. 空值约束   B. 默认值约束   C. 唯一性约束   D. 检查约束

4. 如果某字段希望存放客户的家庭或办公电话，那么该字段应该采用_____数据类型。

    A. char（10）   B. varchar（13）   C. text   D. int

5. SQL Server 2008 的物理存储主要包括两类文件_____。

    A. 主数据文件、次要数据文件   B. 数据文件、事务日志文件

    C. 表文件、索引文件   D. 事务日志文件、文本文件

6. SQL Server 2008 有_____个系统数据库。

    A. 3   B. 4   C. 5   D. 6

7. 按照表的用途来分类，表可以分为_____两大类。

    A. 数据表和索引表   B. 系统表和数据表

    C. 用户表和非用户表   D. 系统表和用户表

8. 关于 SQL Server 2008 文件组的叙述正确的是：_____。

    A. 数据库的一个数据文件不能存在于两个或两个以上的文件组中

    B. 日志文件可以属于某个文件组

    C. 一个文件组可以包含不同数据库的数据文件

    D. 一个文件组的文件只能放在同一个存储设备中

9. 用于存储数据库中表和索引等数据库对象信息的文件为_____。

    A. 数据文件   B. 事务日志文件

    C. 文本文件   D. 图像文件

10. 主数据文件的扩展名为_____。

    A..txt   B..db   C..mdf   D..ldf

二、填空题

1. 从物理的角度来看，数据库是若干个_____文件和_____文件组成的整体。

2. 若表中一个字段定义类型为 char，长度为 20，当在此字段中输入字符串"数据库技术"时，此字段将占用_____个字节的存储空间。

3. 若表中一个字段定义类型为 varchar，长度为 20，当在此字段中输入字符串"数据库技术"时，此字段将占用_____个字节的存储空间。

4. 若表中一个字段定义类型为 nchar，长度为 20，当在此字段中输入字符串"数据库技

术"时，此字段将占用＿＿＿＿＿个字节的存储空间。

5. 一个表上只能创建＿＿＿＿＿个主键约束，但可以创建＿＿＿＿＿个唯一性约束。

6. 在 SQL Server 2008 中，用＿＿＿＿＿表示数值未知的空值。

7. 数据完整性可分为四种类型，分别是：＿＿＿＿＿＿＿＿＿＿、＿＿＿＿＿＿＿＿＿＿、
＿＿＿＿＿＿＿＿＿和＿＿＿＿＿＿＿＿＿＿。

三、思考题

1. 数据库从服务器中分离出来以后，如果马上想将其再附加到服务器上，则其主数据文件和日志文件的存放？位置会变化吗？

2. 删除了数据库，其数据文件和日志文件是否已经删除？是否任何人均可以删除数据库？删除了的数据库还有可能恢复吗？

3. 两个"NULL"值之间能够进行比较吗？

4. 能将数据类型为字符型的列设置成"标识符"列吗？为什么？

5. 在 SQL Server 中能将数据表中的列（字段）名和其数据类型同时改变吗？

6. 唯一约束和主键约束之间的区别是什么？

7. 已经打开的用户表，能删除吗？

四、操作题

1. 建立一个名为"sc"的数据库，要求如下：

（1）其主数据文件的逻辑名称为 studentgradedb，操作系统文件名为 studentgradedata.mdf，存放位置为 E 盘的 DATA 文件夹下，其初始文件大小为 2MB，最大为 50MB，以 10% 的速度增长。

（2）其日志文件的逻辑名为 studentgradelog，操作系统文件名为 studentgradelog.ldf，存放位置为 E 盘的 DATA 文件夹，其初始文件大小为 3MB，最大为 20MB，以 1MB 的速度增长。

（3）请增加次要数据文件 studentgradedb2，其操作系统文件名为 studentgradedata2.ndf，其存放位置与主数据文件的位置相同，并要求将其归入新建立的文件组 mygroup 管理。

2. 请将题 1 建立的"sc"数据库从服务器中分离出来，再将其附加到服务器上。

3. 采用系统默认设置新建立一个数据库 testdb，再将其删除。

4. 在"sc"数据库中建立三个表，学生表、课程表和成绩表，再建立一个"教师表"，包含教师号、教师姓名、性别、年龄和职称等字段，其中设立教师号列为标识列字段。

5. 在三个表中建立主码约束和外码约束，并建立三个表之间的关系图。

6. 修改"学生表"结构，建立系别的检查约束，只能取值为"计算机技术系"、"工程技术系"、"经济管理系"、"文法系"和"外语系"。

7. 修改"学生表"结构，建立"性别"字段的默认值为"男"。

8. 修改"课程表"结构，建立检查约束，规定课程"学分"的取值只能是 1～6。

9. 修改"成绩表"结构，建立检查约束，规定"成绩"取值只能是 0～100。

10. 为三个表分别增加若干记录，如图 5.58～图 5.60 所示。

11. 在"sc"数据库中删除"教师表"。

学号	姓名	性别	出生年月	所在系
200600010001	李洁	女	1986-6-3	工程技术系
200600010002	张明	男	1987-10-11	工程技术系
200600010003	陈明洁	男	1986-11-12	工程技术系
200600020001	钟清	女	1987-12-11	文法系
200600020002	贺珊珊	女	1986-12-23	文法系
200600020003	卢迪明	男	1985-11-18	文法系
200600030006	丘明	男	1987-12-3	英语系
200600030010	李绮清	女	1987-1-23	英语系
200600040001	吴杰一	男	1986-12-17	经济管理系
200600040002	龙明涛	女	1987-3-12	经济管理系
200600040003	王东东	女	1988-1-12	经济管理系

图 5.58 "学生表"数据

课程号	课程名	课程学分	任课教师
00010001	计算机应用基础	4	李明
00010002	数据库应用	3	王一凡
00010003	计算机网络	4	丁治学
00010004	面向对象程序设计	5	张也好
00010005	微机组装与维护	2	赵翠花
00020001	会计电算化	4	周其艳
00020002	管理学基础	4	胡春
00020003	西方经济学	4	蔡中明
00020004	基础会计	4	叶丽
00030001	香港法概论	3	刘梅艳
00030002	婚姻法	3	邹家平
00030003	劳动法	3	卢森林
00030004	法学概论	3	王家秋
00030005	应用文写作	4	朱慧聪
00030006	艺术欣赏	2	张小丽
00040001	大学英语	6	张平

图 5.59 "课程表"数据

学号	课程号	成绩
200600010001	00010002	89
200600010001	00010003	68
200600010001	00010005	73
200600010002	00010002	56
200600010002	00010004	82
200600010003	00010003	78
200600010003	00010005	70
200600020001	00010001	96
200600020001	00020004	77
200600020002	00010001	85
200600020003	00020003	63
200600020003	00020001	48
200600030006	00030002	78
200600030010	00010001	87
200600030010	00030003	63
200600040003	00010001	90
200600040002	00010001	74
200600040001	00040001	88

图 5.60 "成绩表"数据

第 6 章　使用 T-SQL 命令建立数据库和表

Transact-SQL，简称为 T-SQL 是 Microsoft 公司在关系型数据库管理系统 SQL Server 中的 SQL-3 标准的实现，是微软对 SQL 的扩展，具有 SQL 的主要特点，同时增加了变量、运算符、函数、流程控制和注释等计算机高级语言元素，使得其功能更加强大。T-SQL 对 SQL Server 十分重要，因为在 SQL Server 中使用图形界面能够完成的所有功能，都可以利用 T-SQL 语句或命令来实现。通过 T-SQL 进行数据库相关操作时，与 SQL Server 通信的所有应用程序都通过向服务器发送 T-SQL 语句来进行，而与应用程序的界面无关。

根据 T-SQL 完成的具体功能，可以将 T-SQL 语句分为四大类，即数据定义语句，数据操作语句，数据控制语句和一些附加的语言元素。本章首先介绍 T-SQL 中的基本知识，然后重点介绍 T-SQL 中的数据定义语句。

6.1　了解 T-SQL 语言

第 5 章介绍的建立数据库和表的操作是在图形界面下交互完成的，SQL Server 的图形界面下的任何操作最终都会转换成 T-SQL 语句去执行。本节介绍 T-SQL 语言的发展历史、开发环境和 T-SQL 语法的基本常识，在后续章节中再介绍各个语句的使用方法。

6.1.1　SQL 语言和 T-SQL 语言

SQL 语言是关系数据库的标准语言，而 T-SQL 是微软公司的数据库系列产品 SQL Server 所使用的语言，是在 SQL 语言的基础上发展而来的。

1. SQL 语言

SQL 是 Structured Query Language 的缩写，译为结构化查询语言，最早的 SQL 语言于 1979 年在 IBM 公司的关系数据库系统 System R 中得到实现。SQL 语言面世后，它以丰富而强大的功能、简洁的语言、灵活的使用方法以及简单易学的特点而广受用户欢迎。

1986 年 10 月美国国家标准化学会（ANSI）采用 SQL 作为关系数据库管理系统的标准语言，并公布了第一个 SQL 标准，称为 SQL-86。随后国际标准化组织（ISO）也接纳了这一标准，并对其作进一步的完善，这项工作于 1989 年 4 月完成，公布后就是我们所说的 SQL-89。在这个基础上，ISO 和 ANSI 联手对 SQL 进行研究和完善，于 1992 年 8 月又推出了新的 SQL 标准——SQL-92（或简称为 SQL2）。后来又对 SQL-92 进行了完善和扩充，于

1999 年推出了 SQL-99（或简称为 SQL3），这是最新的 SQL 版本。

现今的 SQL 语言已经发展成为关系数据库的标准语言，几乎所有的数据库产品都支持 SQL 语言。当然除了 SQL 以外，还有其他类似的一些数据库语言，如 QBE、Quel、Datalog 等，但这些语言仅仅少数人在使用并不是主流的数据库语言。

根据功能来划分，SQL 语言分为四类，如表 6.1 所示。

表 6.1   SQL 语言按功能分类

SQL 功能名称	SQL 功能英文简称和全称	SQL 语句
数据查询	DQL（Data Query Language）	SELECT
数据操纵	DML（Data Manipulation Language）	INSERT、UPDATE、DELETE
数据定义	DQL（Data Definition Language）	CREATE、ALTER、DROP
数据控制	DQL（Data Control Language）	GRANT、REVOKE

2. T-SQL 语言

不同的数据库软件厂商一方面采纳 SQL 语言作为自己数据库的语言，另一方面又对 SQL 语言进行了不同程度的扩展。而 T-SQL 语言正是微软公司在其 SQL Server 关系数据库系统中的实现。

T-SQL 语言即事务 SQL（Transact-SQL），（说明：本教材都使用简称 T-SQL）。T-SQL 在 SQL 语言的基础上增加了变量、流程控制、功能函数、系统存储过程等功能，提供了丰富的编程结构。如果希望自己成为一名熟练的 SQL Server 数据库管理员或应用程序员，那么熟练掌握 T-SQL 语言是必不可少的。

T-SQL 是在对 SQL 语言扩充的基础上发展起来的，因此它的核心内容还是 SQL 语言中的四类语句。

6.1.2 T-SQL 语言的执行方式

T-SQL 语言的执行方式主要有四种，常用的有两种。

1. T-SQL 执行方式

SQL 语句的执行方式主要有四种，即直接调用执行、嵌入式执行、模块绑定执行和通过调用层接口（CLI）执行。常用的是直接调用执行和通过调用层接口（CLI）执行这两种。我们先介绍直接执行方式，在后面再介绍通过接口执行的方法。

2. 使用 SSMS 工具直接执行 T-SQL 语句

SSMS 就是 SQL Server Management Studio 的简称，使用 SSMS 工具执行 T-SQL 语句的步骤如下：

（1）打开 SQL Server Management Studio 主界面。

（2）选择"文件"→"新建"→"数据库引擎查询"命令，或者单击工具栏上的"新建查询"按钮或"数据库引擎查询"按钮打开查询编辑器，如图 6.1 所示。

（3）在编辑器中输入要执行的 T-SQL 命令，然后单击工具栏上的"执行"按钮，执行编辑区中的 T-SQL 代码，结果如图 6.2 所示。结果显示区中有两个标签："结果"标签和"消息"标签，一般来说查询命令内容在结果标签中显示，而 DML 语句和 PRINT 语句的返回信息等在消息标签中显示。

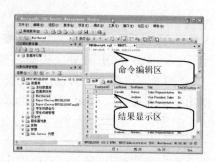

图 6.1　SSMS 查询编辑器　　　　　　图 6.2　T-SQL 语句执行结果

6.1.3　T-SQL 语言标识符及语法约定

T-SQL 语言中的标识符是用于标识用户定义的数据库、表、存储过程、变量等内容的，下面对标识符及 T-SQL 中语句的语法约定进行说明。

1. 标识符

在 SQL Server 数据库中，要访问任何一个对象都要通过其名称来完成，在 T-SQL 语言中，对数据库、表、变量、存储过程、函数等的定义和引用都需要通过标识符来完成。我们所说的标识符，实际上就是我们给对象起的名称，本质上是一个字符串。例如前面介绍的用户数据库的名称（学生成绩管理）、表的名称（学生表）、自定义数据类型的名称（costpost）等对象标识符是在定义对象时创建的，以备今后引用。这好比每个人的姓名，在出生时由长辈给命名，今后通过姓名来进行区分和联系。

标识符分为常规标识符和分隔标识符两种。

（1）常规标识符：是不包含空格的标识符，可以不需要使用单引号或方括号将其分隔的标识符。定义常规标识符时要符合以下规则：标识符中首字符必须是英文字母、汉字、下划线（ _ ）、@和♯，首字符后面可以是其他字符，最长不超过 128 个字符，不能和 T-SQL 语言中的关键字重复，也不能用@@开头。

（2）分隔标识符：是指包含在两个单引号（''）或者方括号（[ ]）内的字符串，这些字符串中可以包含空格。

2. T-SQL 的语法约定

T-SQL 语句中的语法格式约定如下：

（1）大写字母：代表 T-SQL 中保留的关键字，如 CREATE、SELECT、UPDATE、DELETE 等。

（2）小写字母：表示表达式、标识符等。

（3）竖线"｜"：表示参数之间是"或"的关系，用户可以从其中选择使用。

（4）大括号"｛｝"：大括号中的内容为必选参数，其中可以包含多个选项，各个选项之间用竖线分隔，用户必须从选项中选择其中一项。

（5）方括号"［］"：方括号内所列出的项为可选项，用户可以根据需要选择使用。

（6）省略号"…"：表示重复前面的语法项目。

请注意：T-SQL 语言中的大部分命令语法非常复杂，为了便于理解，我们从易到难分步学习。对于命令中很少使用的部分我们略去，经常使用的部分则重点详细讲解。

6.2 T-SQL 语言基础

作为一种数据库高级语言，不可缺少的语言元素是常量、变量、运算符、函数、批处理和流程控制语句等内容，下面分别对它们进行介绍。

6.2.1 T-SQL 中的常量和变量

常量和变量是高级语言中的必不可少的内容，下面分别进行说明。

1. 常量

常量，是表示一个特定数据值的符号，常量的类型取决于它所表示的值的数据类型。在 SQL Server 中，有字符串常量、二进制常量、BIT 常量、日期和时间常量等。常量类型及范例数据如表 6.2 所示。

表 6.2　　　　　　　　　　　　常量类型及范例数据

常量类型	范例数据
字符串常量	'china' , '中国'
Unicode 字符串常量	N'gdpi'
二进制字符串常量	0x28EA，0x2608CEBDCAD
BIT 常量	0 或 1
日期和时间常量	'2011 - 08 - 22'
整数常量	1998，2008
数值型常量	36.89，2.0
浮点数常量	98.5E6，0.8E−5
货币常量	￥18.29，￥65838.12
全局唯一标识符常量	0xff19966f868b11d004fc964ff '6F9619FF-8B86-D011-B42D-00C04964FF'

2. 局部变量

变量是指在程序运行过程中，值可以发生变化的量。变量可以被赋值，通常用来保存程序运行过程中的录入数据、中间结果和最终结果。在 T-SQL 中可以使用两种类型变量：一种是局部变量，另外一种是全局变量。

局部变量是用户自定义的变量，它的作用范围仅在程序内部，在 T-SQL 中使用局部变量命名必须以"@"开头，如@xh，@xm。局部变量必须先用 DECLARE 定义后才可使用，其语法如下：

DECLARE @变量名 变量类型 [,@变量名 变量类型]

其中变量名必须遵循 SQL Server 数据库的标识符命名规则，变量类型可以是 SQL Server 支持的各种数据类型（但不包括 text、ntext、image 等数据类型），也可以是用户自定义的数据类型。局部变量在定义后，变量的初始值为 NULL。

在 T-SQL 中不能像在高级程序语言中使用"变量名=变量值"的方法来给变量赋值，必须使用 SET 命令或 SELECT 命令来给变量赋值，SET 命令一次只能给一个变量赋值，而 SELECT 命令一次可以给多个变量赋值，其语法如下：

SET @局部变量名 = 变量值
SELECT @局部变量名 = 变量值

【例 6.1】定义字符型变量@xh、@xm 并赋值。

```
DECLARE @xh CHAR(10),@xm CHAR(6)
SET @xh = '2006010028'                    --使用 SET 给局部变量赋值
SELECT @xh = '2007061382',@xm = '李明'    --使用 SELECT 给局部变量赋值
```

3. 全局变量

全局变量是由 SQL Server 系统定义并使用的变量,用户不能定义全局变量,但可以使用全局变量。全局变量通常存储 SQL Server 的配置参数和性能统计数据,用户可在程序中用全局变量来测试系统性能或获取 T-SQL 命令执行后的状态值。部分全局变量如表 6.3 所示。

表 6.3   部分 SQL Server 全局变量

全局变量	含　义
@@SERVERNAME	返回运行 SQL Server 数据库的服务器名称
@@VERSION	返回 SQL Server 当前安装版本信息
@@OPTIONS	返回当前 SET 选项的信息
@@TRANCOUNT	返回当前连接的活动事务数
@@CPU_BUSY	返回 SQL Server 最近一次启动以来 CPU 工作时间
@@ROWCOUNT	返回受前一条 SQL 语句影响的行数
@@ERROR	返回最后执行的 SQL 语句的错误代码

全局变量以"@@"为标记,在使用全局变量时必须注意以下事项:

(1) 全局变量不是由用户定义的,而是由数据库服务器定义的。

(2) 用户只能使用 SQL Server 数据库系统预先定义的全局变量。

(3) 引用全局变量时,必须以标记符"@@"开头。

(4) 局部变量的名称不能与全局变量的名称相同,否则会在应用中出错。

6.2.2 T-SQL 中的运算符

运算符是一种符号,用来指定在一个或多个表达式中执行的操作。SQL Server 提供的运算符有算术运算符、赋值运算符、位运算符、比较运算符、逻辑运算符、字符串连接运算符、一元运算符等。

1. 算术运算符

算术运算符用于对表达式进行数学运算,表达式中的各项可以是数值数据类型中的一个或多个数据类型。加(+)和减(-)运算符也可用于对 DATETIME 和 SMALLDATE-TIME 数据类型进行算术运算。算术运算符如表 6.4 所示。

表 6.4   算术运算符类型

运算符	含　义
+	加法
-	减法
*	乘法
/	除法
%	返回一个除法运算的整数余数,例如 9%5＝4,这是因为 9 除以 5,余数为 4

2. 赋值运算符

T-SQL 使用赋值运算符，即等号（＝）来给变量赋值。

【例 6.2】定义局部变量@SchoolName，然后使用赋值运算符给@SchoolName 赋值。

```
DECLARE @SchoolName CHAR(30)
SET @SchoolName = '华南理工大学'
```

3. 位运算符

位运算符在表达式的各项之间执行位操作，位运算符可用于 INT、SMALLINT 或 TI-NYINT 数据类型。位运算符如表 6.5 所示。

表 6.5　　　　　　　　　位运算符类型

运算符	含　　义
&	按位 AND（两个操作数）
|	按位 OR（两个操作数）
^	按位异或 XOR（两个操作数）

【例 6.3】位运算符的应用。

```
DECLARE @a INT , @b INT
SELECT @a = 3 , @b = 5
SELECT @a & @b , @a | @b , @a ^ @b
```

表达式运算结果：1　　7　　6

4. 比较运算符

比较运算符用于比较两个表达式，比较运算符可用于字符、数字或日期数据，并可用于查询语句中的 WHERE 或 HAVING 子句中。比较运算符计算结果为布尔数据类型，输出结果为 TRUE 或 FALSE。比较运算符如表 6.6 所示。

表 6.6　　　　　　　　　比较运算符类型

运算符	含　　义	运算符	含　　义
＝	等于	＜＞	不等于
＞	大于	！＝	不等于（非 SQL-92 标准）
＜	小于	！＜	不小于（非 SQL-92 标准）
＞＝	大于等于	！＞	不大于（非 SQL-92 标准）
＜＝	小于等于		

5. 逻辑运算符

逻辑运算符用于对某些条件进行测试，以获得其真实情况。逻辑运算符和比较运算符一样，输出结果为 TRUE 或 FALSE。逻辑运算符如表 6.7 所示。

表 6.7　　　　　　　　　逻辑运算符类型

运算符	含　　义
ALL	如果全部的比较都为 TRUE，那么就为 TRUE
AND	如果两个布尔表达式都为 TRUE，那么就为 TRUE
ANY	如果一系列的比较中任何一个为 TRUE，那么就为 TRUE
BETWEEN	如果操作数在某个范围之内，那么就为 TRUE
EXISTS	如果子查询包含一些行，那么就为 TRUE

续前表

运算符	含　义
IN	如果操作数等于表达式列表中的一个，那么就为 TRUE
LIKE	如果操作数与一种模式相匹配，那么就为 TRUE
NOT	对任何其他布尔运算符的值取反
OR	如果两个布尔表达式中的一个为 TRUE，那么就为 TRUE
SOME	如果在一系列比较中，有些为 TRUE，那么就为 TRUE

6. 字符串连接运算符

字符串连接运算通过加号（＋）进行字符串连接，加号（＋）被称为字符串连接运算符。

【例 6.4】 使用字符串连接运算符。

```
DECLARE @DepartMent CHAR(60)
SET @DepartMent = '华南理工大学'＋ '计算机学院'
PRINT @DepartMent
```

7. 一元运算符

一元运算符只对一个表达式执行操作，＋（正）和 －（负）运算符可以用于数值数据类型的表达式。一元运算符如表 6.8 所示。

表 6.8　　　　　　　　一元运算符类型

运算符	含　义
＋	数值为正
－	数值为负
～	按位 NOT，返回数字的补数

8. 运算符优先级

当一个复杂的表达式包含多种运算符时，需要注意这些运算符的优先级，运算符优先级决定执行运算的先后顺序，执行的顺序会直接影响表达式的值。运算符的优先级从高到低如表 6.9 所示。

表 6.9　　　　　　　　　　　　运算符优先级

优先级	运　算　符
1	（ ）
2	＋（正）、－（负）、～（按位 NOT）
3	＊（乘）、／（除）、％（模）
4	＋（加）、（＋字符串连接）、－（减）
5	＝, ＞, ＜, ＞＝, ＜＝, ＜＞,！＝,！＞,！＜ 比较运算符
6	^（按位异或）、&（按位与）、｜（按位或）
7	NOT
8	AND
9	ALL、ANY、BETWEEN、IN、LIKE、OR、SOME
10	＝（赋值）

当一个表达式中的运算符有相同的运算符优先级时，则基于它们在表达式中的位置按其

从左到右进行运算；当运算符优先级不同时，在较低等级的运算符之前先对较高等级的运算符进行运算。

【例 6.5】运算符优先级不同的表达式运算。

```
DECLARE @MyNumber INT
SET @MyNumber = 6 + 5 * 3 - 9
SELECT @MyNumber
```

在 6 + 5 * 3 - 9 表达式中，由于乘法（*）的优先级高于加法（+）和减法（-），因此先执行 5 * 3，得到 15，再顺序执行加法（+）和减法（-），表达式结果是 12。

6.2.3 T-SQL 中的函数

SQL Server 提供了许多内部函数，可以分为数学函数、字符串函数、日期和时间函数、聚合函数、系统函数及用户自定义函数等。函数给用户提供了强大的功能，使用户不需要编写很多代码就能够完成某些任务和操作。

1. 数学函数

数学函数用于对数值表达式进行数学运算并返回运算结果，常用的数学函数如表 6.10 所示。

表 6.10   T-SQL 常用数学函数

函数格式	功　　能
ABS(数值型表达式)	求绝对值
ACOS(FLOAT 型表达式)	求反余弦值
ASIN(FLOAT 型表达式)	求反正弦值
ATAN(FLOAT 型表达式)	求反正切值
CEILING(数值型表达式)	求大于或等于指定值的最小整数
COS(FLOAT 型表达式)	求余弦值
SIN(FLOAT 型表达式)	求正弦值
COT(FLOAT 型表达式)	求余切值
TAN(FLOAT 型表达式)	求正切值
DEGREES(NUMERIC 型表达式)	求角度值
RADIANS(NUMERIC 型表达式)	求弧度值
EXP(FLOAT 型表达式)	返回所给表达式的指数值
FLOOR(FLOAT 型表达式)	求小于或等于给定值的最大整数
LOG(FLOAT 型表达式)	求自然对数值
LOG10(FLOAT 型表达式)	求以 10 为底的对数值
PI()	返回圆周率 PI 的常量值
POWER(数值表达式 1，数值型表达式 2)	返回给定表达式指定次方的幂
RAND(整型表达式)	返回 0 和 1 之间的一个随机浮点数
ROUND(数值表达式，整数)	把表达式四舍五入到指定的精度
SIGN(数值型表达式)	根据指定值的正负返回 1、0、-1
SQRT(FLOAT 型表达式)	返回平方根
SQUARE(FLOAT 型表达式)	返回平方

【例 6.6】数学函数 CEILING、FLOOR、ROUND 应用举例。

```
SELECT CEILING(16.3),FLOOR(16.8),ROUND(16.2628,3)
```

运行结果为：17   16   16.2600

2. 字符串函数

字符串函数可以对二进制数据、字符串执行不同的运算，可以实现字符之间的转换、查找、截取等操作。大多数字符串函数只能用于 CHAR 和 VARCHAR 数据类型以及明确转换成 CHAR 和 VARCHAR 的数据类型，部分字符串函数也可以用于 BINARY 和 VARBINARY 数据类型。常用字符串函数如表 6.11 所示。

表 6.11 T-SQL 常用字符串函数

函数格式	功　能
UPPER(字符串表达式)	将字符串表达式全部转化为大写形式
LOWER(字符串表达式)	将字符串表达式全部转化为小写形式
SPACE(整型表达式)	生成由给定整数为个数的空格字符串
RIGHT(字符串表达式，整型表达式)	返回字符串右边给定整数长度的字符
REPLICATE(字符串，整型表达式)	将给定的字符串重复给定的整数遍
REVERSE(字符串，整型表达式)	返回一个与给定字符串反序的字符串
SUBSTRING(字符串，起点，整型表达式)	返回字符串从起点位置开始的给定整数个字符
LTRIM(字符串表达式)	删除给定字符串左边的空格
RTRIM(字符串表达式)	删除给定字符串右边的空格
ASCII(字符表达式)	返回字符的 ASCII 值
CHAR(整型表达式)	将给定的整数值按 ASCII 码转换成字符

【例 6.7】字符串函数 LEFT、SUBSTRING、UPPER 应用举例。

```
SELECT LEFT('gdpi',2),SUBSTRING('gdpiedu',5,3),UPPER('gdpi')
SELECT REPLICATE('ABC',3),ASCII('X'),CHAR(89),SPACE(4)
```

运行结果如图 6.3 所示。

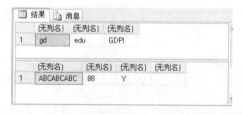

图 6.3 字符串函数运行结果

3. 日期和时间函数

日期和时间函数用于对日期和时间数据进行各种不同的处理和运算，并返回字符串、数值或日期时间值。常用日期和时间函数如表 6.12 所示。

表 6.12 T-SQL 常用日期和时间函数

函数格式	功　能
GETDATE ()	返回当前的系统日期时间
DATEPART (datepart，DATE 型表达式)	返回代表指定日期的指定日期部分的整数
DATENAME (datepart，DATE 型表达式)	返回代表指定日期的指定日期部分的字符串
DATEDIFF (datepart, startdate, enddate)	返回跨两个指定日期的日期和时间边界数
DATEADD (datepart, startdate, enddate)	在向指定日期加上一段时间的基础上，返回新的 datetime 值
YEAR (DATE 型表达式)	返回指定日期的年
MONTH (DATE 型表达式)	返回指定日期的月
DAY (DATE 型表达式)	返回指定日期的日

【例 6.8】日期函数应用举例。

SELECT GETDATE( ) AS '当前日期', DATEPART(MONTH, GETDATE( )) AS '月份'

运行结果如图 6.4 所示。

	当前日期	月份
1	2011-08-22 09:16:33.403	8

图 6.4 日期函数运行结果

4. 系统函数

系统函数对 SQL Server 数据库服务器和数据库对象进行操作，可以返回与 SQL Server 数据库系统、数据库和用户有关的信息。部分系统函数如表 6.13 所示。

表 6.13 部分 SQL Server 系统函数

函数格式	功 能
SUSER _ NAME( )	用户登录名
USER _ NAME([id])	给定标识号的用户数据库用户名
USER	当前用户的数据库用户名
DB _ NAME( )	当前使用的数据库名
OBJECT _ NAME(obj _ id)	数据库对象名
APP _ NAME( )	返回当前会话的应用程序名称
HOST _ NAME( )	返回工作站名

6.2.4 T-SQL 中的批处理

批处理是指包含一条或多条 T-SQL 语句的语句组合。批处理中的所有 T-SQL 语句编译成一个执行计划，从应用程序一次性地发送到 SQL Server 数据库服务器执行。如果批处理中的某条语句发生编译错误，就导致批处理中的任何语句都无法执行。

编写批处理时，GO 语句是批处理命令的结束标志，当编译器读取到 GO 语句时，会把 GO 语句前的所有语句当作一个批处理，并将这些语句打包发送给数据库服务器。

GO 语句本身不是 T-SQL 语句的组成部分，只是一个表示批处理结束的前端指令。GO 命令可以被 Management Studio 及 osql 实用程序识别，如果基于 DB-Library、ODBC 或 OLE DB API 的应用程序试图执行 GO 命令时就会发生语法错误。

批处理的使用见例 6.12。

6.2.5 T-SQL 中的流程控制语句

流程控制语句用于控制 SQL 语句、语句块的执行顺序，T-SQL 中的流程控制语句以及功能如表 6.14 所示。

表 6.14 流程控制语句及功能

语 句	功 能	语 句	功 能
BEGIN…END	定义语句块	BREAK	跳出循环语句
IF…ELSE	判断语句	CONTINUE	重新启用循环语句
IF…EXISTS	检测语句	GOTO	跳转语句
CASE…WHEN	多分支判断语句	RETURN	返回语句
WHILE	循环语句	WAIT…FOR	延期执行语句

1. 语句块（BEGIN…END）

语句块语法如下：

```
BEGIN
    〈SQL 语句或程序块〉
END
```

BEGIN…END 用来设定一个语句块，可以将多条 T-SQL 语句封装起来构成一个语句块，在处理时，整个语句块被视为一条语句。BEGIN…END 经常应用在条件语句中，如 IF…ELSE 或 WHILE 循环中。BEGIN…END 语句可以嵌套使用。

2. 判断语句（IF…ELSE）

通常计算机是按顺序执行程序中的语句，但是在许多情况下，语句执行的顺序以及是否执行依赖于程序运行的中间结果，在这种情况下，必须根据某个变量或表达式的值作出判断，以决定执行哪些语句或不执行哪些语句。这时可利用 IF…ELSE 语句作出判断，选择执行某条语句或语句块。

判断语句语法如下：

```
IF〈条件表达式〉
    〈命令行或语句块 1〉
[ ELSE [条件表达式]
    〈命令行或语句块 2〉]
```

其中〈条件表达式〉可以是各种表达式的组合，〈条件表达式〉的值必须是 TRUE 或 FALSE，当〈条件表达式〉为 TRUE 时，执行〈命令行或语句块 1〉，当条件表达为 FALSE 时，执行〈命令行或语句块 2〉。

ELSE 子句是可选的，最简单的 IF 语句没有 ELSE 子句部分，并且 IF…ELSE 可以进行嵌套。

【例 6.9】给定学生的平均成绩，如果平均成绩大于等于 60 分，则显示及格，否则显示不及格。

```
DECLARE   @cj_avg INTEGER
SELECT    @cj_avg = 76
PRINT     @cj_avg
IF (@cj_avg〉= 60
    PRINT '平均成绩及格'
ELSE
    PRINT '平均成绩不及格'
GO
```

程序运行结果如下：

    76

平均成绩及格

3. 检测语句（IF…EXISTS）

IF…EXISTS 语句用于检测数据是否存在，而不考虑与之匹配的行数。对于存在性检测而言，使用 IF…EXISTS 要比使用 COUNT(*)〉0好，效率更高，因为只要找到第一个匹配的行，服务器就会停止执行 SELECT 语句。

检测语句语法如下：

```
IF  [NOT] EXISTS (SELECT查询语句)
    〈命令行或语句块1〉
[ELSE]
    〈命令行或语句块2〉
```

4. 多分支判断语句（CASE…WHEN）

CASE…WHEN 结构提供了比 IF…ELSE 结构更多的选择和判断机会，使用它可以很方便地实现多分支判断，从而避免多重 IF…ELSE 语句嵌套使用。多分支判断语句 CASE…WHEN 语法有两种格式。

第一种用法：

```
CASE〈算术表达式〉
    WHEN〈算术表达式〉THEN〈运算式〉
    WHEN〈算术表达式〉THEN〈运算式〉
    [ELSE〈算术表达式〉]
END
```

第二种用法：

```
CASE
    WHEN〈条件表达式〉THEN〈运算式〉
    WHEN〈条件表达式〉THEN〈运算式〉
    [ELSE〈运算式〉]
END
```

5. 循环语句（WHILE）

循环语句可以设置重复执行 SQL 语句或语句块的条件，只要指定的条件为 TRUE（条件成立），就重复执行语句。

循环语句语法如下：

```
WHILE〈条件表达式〉
BEGIN
    〈命令行或程序块〉
    [BREAK]
    [CONTINUE]
    [命令行或程序块]
END
```

其中 BREAK 命令让程序完全跳出循环语句，结束 WHILE 命令的执行；CONTINUE 命令让程序跳过 CONTINUE 命令之后的语句回到 WHILE 循环的第一条命令继续循环。WHILE 语句也可以嵌套。

【例 6.10】使用循环语句，计算 $1+2+3+\cdots+100$ 的和。

```
ECLARE @i INT, @SumAll INT
SELECT @i = 1,@SumALL = 0
WHILE @i〈 = 100
BEGIN
    SELECT @SumALL = @SumALL + @i
```

```
        SELECT @i = @i + 1
    END
    PRINT '1 + 2 + 3 + ... + 100 总和是:'
    PRINT @SumALL
```

6. 跳转语句（GOTO）

使用跳转语句 GOTO 可以改变程序执行的流程，使程序跳到标有标识符的指定的程序行，再继续往下执行，作为跳转目标的标识符可以是数字与字符的组合，但必须以"："结尾。

跳转语句语法如下：

```
GOTO 标识符:
```

同高级程序设计语言一样，使用跳转语句 GOTO 要特别小心，特别注意不要导致程序的混乱，一般应尽量避免使用 GOTO 语句。

7. 返回语句（RETURN）

返回语句用于结束当前程序的执行返回到上一个调用它的程序或其他程序，在括号内可指定一个返回值。返回语句可使程序从批处理、存储过程、触发器中无条件退出，不再执行 RETURN 之后的任何语句。返回语句语法如下：

```
RETURN ([整数值])
```

一般情况下，RETURN 语句后不需要任何表达式，但如果在应用程序或存储过程中调用了一个存储过程，通常在被调用的存储过程中使用 RETURN 语句返回一个整数值，向上一程序报告本程序的执行状态。例如，在 SQL Server 2008 数据库系统中，返回值为 0 通常表示存储过程成功执行，如果没有指定返回值，系统会根据程序执行的结果返回一个内定值。

8. 延期执行语句（WAIT…FOR）

WAIT…FOR 语句用来暂时停止程序执行，直到所设定的等待时间已过或所设定的时刻已到，才继续往下执行。其中时间必须为 DATETIME 类型的数据，延迟时间和时刻均采用"HH：MM：SS"格式，在 WAIT…FOR 语句中不能指定日期，并且时间长度不能超过 24 小时。

延期执行语句语法如下：

```
WAITFOR {DELAY〈'时间'〉 | TIME〈'时间'〉}
        SQL 语句
```

DELAY：用来设定等待的时间间隔，最多可达 24 小时。

TIME：用来设定等待结束的时间点。

SQL 语句：设定的等待时间已过或所设定的时刻已到，要继续执行的 SQL 操作语句。

【例 6.11】 等待 6 小时 10 分 20 秒后才执行语句块。

```
WAITFOR DELAY '06:10:20'
BEGIN
    …
END
```

WAIT…FOR 语句的缺点是与应用程序的连接一直挂起直到 WAIT…FOR 完成为止。当应用程序或存储过程的处理必须挂起相对有限的时间时最好使用 WAIT…FOR，而当在一天中的特定时间执行某种操作较好的方法时使用 SQL Server 代理或 SQL-DMO 来调度任务。

6.2.6　T-SQL 中的功能性语句

1. 注释

注释是指程序代码中不执行的文本字符串，是对程序的说明，可以提高程序的可读性，使程序代码更易于维护，一般嵌入在程序中并以特殊的标记显示出来。在 T-SQL 中，注释可以包含在批处理、存储过程、触发器中，有两种类型的注释符：

——：这是 ANSI 标准的两个连字符组成的注释符，用于单行注释。

/*…*/：这是与 C 语言相同的程序注释符，/* 用于注释文字的开头，*/ 用于注释文字的结尾，可以在程序中标识多行文字为注释语句。

在 T-SQL 程序执行中，注释语句会被送入 SQL Sever 数据库服务器，但分析器及优化器会忽略所有的注释语句。

【例 6.12】注释符的使用。

```
/*
程序功能:
1. 打开学生成绩管理数据库
2. 在学生表中查询男生姓名
*/
USE 学生成绩管理
GO
－－查询显示男生的姓名
SELECT 姓名 FROM 学生表 WHERE 性别 = '男'
GO
```

2. 输出语句（PRINT）

输出语句 PRINT 用于把消息传递到客户端应用程序，通常是在用户屏幕上显示，消息字符串最长可达 8 000 个字符，超过 8 000 个的任何字符均被截断。PRINT 语句只能传输文本型的字符串，或者是单个的字符型变量，PRINT 语句也可以传递全局变量，但只能是字符类型的全局变量。

PRINT 语句语法如下：

PRINT '文本' | @局部变量 | @@全局变量 | 字符串表达式

尽管 PRINT 语句只可以显示字符串，但在 T-SQL 中提供了很多的函数可以把其他的数据类型转化为字符串。

【例 6.13】PRINT 语句的使用。

```
DECLARE @SchoolName Char(30)
SELECT @SchoolName = '华南理工大学'
PRINT @SchoolName
－－GETDATE()是日期时间型数据,但转换为字符型数据,也可以通过 PRINT 输出
```

```
PRINT '当前时间:' + CONVERT(VARCHAR(30), GETDATE())
```

PRINT 语句也可以用于 T-SQL 编程中的调试工作，帮助在 T-SQL 代码中发现问题、检查数据值或生成报告。

3. 选项设置语句（SET）

SQL Server 2008 数据库系统中设置了一些选项，用以影响服务器处理特定条件的方式，这些选项存在于用户与服务器的连接期间或用户的存储过程和触发器中，可以使用 SET 语句设置这些参数。语法如下：

```
SET condition {on | off | Value}
```

部分选项参数设置如表 6.15 所示。

表 6.15 SQL Server 2008 部分选项参数

选项	值	含 义
SET STATISTICS TIME	ON	让服务器返回语句的运行时间
SET STATISTICS IO	ON	让服务器返回请示的物理和逻辑页数
SET SHOWPLAN	ON	让服务器返回当前正在运行的计划中的查询
SET PARSONLY	ON	让服务器对所设计的查询进行语法检查但并不运行
SET ROWCOUNT	n	让服务器只返回查询中的前 n 行
SET NOCOUNT	ON	不必报告查询所返回的行数

6.3　使用 T-SQL 命令定义数据库

SQL Server 数据库在 Windows 操作系统中体现为数据库文件，数据库文件包括数据文件和日志文件两大类。我们在这一任务中介绍创建数据库的命令 CREATE DATABASE、修改数据库命令 ALTER DATABASE 和删除数据库命令 DROP DATABASE。

6.3.1　创建数据库命令 CREATE DATABASE

创建数据库可以使用前一章介绍的 SSMS 工具通过图形界面交互完成，也可以使用命令的方式来实现。

我们回顾一下前面介绍的使用图形界面创建数据库时需要进行的一些设置。首先数据库创建时必不可少的参数是数据库的名称；然后是数据库中数据文件和日志文件的位置和名称的决定（这个可以取默认值，还记得默认位置和默认名称是什么吗）；还有文件的初始大小、最大大小、文件增长率等内容，但这些也都可以不设置，取其默认值即可。下面我们从易到难逐步介绍使用 CREATE DATABASE 命令创建数据库的方法。

1. 最简单的 CREATE DATABASE 命令格式

```
CREATE DATABASE database_name
```

在上面的命令格式中 CREATE DATABASE 是创建数据库的命令关键字，是不可以更改的，而 database _ name 是需要用户给定的数据库名称。

【例 6.14】创建用户数据库 mytestdatabase1。

```
CREATE DATABASE mytestdatabase1
```

在 SQL Server Management Studio 主界面中执行此查询命令，看到显示"命令已成功完成"的消息时，即创建了用户数据库 mytestdatabase1。

我们使用命令创建的数据库其数据文件和日志文件的名称和位置及其他参数都取默认值，现在有两个问题：其一是请你找到这些文件，其二是如果想改变数据文件和日志文件的名称或存放位置，应该如何写命令呢？请看下面内容。

2. 指定数据库文件名称和位置的 CREATE DATABASE 命令格式

```
CREATE DATABASE database_name
  ON PRIMARY(                        --这里的关键字 PRIMARY 可省略,用于主文件的定义
    NAME = logical_file_name,        --设置主数据文件的逻辑名称
    FILENAME = os_file_name          --设置主数据文件的操作系统名称
    )
  LOG ON (                           --LOG ON 用于日志文件的定义
    NAME = logical_file_name,        --设置日志文件的逻辑名称
    FILENAME = os_file_name          --设置日志文件的操作系统名称
    )
```

前面我们讲到在 SQL Server 中建立好一个数据库至少需要有两个文件：一个是主要数据文件（简称主数据文件），另一个是日志文件，缺一不可。定义数据文件和日志文件的格式差不多，但每个文件的定义都包括了逻辑名称和物理名称的定义，请一定要区分它们。文件的逻辑名称是不包括路径的文件别名，主数据文件的默认逻辑名是"数据库名 _ data"，日志文件的默认逻辑名称是"数据库名 _ log"；而文件的操作系统名称是文件在计算机上物理的文件存储路径加带扩展名（主要数据文件扩展名为 .mdf，次要数据文件的扩展名为 .ndf，日志文件的扩展名为 .ldf）的完整文件名。另外文件的逻辑名称和物理名称都是字符串，要注意用单引号将其分隔，且分隔的逗号必须是半角的符号。

【例 6.15】创建用户数据库 mytestdatabase2，要求改变其数据文件和日志文件的位置为 E:\data。更改其主要数据文件的逻辑名称为"mytestdatabase2 _ primary"，其余名称均取默认值，代码如下：

```
CREATE DATABASE mytestdatabase2
  ON PRIMARY (                             --开始主数据文件的定义
  NAME = 'mytestdatabase2_primary',        --设置主数据文件的逻辑名称
  FILENAME = 'E:\data\ mytestdatabase2.mdf'
                                           --设置主数据文件的操作系统名称
    )
  LOG ON (                                 --LOG ON 用于日志文件的定义
  NAME = 'mytestdatabase2_log',            --设置日志文件的逻辑名称
  FILENAME = 'E:\data\ mytestdatabase2_log.ldf'
                                           --设置日志文件的物理名称
    )
```

3. 指定文件大小的 CREATE DATABASE 命令格式

这里的文件大小包含文件的初始大小、最大存储空间和文件的增长率三个方面的内容，对数据文件和日志文件都一样。

```
CREATE DATABASE database_name
    ON PRIMARY(                            --这里的关键字 PRIMARY 可省略,用于主文件的定义
        NAME = logical_file_name,          --设置主数据文件的逻辑名称
        FILENAME = os_file_name,           --设置主数据文件的操作系统名称
        SIZE = size,                       --设置主数据文件的初始大小
        MAXSIZE = max_size,                --设置主数据文件的最大大小
        FILEGROWTH = growth_increment      --设置主数据文件的增长率
        )
    LOG ON (                               --LOG ON 用于日志文件的定义
        NAME = logical_file_name,          --设置日志文件的逻辑名称
        FILENAME = os_file_name,           --设置日志文件的操作系统名称
        SIZE = size,                       --设置日志文件的初始大小
        MAXSIZE = max_size,                --设置日志文件的最大大小
        FILEGROWTH = growth_increment      --设置日志文件的增长率
        )
```

在每个文件定义后都可以定义文件的初始大小（默认单位 MB）、最大大小和文件增长率。

【例 6.16】创建用户数据库 mytestdatabase3，要求改变其数据文件和日志文件的位置为 E:\data。其主要数据文件的操作系统名称和逻辑名称分别为"mydatabase3.mdf"和"mydatabase3"，其日志文件的操作系统名称和逻辑名称分别为"mydatabase3 _ log.ldf"和"mydatabase3 _ log"。其主数据文件初始大小为 5MB，最大为 100MB，自动增长率为 15MB；其日志文件初始大小为 10MB，最大为 100MB，自动增长率为 10%。代码如下：

```
CREATE DATABASE mytestdatabase3
    ON PRIMARY(
        NAME = 'mydatabase3',                      --设置主数据文件的逻辑名称
        FILENAME = 'E:\data\ mydatabase3.mdf',     --设置主数据文件的物理名称
        SIZE = 5MB,                                --设置主数据文件的初始大小为 5MB
        MAXSIZE = 100MB,                           --设置主数据文件的最大大小为 100MB
        FILEGROWTH = 15MB                          --设置主数据文件的增长率为 15MB
        )
    LOG ON (                                       --LOG ON 用于日志文件的定义
        NAME = 'mydatabase3_log',                  --设置日志文件的逻辑名称
        FILENAME = 'E:\data\ mydatabase3_log. ldf',
                                                   --设置日志文件的物理名称
        SIZE = 10MB,                               --设置日志文件的初始大小为 10MB
        MAXSIZE = 100MB,                           --设置日志文件的最大大小为 100MB
        FILEGROWTH = 10%                           --设置日志文件的增长率为 10%
        )
```

数据库的创建命令 CREATE DATABASE 还有更复杂的形式，比如多文件组的定义、文件组中包含多个文件的形式等，但每个文件的定义内容都如例 6.16 所示，可尝试通过参看帮助自己去完成更复杂的数据库创建命令。

6.3.2　修改数据库命令 ALTER DATABASE

数据库创建后有可能因为考虑不周或因为业务发展需要对数据库进行修改，T-SQL 语言提供了 ALTER DATABASE 语句来实现对数据库的修改。

数据库从物理上来看是由数据文件和日志文件组成的，因此修改数据库主要是修改这些文件及其相关属性选项，ALTER DATABASE 语法同样很复杂，我们分步介绍主要的部分，其余部分请参看联机帮助教程。

1. 更改数据库名称

在前面介绍的图形用户界面下对已经建立的数据库名称是不能修改的，但通过命令方式可以修改数据库的名称。只更改数据库名的 ALTER DATABASE 语法如下所示，其作用是将原数据库名 database _ name 更改为 new _ database _ name。

```
ALTER DATABASE database_name          - - database_name 是原数据库名
MODIFY NAME = new_database_name;      - - new_database_name 是新数据库名
```

【例 6.17】将一个已经存在的名为 oldDB 的数据库改名为 newDB，其代码如下：

```
ALTER DATABASE oldDB
MODIFY NAME = newDB;
```

2. 往数据库中添加文件（扩大数据库）

数据库中的文件包括数据文件和日志文件，使用 ALTER DATABASE 命令添加文件的格式如下所示：

```
ALTER DATABASE database_name          - - database_name 是要修改的数据库
ADD FILE 〈filespec〉                  - - filespec 为新加的文件参数,如文件的逻辑名、操作系统名和
                                          大小参数等,与建立数据库时的文件参数相同
```

【例 6.18】向例 6.15 中建立的 mytestdatabase2 数据库中添加一个数据文件，其文件的存储路径为 "E: \ data"，文件名为 Datafile2 _ 1.ndf，相应的逻辑文件名为 logicDatafile2 _ 1，其余参数取默认值。其修改代码如下：

```
ALTER DATABASE mytestdatabase2            - -修改 mytestdatabase2 数据库
   ADD FILE                               - -添加文件
     ( NAME = 'logicDatafile2_1',         - -括号内的内容为文件的定义形式
        FILENAME = 'E:\data\Datafile2_1.ndf');
```

【例 6.19】向例 6.15 中建立的 mytestdatabase2 数据库中添加一个初始大小为 2MB 的日志文件，其文件的存储路径为 "E: \ data"，文件名为 Logfile2 _ 1.ldf，相应的逻辑文件名为 logicLogfile2 _ 1，其余参数取默认值。其修改代码如下：

```
ALTER DATABASE mytestdatabase2            - -修改 mytestdatabase2 数据库
   ADD LOG FILE                           - -添加日志文件
     ( NAME = 'logicLogfile2_1',          - -括号内的内容为文件的定义形式
        FILENAME = 'E:\data\LOGfile2_1.ldf',
        SIZE = 5MB );                      - -指定日志文件的初始大小
```

3. 从数据库中删除文件（缩小数据库）

我们可以从已经建立的数据库中删除数据文件和日志文件，达到缩小数据库的目的。从数据库中删除文件的 ALTER DATABASE 命令格式通过 REMOVE FILE 子句来实现，其语法格式如下：

```
ALTER DATABASE database_name     - -database_name 是要修改的数据库
     REMOVE FILE logical_file_name
```

-- logical_file_name 为要删除的文件对应的逻辑文件名

【例 6.20】在例 6.19 中为 mytestdatabase2 数据库添加了一个日志文件 logicLogfile2_ 1，现在将这个文件从数据库中删除。其修改代码如下：

```
ALTER DATABASE mytestdatabase2      -- 修改 mytestdatabase2 数据库
  REMOVE FILE logicLogfile2_1       -- 删除文件 logicLogfile2_1
```

4. 更改数据库文件

我们可以从已经建立的数据库中更改数据文件和日志文件的相关属性，如文件存放位置、初始大小、最大容量等。从数据库中更改文件的 ALTER DATABASE 命令格式通过 MODIFY FILE 子句来实现，其语法格式如下：

```
ALTER DATABASE database_name      -- database_name 是要修改的数据库
MODIFY FILE <filespec>            -- filespec 为更改的文件参数
                                  -- 如文件的逻辑名、操作系统名和大小参数等
```

【例 6.21】更改 mytestdatabase2 数据库的数据文件 mytestdatabase2.mdf。更改后，数据文件名变为 newmytestdatabase2.mdf，对应的逻辑文件名为 newmytestdatabase2，初始大小为 25MB，其修改代码如下：

```
ALTER DATABASE mytestdatabase2      -- 修改 mytestdatabase2 数据库
MODIFY FILE                         -- 修改文件
(
  Name = mytestdatabase2_primary,   -- 原逻辑文件名
  NEWNAME = newmytestdatabase2,     -- 修改后的新逻辑文件名
  FILENAME = 'E:\data\newmytestdatabase2.mdf',  -- 修改后的操作系统文件名
  SIZE = 25MB                       -- 修改后的文件大小
)
```

注意：文件更改后的初始大小（SIZE）必须大于更改前的初始值，否则修改失败。使用 ALTER DATABASE 命令还可以对数据库中的文件组进行添加、删除和修改操作，这里就不作介绍了。

6.3.3　删除数据库命令 DROP DATABASE

当一个数据库已经不再需要的时候，我们可以使用命令将其删除。但请注意，删除一个数据库后，数据库中的所有内容都是不可以恢复的，所以删除操作一定要慎重。T-SQL 语言使用 DROP DATABASE 命令来实现删除。其命令语法如下：

```
DROP DATABASE database_name   -- database_name 是要删除的数据库名
```

【例 6.22】将 newDB 数据库删除，其代码如下：

```
DROP DATABASE newDB
```

【例 6.23】将 MyDB1、MyDB2 和 MyDB3 等三个数据库删除，其代码如下：

```
DROP DATABASE MyDB1,MyDB2,MyDB3
```

注意：要删除的数据库必须在当前服务器中存在，而且不能删除当前正在使用的数据库，也不能删除系统数据库。

6.4 使用 T-SQL 命令定义数据表

SQL Server 数据库中有许多数据库对象，但真正用于保存数据的对象是表。事实上，任何数据操作最终都将转化为对表的操作。表是整个数据库系统的基础，掌握表的定义相关命令很重要。下面我们介绍使用 CREATE TABLE 命令创建表、使用 ALTER TABLE 命令修改表结构和使用 DROP TABLE 命令删除表的方法。

表是数据库的对象，因此在对表进行操作之前一定要搞清楚当前的数据库是哪个，否则会出现创建的表不知去了哪儿，修改的对象存在但系统提示错误信息却没有这样的对象等问题。

如何知道当前数据库的名称呢？当我们新建查询时，如果在打开的"SQL Server Management Studio"主界面的"对象资源管理器"中选择了某个数据库，则"新建查询"时的当前数据库就是选中的数据库，如图 6.5 所示。如果没有选择任何数据库，则当前数据库是系统数据库 master。

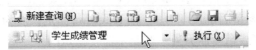

图 6.5 当前数据库的选择

也可以直接在图 6.5 所示的鼠标所指的"当前数据库"下拉列表框中选择某个数据库为当前数据库，或者执行 USE database_name 这样的命令方式来改变当前数据库。

6.4.1 创建数据表命令 CREATE TABLE

1. 使用 CREATE TABLE 创建基本表

使用 CREATE TABLE 创建基本表，仅定义表的名称、表中每列的名称和数据类型，其格式如下：

```
CREATE TABLE table_name
  (
    column1_name data_type1,
    column2_name data_type2,
    …
    columnn_name data_typen
  );
```

在上面的命令格式中 CREATE TABLE 是创建表的命令关键字，是不可以更改的，而table_name 是需要用户给定的数据表的名称，column1_name 代表表中对应列的名称，data_type1 是列的数据类型，表中可以定义多个列，列之间的定义用逗号分隔。

【例 6.24】在 mytestdatabase2 数据库中创建一个简单的数据表，表名为 testtable，它一共有 4 个字段，字段名称分别为 col1～col4，从 col1 到 col4 对应列的数据类型分别为 varchar（10）、int、datetime、numeric（10，2）。实现代码如下：

```
USE mytestdatabase2
```

首先执行这个语句，选择当前数据库。然后再执行下面的建表命令。

```
CREATE TABLE testtable
(
  col1  varchar(10),
  col2  int,
  col3  datetime,
  col4  numeric(10,2)
);
```

执行完上面的命令后，创建的表结构如图 6.6 所示。

列名	数据类型	允许 Null 值
Col1	varchar(10)	☑
col2	int	☑
col3	datetime	☑
col4	numeric(10, 2)	☑
		☐

图 6.6　testtable 表的结构

上面 4 个列定义时分为 4 种不同的数据类型，varchar 的长度指定为 10，numeric 数据类型的精度为 10，小数位数 2 位，但 int 和 datetime 不需要在定义表时指定数据类型，因为它们是固定长度的，int 类型固定长度为 4，而 datetime 固定长度为 8。请在定义表时注意哪些数据类型需要指定长度或精度而另外一些是不需要指定的。

按上面这种方式定义的表，没有任何约束，是很不安全的。下面介绍表的定义中在列后加列级完整性约束。

2. 使用主键约束——PRIMARY KEY

主键是能够唯一标识表中每个记录的字段或若干字段的组合。主键分为单个字段的主键和多个字段的组合主键两种情况，下面分别介绍。

（1）由一个字段构成的主键，直接在字段的定义后加主键约束（PRIMARY KEY）即可，这属于列级完整性约束。

【例 6.25】在 mytestdatabase2 数据库中创建一个简单的数据表，表名为 testtable _ prikey1，它一共有 4 个字段，字段名称分别为 col1～col4，从 col1 到 col4 对应列的数据类型分别为 varchar（10）、int、datetime、numeric（10，2），其中 col1 是主键。实现代码如下：

```
USE mytestdatabase2
```

首先执行这个语句，选择当前数据库。然后再执行下面的建表命令。

```
CREATE TABLE testtable_prikey1
(
  col1  varchar(10) PRIMARY KEY,   --定义主键
  col2  int,
  col3  datetime,
  col4  numeric(10,2)
);
```

（2）由多个字段构成的主键，不能直接在各个字段的定义后加主键约束（PRIMARY KEY），需要在所有列定义后，单独来定义主键为列的组合，即这个主键约束属于表级完整性约束。

【例 6.26】 在 mytestdatabase2 数据库中创建一个简单的数据表，表名为 testtable _ prikey2，它一共有 4 个字段，字段名称分别为 col1～col4，从 col1 到 col4 对应列的数据类型分别为 varchar（10）、int、datetime、numeric（10，2），其中 col1 与 col2 的组合是主键。实现代码如下：

选择当前数据库 mytestdatabase2。然后再执行下面的建表命令。

```
CREATE TABLE testtable_prikey2
(
    col1   varchar(10),
    col2   int,
    col3   datetime,
    col4   numeric(10,2),
    PRIMARY KEY(col1,col2)     - -定义复合主键
);
```

3. 使用唯一约束——UNIQUE

唯一性约束 UNIQUE 用于在表中强制非主键列的唯一性，即表内同一列（或列的组合）的值不能有相同的两个值。类似于上面介绍的主键约束，唯一性约束 UNIQUE 可用于单个字段（列）或多个字段（列）的组合上。

（1）由一个字段构成的唯一约束，直接在字段的定义后加唯一约束（UNIQUE）即可，这属于列级完整性约束。

【例 6.27】 在 mytestdatabase2 数据库中创建一个简单的数据表，表名为 testtable _ unique1，它一共有 4 个字段，字段名称分别为 col1～col4，从 col1 到 col4 对应列的数据类型分别为 varchar（10）、int、datetime、numeric（10，2），其中 col1 是主键，col2 需要定义唯一性约束。选择 mytestdatabase2 为当前数据库，然后再执行下面的建表命令。实现代码如下：

```
CREATE TABLE testtable_unique1
(
    col1   varchar(10) PRIMARY KEY,   - -定义主键
    col2   int UNIQUE,                - -定义唯一性约束
    col3   datetime,
    col4   numeric(10,2)
);
```

（2）由多个字段构成的唯一性约束，不能直接在各个字段的定义后加约束（U-NIQUE），需要在所有列定义后，单独定义唯一性约束为列的组合，即这个唯一性约束与表中的多个列有关，属于表级完整性约束。

【例 6.28】 在 mytestdatabase2 数据库中创建一个简单的数据表，表名为 testtable _ unique2，它一共有 4 个字段，字段名称分别为 col1～col4，从 col1 到 col4 对应列的数据类型分别为 varchar（10）、int、datetime、numeric（10，2），其中 col1 是主键，col2 与 col3 的组合定义唯一性约束。实现代码如下：

选择当前数据库 mytestdatabase2。然后再执行下面的建表命令。

```
CREATE TABLE testtable_ unique2
(
```

```
col1    varchar(10) PRIMARY KEY,
col2    int,
col3    datetime,
col4    numeric(10,2),
UNIQUE(col2,col3)       --定义字段 col2 与 col3 的组合为唯一性约束
);
```

上面的定义理解之后，有两个问题请大家思考。

问题一：主键与唯一性约束的相同点与不同点各是什么？

问题二：单个字段的唯一性约束与多个字段组合的唯一性约束的区别是什么，请举例说明。

4. 使用非空约束——NOT NULL

非空约束只能定义在表中单个列上，属于列级完整性约束。列的定义后加上非空约束后，此列的值不能为空值（NULL）。

【例 6. 29】在 mytestdatabase2 数据库中创建一个简单的数据表，表名为 testtable _ NOTNULL1，它一共有 4 个字段，字段名称分别为 col1～col4，从 col1 到 col4 对应列的数据类型分别为 varchar（10）、int、datetime、numeric（10，2），其中 col1 是主键，col2 与 col3 皆为非空约束。选择当前数据库 mytestdatabase2，然后再执行下面的建表命令。实现代码如下：

```
CREATE TABLE testtable_NOTNULL1
(
Col1    varchar(10)  PRIMARY KEY,
col2    int          NOT NULL,  --非空约束
col3    datetime     NOT NULL,  --非空约束
col4    numeric(10,2)
);
```

注意：主键约束的列或列的组合非空且唯一。

5. 使用默认约束——DEFAULT

表中某个字段（列）的值当不输入时自动取某个值，这个值称为默认值。例如在学生表中的性别默认为"男"，某天的订单日期默认为"2011 - 08 - 03"等。默认约束也称默认值约束或缺省约束。

【例 6. 30】在 mytestdatabase2 数据库中创建一个简单的数据表，表名为 testtable _ default，它一共有 4 个字段，字段名称分别为 col1～col4，从 col1 到 col4 对应列的数据类型分别为 varchar（10）、int、datetime、numeric（10，2），其中 col1 是主键，col2 的默认值为 60，col3 的默认值为使用表时的当天日期。选择当前数据库 mytestdatabase2，然后再执行下面的建表命令。实现代码如下：

```
CREATE TABLE testtable_default
(
  col1    varchar(10)  PRIMARY KEY,
  col2    int          DEFAULT 60 ,        --默认约束(常数)
  col3    datetime     DEFAULT getdate(),  --默认约束(函数)
  col4    numeric(10,2)
);
```

其中 getdate（）是系统提供的函数，返回使用时的当天日期时间。默认值是可以改变的，如果输入新的值，默认值就不起作用了。

6. 使用检查约束——CHECK

检查约束 CHECK 就是由用户给出检查的条件，然后系统按照用户的条件来判断输入或更改列中的数据是否符合要求。

类似于上面介绍的主键和唯一性约束，检查约束可用于单个字段（列）或多个字段（列）的组合上。

（1）由一个字段构成的检查约束，直接在字段的定义后加检查约束（CHECK〈条件表达式〉）即可，这属于列级完整性约束。

【例 6.31】在 mytestdatabase2 数据库中创建一个数据表，表名为 testtable_check1，它一共有 4 个字段，字段名称分别为 col1~col4，从 col1 到 col4 对应列的数据类型分别为 varchar（10）、int、datetime、numeric（10，2），其中 col1 是主键，col2 需要定义检查约束，其值应该在 0 到 100 之间。选择 mytestdatabase2 为当前数据库，然后再执行下面的建表命令。实现代码如下：

```
CREATE TABLE testtable_check1
(
    Col1   varchar(10)   PRIMARY KEY,   - -定义主键
    col2   int           CHECK(col2) = 0 and col2< = 100),
                                        - -定义检查约束
    col3   datetime,
    col4   numeric(10,2)
);
```

（2）由多个字段构成的检查约束，不能直接在某个字段的定义后加约束，需要在所有列定义后，单独来定义检查约束为列的组合，即这个检查约束与表中的多个列有关，属于表级完整性约束，涉及多列的检查约束，一般写约束表达式时比较复杂，在这里就不举例说明了。

7. 使用外键约束——FOREIGN KEY REFERENCES

前面介绍过外键约束是表中数据之间的一种引用关系，即一个表中的主键或唯一值列与另一个表中的列（外键）之间的一对多关系的体现。外键的定义涉及至少两个表，在表的定义中通过 FOREIGN KEY REFERENCES 关键字来实现。外键约束可直接在列后定义，也可以在所有列的定义之后进行定义。

在 CREATE TABLE 命令中创建外键约束，只需在列的定义后加"FOREIGN KEY REFERENCES 表名（主键名）"，其中"表名"为外键所对应的主键所在表的名称。下面建立 3 个表，上面介绍的 6 种约束都将在表定义时用到，其中 sc 表中 sno 和 cno 列定义为外键列。

【例 6.32】在 mytestdatabase2 数据库中创建 3 个表，student 表、course 表和 sc 表。实现代码如下：

```
CREATE TABLE student(
    sno CHAR(12) PRIMARY KEY ,                  - -主键定义
    sname char(8) UNIQUE NOT NULL,              - -唯一与非空约束定义
    xb   char(2) DEFAULT '男',                   - -默认约束定义
    age  smallint CHECK(age> = 0 and age< = 100),  - -检查约束
```

```
);
CREATE TABLE course(
  cno CHAR(8) PRIMARY KEY ,                          - - 主键定义
  cname varchar(30) NOT NULL,                        - - 非空约束定义
  xf   smallint DEFAULT 3                            - - 默认约束定义
);

CREATE TABLE sc(
  sno CHAR(12) FOREIGN KEY REFERENCES student(sno),  - - 外键定义
  cno CHAR(8),
  grade SMALLINT DEFAULT 0,                           - - 默认约束定义
  PRIMARY KEY(sno,cno)                                - - 主键定义
  FOREIGN KEY(cno) REFERENCES course(cno)             - - 外键的另一种定义方法
);
```

8. 使用标识列约束——IDENTITY

使用 CREATE TABLE 命令创建表时可以使用 IDENTITY 属性来定义标识列。标识列一般都作为主键列，因为在同一个表的标识列中不会有两个相同的标识值。

IDENTITY 的语法为：IDENTITY〔(seed，increment)〕，其中 seed 是种子值，即列中第一个值，increment 表示增量，在前面值的基础上按这个值进行变化。这两个参数不给定值时取默认值为（1，1）。

【例 6.33】在 mytestdatabase2 数据库中创建带 IDENTITY 字段的数据表，实现代码如下：

```
CREATE TABLE teacher(
  tno bigint IDENTITY(10001,1) PRIMARY KEY,           - - 标识列与主键定义
  tname char(8) NOT NULL,                             - - 非空约束定义
  t_xb char(2) DEFAULT '男',                           - - 默认约束定义
  t_age smallint CHECK(t_age〉= 18 and t_age〈 = 120)  - - 检查约束
);
```

9. 使用计算列——AS

使用 CREATE TABLE 命令创建表时可以在字段列名称后使用 AS 关键字来定义计算列。下面实例中 myavg 列的值不是由用户输入的而是 low 和 hight 两列通过计算而得到的结果。

```
create table mytable
(   low int,
    hight int,
    myavg as (low + hight)/2
)
```

其中"as"是关键字，后面表达式表示此列 myavg 的结果由表达式计算而来，此列不能指定数据类型，不能输入值。

前面我们介绍了建立表命令的简单格式及在表后加主键、外键、非空、唯一、默认、检查、标识列和计算列约束的方法，那么我们如何检查这些约束是否起作用呢？唯一的办法是实践！请在表中添加符合表中所有约束的数据记录，系统让接收这样的记录放入表中，而输入不符合表中某一个或多个约束的记录行时，系统拒绝让数据表接收这样的记录行，这样数

据表中的约束就起作用了。

6.4.2 修改数据表命令 ALTER TABLE

数据表的修改是对表的结构（列名称、列的类型和约束等）的修改，当然也可以在表中增加字段（列）或删除字段（列）。如果一次要修改表的多项内容，则最好一项修改完成之后再去修改另外一项，而不要在 ALTER TABLE 命令中一次完成所有修改。

1. 表中添加字段（列）的 ALTER TABLE 命令

在表中添加一个字段（列）的表修改命令格式如下所示：

```
ALTER TABLE table_name
    ADD new_column data_type [integrality_condition]
```

其中 table_name 是要修改表的名字，new_column 是要添加字段（列）的名字，data_type 是新添加列的数据类型，integrality_condition 是可选项，是字段（列）的约束条件。

【例 6.34】 在 mytestdatabase2 数据库的 student 表中添加新字段 nationality（民族），其数据类型为字符型，最多 20 个字符。实现代码如下：

```
ALTER TABLE student
    ADD nationality char(20)        --添加新的字段(列)
```

新添加的字段（列）在表的已有字段（列）的最后面。

注意：不能添加主键、外键约束的字段，当添加具有 UNIQUE 约束和 NOT NULL 约束的字段时，数据表必须是空的，否则修改失败。一般来说，如果表的结构要增加列，尽量不要增加约束。

2. 表中删除字段（列）的 ALTER TABLE 命令

在表中删除一个字段（列）的表修改命令格式如下所示：

```
ALTER TABLE table_name
    DROP COLUMN column_name
```

其中 table_name 是要修改表的名字，column_name 是删除字段（列）的名字。

【例 6.35】 在 mytestdatabase2 数据库的 student 表中删除字段 nationality（民族），实现代码如下：

```
ALTER TABLE student
    DROP COLUMN nationality     --删除字段(列)
```

注意：当一个字段（列）使用上面的方法被删除以后，表中这列的数据也都被删除了。另外如果字段（列）上定义了除非空（NOT NULL）约束之外的约束或者定义了索引时，这个字段（列）是不能删除的，这时必须先删除列上的约束（或索引）然后才能删除字段（列）。

3. 修改字段的数据类型或长度

要修改表中一个字段（列）的数据类型时对应的表修改命令格式如下所示：

```
ALTER TABLE table_name
    ALTER COLUMN column_name new_data_type
```

其中 table_name 是要修改表的名字，column_name 是要修改字段（列）的名字，

new _ data _ type 是修改后的新数据类型。

【例 6.36】在 mytestdatabase2 数据库的 course 表中 cname 字段的数据类型改为 char (50)，实现代码如下：

```
ALTER TABLE course
    ALTER COLUMN cname char(50)      --修改字段(列)的数据类型
```

对于字符类型的长度修改，一般来说要修改得比原来大才能成功。如果变得比原来长度还要小，则可能容不下表中已有的字段（列）的内容而修改失败。也可以修改字段的数据类型，但一定要这两个类型能够相互转换才能成功。

6.4.3 删除数据表命令 DROP TABLE

当数据库中的数据表确认不需要使用时，可以使用 DROP TABLE 语句将其删除。DROP TABLE 语句的语法如下：

```
DROP TABLE table_name [, …n]
```

其中 table _ name 是要删除表的名字，使用此语句一次可以删除多个表，表名之间用半角的逗号隔开。

【例 6.37】在 mytestdatabase2 数据库的删除 testtable _ default 数据表，实现代码如下：

```
DROP TABLE testtable_default      --删除表 testtable_default
```

注意：

(1) 使用 DROP TABLE 命令删除数据表时，表中的所有数据及约束等都将被删除，而且不可恢复，所以删除表时一定要小心确认。

(2) 不能使用 DROP TABLE 命令删除被主键约束的表。例如前面介绍的例 6.19 中建立了 3 个表：student 表、course 表和 sc 表，因为 sc 表中引用了 student 表中的 sno 和 course 表中的 cno 字段（即 sc 表中有两个外键联系），因此在 sc 表没有删除之前是不能删除 student 表和 course 表的。

6.5 数据表中约束的深入理解

上面介绍了在建立表时定义表的约束（主键、唯一、非空、默认、检查和外键共六种约束），这些约束分为列级约束（在列的定义后给出）和表级约束（在所有列定义后给出，一般这种约束涉及表中多个列）。这些约束我们都没有命名，那么表的定义完成后（创建成功），系统会给这些约束命名吗？这些约束的命名有什么规律？如何查找它们的名字？可以在建表时定义约束的名字吗？可以将这些约束删除吗？带着这些疑问，我们可以继续这部分的内容。

6.5.1 关于表中约束的命名及查看

1. 系统自动命名

我们回到前面例 6.32 所建立的学生表：

```
CREATE TABLE student(
```

```
        sno CHAR(12) PRIMARY KEY ,                 – –主键定义
        sname char(8) UNIQUE NOT NULL,             – –唯一与非空约束定义
        xb   char(2) DEFAULT '男',                  – –默认约束定义
        age   smallint CHECK(age〉= 0 and age〈= 100),  – –检查约束
    );
```

在这个表建立时总共定义了 5 个约束，其中 1 个主键约束，1 个唯一约束、1 个非空约束、默认值约束和检查约束。这 5 个约束用户都没有命名，系统保存表时会对非空约束之外的 4 个约束命名保存。

系统自动给表中的约束命名，每个约束名都有一串随机生成的字母数据串，用"XXXX"表示。主键约束命名公式为"PK _ 表名 _ XXXX"，其中 PK 表示主键约束，唯一约束命名公式为"UQ _ 表名 _ XXXX"，其中 UQ 表示唯一约束。检查约束命名公式为"CK _ 表名 _ 列名 _ XXXX"，其中 CK 表示检查约束。默认约束命名公式为"DF _ 表名 _ 列名 _ XXXX"，其中 DF 表示默认约束。

那么如何查找这些约束的名称呢？选择要查找表的约束所对应的数据库为当前数据库，然后再执行下面的查询命令。可以使用以下命令：

```
SELECT name 约束名,type 约束类型,type_desc 类型描述
FROM sys. objects
WHERE parent_object_id = OBJECT_ID('table_name')
```

这里要根据实际情况修改 table _ name 为实际的表名，例如对于"student"表其查询语句和运行结果如图 6.7 所示即可。

图 6.7　student 表中所有约束列表显示

2. 给约束命名

可以使用在约束定义前加"CONSTRAINT constraint _ name"来给约束命名。例如修改 student 表的建立语句，每个约束都命名，创建新的 student _ constraint _ name 表的定义语句如下：

```
CREATE TABLE student_constraint_name (
    sno CHAR(12) CONSTRAINT s_pk PRIMARY KEY ,        – –命名主键约束
    sname char(8) CONSTRAINT s_uq UNIQUE,             – –命名唯一约束
    xb   char(2) CONSTRAINT s_df DEFAULT '男',         – –命名默认约束
    age   smallint CONSTRAINT s_ck CHECK(age〉= 0 and age〈= 100),
                                                      – –命名检查约束
    );
```

使用上面介绍的查询语句查看表中的约束如图 6.8 所示，这时表中约束的名字都是我们自己定义的，而不是系统生成的。

图 6.8 student _ constraint _ name 表中所有约束列表显示

3. 表中约束名称的非命令查看

表中定义的主键、外键、唯一和检查约束也可以在打开的 SQL Server Management Studio 主界面中通过工具栏中的命令按钮打开相应的对话框进行查看。但默认约束只能通过上面介绍的执行查询命令的方式来查看。

打开 SQL Server Management Studio 主界面，在对象资源管理器中依次展开具体数据库的某个表，如前面介绍的 "mytestdatabase2" 数据库中的 "student" 表，单击鼠标右键，在弹出的快捷菜单中选择 "设计" 命令，进入表设计界面，单击工具栏上的 "管理索引与键" 按钮，打开表的 "索引/键" 对话框，可以查看到表的一个主键索引和唯一索引，如图 6.9 所示；单击工具栏上的 "管理 Check 约束" 按钮，打开表的 "CHECK 约束" 对话框，可以查看到表的检查约束，如图 6.10 所示。

图 6.9 表的 "索引/键" 对话框

图 6.10 表的 "CHECK 约束" 对话框

单击工具栏上的 "关系" 按钮，打开表的 "外键关系" 对话框，可以查看到表的外键约束，如图 6.11 所示。

图 6.11 表的 "外键关系" 对话框

136

注意：一定要在表的设计状态才能单击工具栏上的对应命令按钮，打开对应的对话框进行查看。

6.5.2　删除表中约束

在表中约束名已知的情况下，可以使用修改表命令删除表中的约束。

删除表中约束的 ALTER TABLE 命令格式如下：

```
ALTER TABLE table_name
    DROP CONSTRAIN constrains_name;
```

其中 table_name 是要修改表的名字，constrains_name 是要删除约束的名。

【例 6.38】在 mytestdatabase2 数据库的 student_constraint_name 表中删除对 age 字段的检查约束 s_ck。实现代码如下：

```
ALTER TABLE student_constraint_name
    DROP CONSTRAINT s_ck;        ——删除表中的约束
```

约束与表密切相关，对约束的命名、添加和删除等操作都要与表联系起来。

·本章小结·

本章首先介绍了 SQL 语言的发展历史和 T-SQL 语言的基本元素和流程控制语句的说明，然后通过大量的例题由易到难介绍了定义数据库的语句 CREATE DATABASE 和建立表的语句 CREATE TABLE。还对表中约束的添加、删除等操作进行了详细介绍。

习题 6

一、选择题

1. 使用 T-SQL 语句创建表时，语句是_____。
A. ADD TABLE
B. ALTER TABLE
C. DROP TABLE
D. CREATE TABLE

2. "表设计器"中的"允许空"单元格用于设置该列是否为空值，实际上就是创建该列的_____约束。
A. 主键　　　　　　B. 外键　　　　　　C. 非空　　　　　　D. CHECK

3. 可以说，表中主键约束是非空约束和_____的组合。
A. 检查约束　　　　B. 唯一约束　　　　C. 外键约束　　　　D. 默认值约束

4. 在 T-SQL 中字符串连接运算符是_____。
A. +　　　　　　　B. &&　　　　　　　C. &　　　　　　　D. —

5. GETDATE 函数的作用是_____。
A. 返回日期中的天数
B. 返回当前日期和时间
C. 返回日期中的年份值
D. 返回当前日期中的月份值

6. 批处理是指包含一条或多条 T-SQL 语句的语句组，批处理中的所有 T-SQL 语句编译成一个执行计划，从应用程序一次性地发送到 SQL Server 数据库服务器执行。编写批处理时，_____语句是批处理命令的结束标志。
A. CASE　　　　　　B. GOTO　　　　　　C. WHILE　　　　　　D. GO

7. 使用 T-SQL 命令建立表时，每列的定义中必不可少的内容是_____。

　　A. 列名和长度　　　　B. 类型和长度　　　　C. 列名和约束　　　　D. 列名和类型

二、填空题

1. SQL 是 Structured Query Language 的缩写，译为_____。

2. T-SQL 是在对 SQL 语言扩充的基础上发展起来的，因此它的核心内容还是 SQL 语言中的四类语句。这四类语句分别是：_____ 语句、_____ 语句、_____语句和_____语句。

3. 在 SQL Server 数据库中，要访问任何一个对象都要通过其名称来完成，在 T-SQL 语言中，对数据库、表、变量、存储过程、函数等的定义和引用都需要通过_____来完成。

4. 变量是指在程序运行过程中，值可以发生变化的量。在 T-SQL 中可以使用两种类型变量：一种是_____变量，另一种是_____变量。其中前一种变量是用户自定义的变量，它的作用范围仅在程序内部，在 T-SQL 中给这种变量命名必须以_____开头。后一种变量是由 SQL Server 系统定义并使用的变量，用户不能定义它，但可以使用。这种变量以_____为标记（命名）。

5. 在 T-SQL 中，创建数据库的命令是_____，修改数据库的命令是_____，删除数据库的命令是_____。

6. 在 T-SQL 中，创建数据表的命令是_____，修改数据表的命令是_____，删除数据表的命令是_____。

7. 外键约束是表中数据之间的一种引用关系，即一个表中的_____与另一个表中的列（外键）之间的一对多关系的体现。外键的定义涉及至少两个表，在表的定义中通过_____关键字来实现。

8. 使用 CREATE TABLE 命令创建表时可以使用_____属性来定义标识列。标识列一般都作为主键列，因为在同一个表的标识列中不会有两个相同的标识值。

9. _____约束用于在表中强制非主键列的唯一性，即表内同一列（或列的组合）的值不能有相同的两个值。

三、思考题

1. Transact-SQL 的运算符主要有哪些？

2. Transact-SQL 的变量有哪些？请举例说明。

3. 什么函数能将字符串末尾的空格去掉？

4. 简述在创建一个数据库 T-SQL 语句中各个参数的含义。

5. 简述 CREATE TABLE 语句的各个参数的作用。

四、实训操作题

关于数据库"company_info"的说明：

数据库"company_info"描述一个销售公司的员工、产品、客户和订单等信息。客户根据自己的需要向公司发出订单，公司雇员根据客户要求和产品库存情况确定（下）订单，产品进行分类管理。具体雇员、产品、产品分类、客户和订单信息内容见表 6.16～表 6.20。

关于操作文件夹的建立说明：

在你的计算机的某一个硬盘中（例如 E 盘）建立一个用你的学号和姓名等信息组合建立的文件夹（例如你学号是 201200120128，姓名为李洁，则文件夹为"201200120128_李洁_6"），用于存放本项目实训相关文件，下面实训题建立的命令以文件的形式（以题号为文件名，如 1. sql）均存放于此文件夹中。

1. 使用 T-SQL 命令建立数据库 "company _ info"，数据库的数据文件和日志文件均存放于 E 盘 "data" 文件夹下。其主数据文件逻辑名称为 "company _ data"，物理文件名为 "company _ data. mdf"，初始大小为 2MB，最大尺寸无限制，增长速度为 10％；数据库的日志文件逻辑名称为 "company _ log"，物理文件名为 "company _ log. ldf"，初始大小为 1MB，最大尺寸为 50MB，增长速度为 1MB。

2. 使用 T-SQL 命令给数据库 "company _ info" 增加一个数据文件，其存放位置与原主数据文件的存放位置相同。其数据文件逻辑名称为 "company _ data2"，物理文件名为 "company _ data2. mdf"，初始大小为 3MB，最大尺寸为 30M，增长速度为 1M。

3. 使用 T-SQL 命令在数据库 "company _ info" 中创建表 "Employee"、"Category"、"Product"、"Customer" 和 "P _ order" 表，其表结构如表 6.16～表 6.20 所示。

表 6.16   "Employee" 表结构

字段名称	数据类型	长度	约束说明
雇员 ID	int	默认	标识列（1001，1），主键
雇员姓名	char	8	非空
性别	char	2	非空，默认值为"男"
出生日期	datetime	默认	
雇佣日期	datetime	默认	非空，默认值为建立记录的当天
特长	varchar	50	
薪水	money	默认	

表 6.17   "Category" 表结构

字段名称	数据类型	长度	约束说明
类别 ID	int	默认	主键
类别名称	char	30	非空
类别说明	char	50	

表 6.18   "Product" 表结构

字段名称	数据类型	长度	约束说明
产品 ID	int	默认	主键
产品名称	char	10	非空
类别 ID	int	默认	非空，外键
单价	money	默认	非空
库存量	int	默认	非空

表 6.19   "Customer" 表结构

字段名称	数据类型	长度	约束说明
客户 ID	int	默认	主键
公司名称	char	30	非空
联系人姓名	char	8	非空
联系方式	char	13	
地址	char	30	
邮编	char	6	

表 6.20   **"P_order" 表结构**

字段名称	数据类型	长度	约束说明
订单 ID	int	默认	主键
产品 ID	int	默认	非空, 外键
数量	int	默认	非空
雇员 ID	int	默认	非空, 外键
客户 ID	int	默认	非空, 外键
订货日期	Datetime	默认	非空

4. 使用 T-SQL 命令修改 "company_info" 数据库中 "Employee" 表, 对 xb (性别) 列增加检查约束, 其值只能取值 "男" 或 "女"。

5. 使用 T-SQL 命令修改 "company_info" 数据库中 "Customer" 表, 增加一列备注, 列名为 "memo", 类型为 "char (50)", 允许为空。

6. 使用 T-SQL 命令修改 "company_info" 数据库中 "Employee" 表, 对 salary (薪水) 列增加默认约束, 其默认值为 "2000"。

7. 使用 T-SQL 命令修改 "company_info" 数据库中 "Product" 表, 对 Product (产品名) 列创建唯一性约束。

第7章 使用 T-SQL 命令操纵数据

数据操纵语言（Data Manipulation Language，DML）是 SQL 语言中负责对数据库对象进行数据访问工作的指令集，以 INSERT、UPDATE、DELETE 三种指令为核心，分别代表插入、修改与删除，是开发以数据为中心的应用程序时必定会使用到的指令，因此有很多开发人员都把加上 SQL 的 SELECT 语句的四大指令以"CRUD"来称呼。

本章及后面章节中使用的数据库和表说明如下：

数据库名称为 students _ courses（学生选课），其中定义有 4 张表，分别是 students（学生）表、teachers（教师）表、courses（课程）表和 sc（选课）表。其定义如下：

（1）students _ courses（学生选课）数据库。

```
CREATE DATABASE students_courses
    ON PRIMARY (                        --数据文件的定义
    NAME = 'students_courses_datafile',
    FILENAME = 'E:\data\students_courses_data.mdf'
      )
    LOG ON (                            --日志文件的定义
    NAME = 'students_courses_logfile',
    FILENAME = 'E:\data\students_courses_log.ldf'
      )
```

（2）students（学生）表。

```
CREATE TABLE students(
    sno CHAR(12) PRIMARY KEY,           --学号
    sname char(8) NOT NULL,             --姓名
    xb   char(2) DEFAULT '男',          --性别
    zhy varchar(30),                    --专业
    in_year int,                        --入学年份
    dept   varchar(30)                  --所属院系
);
```

（3）teachers（教师）表。

```
CREATE TABLE teachers(
    tno CHAR(10) PRIMARY KEY,           --教工号
    tname CHAR(8) NOT NULL,             --教师姓名
    txb char(2) DEFAULT '男',           --教师性别
    zc varchar(20),                     --职称
```

141

```
    age smallint                           --年龄
    );
```

（4） courses（课程）表。

```
CREATE TABLE courses(
    cno CHAR(8) PRIMARY KEY,               --课程号
    cname varchar(30) NOT NULL,            --课程名
    xf    smallint DEFAULT 3,              --课程学分
    tno   CHAR(10) FOREIGN KEY REFERENCES teachers(tno)
                                           --任课教师的教工号
    );
```

（5） sc（选课）表。

```
CREATE TABLE sc(
    sno CHAR(12) FOREIGN KEY REFERENCES students(sno),
    cno CHAR(8) FOREIGN KEY(cno) REFERENCES courses(cno),
    cj SMALLINT DEFAULT 0,                 --成绩
    xq char(2),                            --修课学期
    PRIMARY KEY(sno,cno)
    );
```

7.1 使用 INSERT 语句插入数据

当在数据库中建立好一个表结构后，它只是一个空表，接着需要向它插入数据，即添加数据记录，然后才可以对这些数据进行修改、删除和查询等操作。

T-SQL 语言中的 INSERT 语句的基本语法中参数也比较多，我们选择必要的、常用的部分介绍给大家。

7.1.1 单行插入的 INSERT 语句

单行插入是指每执行一次命令往表中添加一条记录，这是 INSERT 语句最常用的一种插入方法。其基本语法如下：

```
INSERT [INTO] table_name (column_name_1, column_name_2, …, column_name_n)
              VALUES (value_1,value_2, … , value_n)
```

其中 table_name 是表名，column_name_1 为第 1 个字段名，column_name_2 为第 2 个字段名，…，column_name_n 为第 n 个字段名；value_1 为第 1 个值，value_2 为第 2 个值，以此类推。关键字 "INTO" 可省略。

表名后面圆括号内为给定的一个或多个用半角逗号分开的列名，它们都应该是当前数据库中对应表名 table_name 中的已定义的列，VALUES 关键字后面的圆括号内依次给出与前面每个列名相对应的列值。在 VALUES 后的列值为字符串或日期时间类型时，必须用半角的单引号括起来，以区别于数值数据。

关于单行插入 INSERT 语句的使用，分以下几种情况介绍。

(1) 基本使用方法，完全按照 INSERT 语句的基本语法来写语句。

【例 7.1】 在 students _ courses 数据库中的 students 表中插入一条记录，如果已经选择了当前数据库为 students _ courses，则插入一条记录的代码如下：

```
INSERT students(sno,sname,xb,zhy,in_year,dept)
  values('201100010001','李明媚','女','软件技术',2011,'计算机技术')
```

执行上述命令后，查看 students 表的内容如图 7.1 所示。

结果 | 消息

	sno	sname	xb	zhy	in_year	dept
1	201100010001	李明媚	女	软件技术	2011	计算机技术

图 7.1　往 students 表中插入记录后的结果 1

(2) INSERT 语句中 table _ name 括弧中的各个列名的顺序可以改变，但要求 VALUES 括弧中值的顺序要与之相对应。

【例 7.2】 往 students 表中插入一条记录，列的顺序与表中列的定义顺序不一致，对应的值也要调整位置。插入记录的代码如下：

```
INSERT students(sname,zhy,in_year,sno, xb,dept)
  values('张实在','计算机信息管理',2010,'201000010001','男','计算机技术')
```

执行上述命令后，查看 students 表的内容如图 7.2 所示。新插入的记录根据学号的大小（字符串排列顺序）排在了最前面。

结果 | 消息

	sno	sname	xb	zhy	in_year	dept
1	201000010001	张实在	男	计算机信息管理	2010	计算机技术
2	201100010001	李明媚	女	软件技术	2011	计算机技术

图 7.2　往 students 表中插入记录后的结果 2

(3) 如果 INSERT 语句中 table _ name 后括弧中的各个列名的排列顺序与表定义时的顺序完全相同，则可以省略 table _ name 后括弧及其中的所有列名。INSERT 语句格式简化为如下形式：

```
INSERT [INTO] table_name VALUES (value_1,value_2, … , value_n)
```

【例 7.3】 往 students 表中插入一条记录，省略所有列名，值的顺序要按表中列的顺序一一给出。插入记录的代码如下：

```
INSERT students
  values('201000010002','王凯','男','软件测试技术',2010,'计算机技术')
```

(4) INSERT 语句中 table _ name 括弧中的列名可以仅仅是表中部分必需的列，则这时 VALUES 后的值也必须与之相对应。

【例 7.4】 往 students 表中插入一条记录，仅给部分列（学号、姓名和专业）赋值。其插入记录的代码如下：

```
INSERT students(sno,sname,zhy)
  values('201000010003','吴天成','软件测试技术')
```

这个命令往 students 表插入了一条记录，只给其中的三个列赋值，但因为性别（xb）列定义了默认值"男"，所以查看 students 表的结果如图 7.3 所示，另外两个列未给定值时取 NULL 值。

	sno	sname	xb	zhy	in_year	dept
1	201000010001	张实在	男	计算机信息管理	2010	计算机技术
2	201000010002	王凯	男	软件测试技术	2010	计算机技术
3	201000010003	吴天成	男	软件测试技术	NULL	NULL
4	201100010001	李明媚	女	软件技术	2011	计算机技术

图 7.3　往 students 表中插入记录后的结果 3

当在插入语句中省略某些列时，以下这些列是不可以省略的：

（1）主键字段。

（2）非空约束但没有定义默认值的字段。

另外，有些字段列的值系统会自动提供或可以为空（NULL），就可以省略。这些列是：

（1）标识（IDENTITY）列。

（2）指定了默认值的列。

（3）Timestamp 类型的列。

（4）计算列。

（5）允许为空的列。

7.1.2　多行插入的 INSERT 语句

多行插入是指每执行一次命令往表中添加多条记录，其语法格式如下所示：

```
INSERT [INTO] table_name (column_name_1, column_name_2, …, column_name_n)
            VALUES (value_11, value_12, … , value_1n),
                   (value_21, value_22, … , value_2n),
                   …,
                   (value_11, value_12, … , value_1n);
```

同单行插入的 INSERT 语句相比，就是将多条记录的值放在了 VALUES 关键字后，每条记录的值用圆括号组织在一起，记录之间用逗号分隔。

【例 7.5】往 students 表中插入多条记录，插入记录的代码如下：

```
INSERT students
  values ('201000010004','刘国庆','男','软件技术',2010,'计算机技术'),
         ('201000010005','李张扬','男','计算机应用技术',2010,'计算机技术'),
         ('201000010006','曾水明','女','计算机应用技术',2010,'计算机技术'),
         ('201000010007','鲁高义','男','计算机网络技术',2010,'计算机技术'),
         ('201100010008','吴天天','女','软件技术',2011,'计算机技术');
```

这个命令执行后一次往 students 表插入了五条记录，查看 students 表的结果如图 7.4 所示。

	sno	sname	xb	zhy	in_year	dept
1	201000010001	张实在	男	计算机信息管理	2010	计算机技术
2	201000010002	王凯	男	软件测试技术	2010	计算机技术
3	201000010003	吴天成	男	软件测试技术	NULL	NULL
4	201000010004	刘国庆	男	软件技术	2010	计算机技术
5	201000010005	李张扬	男	计算机应用技术	2010	计算机技术
6	201000010006	曾水明	女	计算机应用技术	2010	计算机技术
7	201000010007	鲁高义	男	计算机网络技术	2010	计算机技术
8	201100010001	李明媚	女	软件技术	2011	计算机技术
9	201100010008	吴天天	女	软件技术	2011	计算机技术

图 7.4　往 students 表中插入记录后的结果 4

7.1.3　批量导入数据

还可以使用 INSERT…SELECT 语句从另一个表中批量输入数据。SELECT 语句我们将在后面介绍，这里只给出其语法形式和说明基本意义，暂不举例说明。同学们学习了 SE-LECT 语句的使用方法后就能掌握这个语句的使用了。

INSERT…SELECT 语句的语法格式如下：

```
INSERT [INTO] table_name1(column_name11,column_name12,…,column_namenn)
    SELECT column_name21, column_name22, … , column_name2n
    FROM table_name2
    [WHERE search_condition];
```

该语句表示从 table＿name2 表中查询符合给定条件（使表达式 search＿condition 的值为真）的记录（可能多条）插入到表 table＿name1 中。其中两个表对应的列名可以不同，但对应的数据类型应该可以转换，否则插入会失败。实际上从 SELECT 起到最后就是一条查询语句，整个 INSERT 语句的作用是将查询的结果（多条记录）插入到表 table＿name1 中对应的列中。

7.2　使用 DELETE 语句删除数据行

在 T-SQL 语言中可以使用 DELETE 语句删除表中部分或全部数据记录。其基本语法如下：

```
DELETE [FROM] table_name [WHERE search_condition];
```

其中 table＿name 是表名，search＿condition 为查询条件，关键字"FROM"可省略。该语句的作用是：如果给出了 WHERE 子句选项，则删除表中使 WHERE 子句中查询条件为真的记录；若省略 WHERE 子句，则会将指定的 table＿name 表中的所有记录删除。

删除命令的执行是一种破坏性的操作，所以正式执行删除命令之前一定要确认。

【例 7.6】删除某个表中一条记录。

因为要执行删除操作会破坏表中数据，所以首先将 students＿courses 数据库中的 students 表中的记录备份到表 students＿copy 中，然后再删除 students＿copy 表中姓名为"吴天天"的一条记录。如果已经选择了当前数据库为 students＿courses，则命令代码如下：

```
SELECT * into students_copy FROM students
```

－－将 students 表中记录备份到 students_copy 表中

DELETE FROM students_copy WHERE sname='吴天天'

　　执行上述命令后，查看 students_copy 表的内容，姓名为吴天天的记录已经删除，如图 7.5 所示。

	sno	sname	xb	zhy	in_year	dept
1	201000010001	张实在	男	计算机信息管理	2010	计算机技术
2	201000010002	王凯	男	软件测试技术	2010	计算机技术
3	201000010003	吴天成	男	软件测试技术	NULL	NULL
4	201000010004	刘国庆	男	软件技术	2010	计算机技术
5	201000010005	李张扬	男	计算机应用技术	2010	计算机技术
6	201000010006	曾水明	女	计算机应用技术	2010	计算机技术
7	201000010007	鲁高义	男	计算机网络技术	2010	计算机技术
8	201100010001	李明媚	女	软件技术	2011	计算机技术

图 7.5　删除一条记录的 students_copy 表

　　写删除命令，最重要的内容是根据给定的要求写 WHERE 子句中的条件表达式。其实这里的条件表达式跟我们学习过的高级语言 C 或 C++ 中的表达式有很多相同的地方，只是在数据库中的条件表达式一般要和表中的列名联系起来，所以要仔细考虑。

　　例如这个例子中给的条件是"姓名为吴天天"，我们要知道表中姓名字段名定义为"sname"，这是一个相等的比较运算，所以 WHERE 子句中的条件为"sname='吴天天'"，一般 WHERE 子句中的条件都是由三部分组成"列名 比较运算符 值"，有多个条件时可以用逻辑运算符（AND OR NOT）连接成复合表达式。

　　还有一个细节很容易出错，就是这个条件中的吴天天要用单引号括起来，而 sname 不用单引号，其实这是一个很简单的问题，因为这个"吴天天"是学生的姓名，是一个字符型的常量，在 T-SQL 语言中需要用单引号分隔表示，这是语法要求，如果是数值型的数据就不要这个单引号了；sname 是字段（列）名，是变量，代表表中一个列，是不需要加单引号的。

　　上面的删除语句在 students_name 表中是这样执行的：从表中的第 1 行记录开始比较直到所有记录比较结束。首先查看第 1 行记录的 sname 列的值为"张实在"，不等于"吴天天"，因此不满足给定的条件，不删除第 1 条记录。同样地，查看第 2 行记录的 sname 列的值为"王凯"，不等于"吴天天"，因此条件也不成立，同样不删除第 2 条记录。以此类推，比较到第 9 条记录的 sname 列的值为"吴天天"，这时条件成立，删除这条记录。如果后面还有第 10 条记录，则继续进行，直到表中所有记录比较完毕，命令执行才结束。

　　【例 7.7】删除某个表中多条记录。删除 students_copy 表中所有 2010 年入学的男学生记录。选择当前数据库为 students_courses，删除命令代码如下：

DELETE FROM students_copy WHERE xb='男' and in_year=2010

　　执行上述命令后，删除了 students_copy 表中符合条件的 5 行记录，查看 students_copy 表的内容，如图 7.6 所示。

　　这个删除语句中的条件是复合条件，因为要满足两个条件，一个是 2010 年入学（条件：in_year=2010），另一个是男学生（条件：xb='男'），我们使用与运算符"AND"将它们连接起来。因为入学年份 in_year 定义时是整数类型，所以 2010 是个数据值而不是字符型数据，不需要用单引号括起来，而性别 xb 定义为字符类型，所以它的常量值'男'需要使用单引号，这里再次强调说明。

图 7.6　删除多条记录后的 students _ copy 表

【例 7.8】删除 students _ copy 表中所有记录。

选择当前数据库为 students _ courses，删除命令代码如下：

```
DELETE FROM students_copy
```

执行上述命令后，删除了 students _ copy 表中所有（剩余 3 条）记录，表为空（表中没有记录，但表结构还在），查看 students _ copy 表的内容，如图 7.7 所示。

图 7.7　删除所有记录后的 students _ copy 表

注意：

（1）DELETE 语句只能删除数据表中的数据记录（行），而不能将表的结构删除。

（2）DELETE 删除的是表中一行或多行数据，而不能删除表中某一行中的一个字段值。

7.3　使用 UPDATE 语句修改数据

为方便举例，我们往 students _ courses 数据库中的 teachers 和 courses 表各添加 6 条记录，往 sc 表中添加若干语句，其插入命令如下：

```
INSERT teachers
  values ('2003000111', '张大明','男', '副教授',39),
('2001000003', '李坦率','男', '讲师',43),
('1998000007', '王小可','女', '教授',47),
('2008000012', '李子然','男', '助教',28),
('2009000021', '赵峰','男', '讲师',30),
('2009000005', '王丽','女', '讲师',29);

INSERT courses
  values ('10010001','C 语言程序设计',3,'2003000111'),
        ('10010002','JAVA 语言程序设计',4,'2001000003'),
        ('10010003','数据库技术',4,'1998000007'),
        ('10010004','计算机网络',4,'2008000012'),
        ('10010005','网页设计与制作',2,'2009000021'),
        ('10010006','微机组装与维护',2,'2009000005');

INSERT sc
```

```
values ('201000010002','10010001', 85, '2'),
       ('201000010002','10010002', 90, '4'),
       ('201000010002','10010004', 72, '3'),
       ('201000010002','10010006', 70, '1'),
       ('201000010002','10010003', 66, '3'),
       ('201000010001','10010001', 70, '2'),
       ('201000010001','10010005', 56, '1'),
       ('201000010001','10010002', 67, '5'),
       ('201000010001','10010004', 88, '4'),
       ('201000010001','10010006', 90, '1'),
       ('201000010001','10010003', 42, '2'),
       ('201000010003','10010001', 64, '2'),
       ('201000010003','10010003', 78, '1'),
       ('201000010003','10010002', 90, '5'),
       ('201000010003','10010004', 32, '4'),
       ('201000010004','10010001', 70, '1'),
       ('201000010004','10010005', 85, '2'),
       ('201000010004','10010002', 75, '4'),
       ('201000010004','10010004', 90, '4'),
       ('201000010004','10010006', 70, '1'),
       ('201000010004','10010003', 72, '3'),
       ('201000010005','10010001', 82, '1'),
       ('201000010005','10010005', 78, '2'),
       ('201000010005','10010002', 95, '3'),
       ('201000010005','10010004', 70, '1'),
       ('201000010005','10010006', 68, '1'),
       ('201000010005','10010003', 72, '3'),
       ('201000010006','10010001', 68, '1'),
       ('201000010006','10010002', 50, '2'),
       ('201000010006','10010003', 82, '3'),
       ('201000010007','10010001', 66, '1'),
       ('201000010007','10010002', 79, '2'),
       ('201100010001','10010001', 65, '1'),
       ('201100010001','10010002', 49, '2'),
       ('201100010008','10010003', 72, '1');
```

在 T-SQL 语言中，使用 UPDATE 语句更新表中的数据记录值。其基本语法如下：

```
UPDATE table_name
   SET column_name_1 = value_1,
       column_name_2 = value_2,
       …
       column_name_n = value_n
   [WHERE search_condition];
```

其中 table_name 是表名，关键字"SET"后面的 column_name_1，column_name_2，…，column_name_n 为表中要修改值的列名，value_1，value_2，…，value_n 表示对应列的修改后的新值。search_condition 为查询条件，如果给出了 WHERE 子句选项，则更改表中使 WHERE 子句中查询条件为真的记录对应的列值；若省略 WHERE 子句，则会将表中所有记录的对应列的值进行修改。一般来说，更新语句与删除语句一样，不会省略

WHERE 子句。

7.3.1 单列更新

单列更新是指 UPDATE 语句只对表中一个列的值进行更新，即 UPDATE 语句中的 SET 子句后只有一个赋值语句（每个赋值语句更新一个列的值）。

【例 7.9】更新表中一个列的数据。将 students _ courses 数据库中 courses 表中所有课程的学分加 1。

在修改之前我们首先查看 courses 表中所有课程信息，如图 7.8 所示。

选择当前数据库为 students _ courses，更新命令代码如下：

```
UPDATE courses
  SET xf = xf + 1
```

执行上述命令后，查看 courses 表的内容，如图 7.9 所示。

	cno	cname	xf	tno
1	10010001	C语言程序设计	3	2003000111
2	10010002	JAVA语言程序设计	4	2001000003
3	10010003	数据库技术	4	1998000007
4	10010004	计算机网络	4	2008000012
5	10010005	网页设计与制作	2	2009000021
6	10010006	微机组装与维护	2	2009000005

图 7.8 courses 表修改前的课程信息

	cno	cname	xf	tno
1	10010001	C语言程序设计	4	2003000111
2	10010002	JAVA语言程序设计	5	2001000003
3	10010003	数据库技术	5	1998000007
4	10010004	计算机网络	5	2008000012
5	10010005	网页设计与制作	3	2009000021
6	10010006	微机组装与维护	3	2009000005

图 7.9 courses 表修改后（学分加 1）的课程信息

在这个更新语句中，没有加 WHERE 子句，所以表中 xf 列的值都更新了。如果只对表中某一列中的部分值进行修改，就需要加 WHERE 条件子句了，请看例 7.10。

【例 7.10】将 students _ courses 数据库中 courses 表中“数据库技术”课程的任课教师的教工号改为“2003000111”。

选择当前数据库为 students _ courses，更新命令代码如下：

```
UPDATE courses
  SET tno = '2003000111'
    WHERE cname = '数据库技术'
```

执行上述命令后，查看 courses 表的内容，对应记录的值进行了修改，如图 7.10 所示，表中第 3 行的 tno 值进行了修改。

	cno	cname	xf	tno
1	10010001	C语言程序设计	4	2003000111
2	10010002	JAVA语言程序设计	5	2001000003
3	10010003	数据库技术	5	2003000111
4	10010004	计算机网络	5	2008000012
5	10010005	网页设计与制作	3	2009000021
6	10010006	微机组装与维护	3	2009000005

图 7.10 更新后的 courses 表内容

7.3.2 多列更新

有时候需要同时对表中多个列的数据进行修改，这时 SET 子句后就要跟上多个赋值语句，且语句之间要用半角逗号分隔。

下面的例题需要用到 teachers 表，其中的数据内容如图 7.11 所示。

【例 7.11】将 students_courses 数据库中 teachers 表中"李坦率"老师的职称（zc）改为副教授，年龄改为 45。

选择当前数据库为 students_courses，更新命令代码如下：

```
UPDATE teachers
    SET zc = '副教授', age = 45
    WHERE tname = '李坦率'
```

执行上述命令后，查看 teachers 表的内容，对应记录的值进行了修改，如图 7.12 所示，表中第 2 行的 zc 和 age 两个列的值进行了修改。

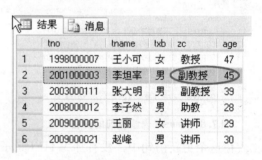

图 7.11　更新前 teachers 表的内容　　　图 7.12　更新后 teachers 表的内容

·本章小结·

INSERT、DELETE、UPDATE 是数据操纵的三个语句，用于改变数据库中表内的数据记录。

插入语句 INSERT 往当前数据库指定表中添加一条或多条记录，需要在语句中通过 VALUES 子句给定记录内容或使用查询语句将查询的结果插入到数据表中。要注意表中的标识列不能也不需要用户给定数据，而表中某些可以为空的列或定义时有默认值的列可以不需要给定数据，对于其他的列一定要在 INSERT 语句中给定具体的内容，而且要注意列名和数据及其类型的对应，还有插入到表中的数据要满足表中定义的约束条件。

删除语句 DELETE 删除当前数据库中指定表中的 0 条或多条数据记录，主要通过 WHERE 子句中的条件来确定要删的记录，如果在 DELETE 语句中不给定 WHERE 子句及条件将删除表中所有记录，只保留表的结构，因此使用删除语句时一定要小心。

修改语句 UPDATE 用于更改当前数据库中指定表中的指定记录内容。指定记录由 WHERE 子句中的条件确定，如果需要修改全部记录可省略 WHERE 子句，更改的列内容由 SET 子句定义。如果更改命令的条件涉及另一个表，则需要使用 FROM 子句给定表名并且在 WHERE 条件中给出表之间关联的条件才能正确更新数据。

习题 7

一、填空题

1. 在 T-SQL 语言中可以使用_____语句往数据库的表中插入一行或多行数据记录。
2. 在 T-SQL 语言中可以使用_____语句删除表中部分或全部数据记录。
3. 在 T-SQL 语言中可以使用_____语句更新表中数据记录值。

二、实训操作题

关于操作文件夹的建立说明：

在你的计算机的某一个硬盘中（例如 E 盘）建立一个用你的学号后 3 位和姓名等信息组合建立的文件夹（例如你学号后 3 位是 128，姓名为李洁，则文件夹为"128 _ 李洁 _ 7"），用于存放本项目实训相关文件。下面实训题建立的命令以文件的形式（以题号为文件名，如 1. sql）均存放于此文件夹中。

1. 使用 T-SQL 命令在数据库"company _ info"中"Employee"、"Category"、"Product"、"Customer"和"P _ order"表中插入若干记录，内容如图 7.13～图 7.17 所示，也可自定义记录内容。

雇员ID	姓名	性别	出生日期	雇用日期	特长	薪水
1	章红明	男	1969-10-28 00:00:00.000	2005-04-03 00:00:00.000	计算机	3612.0000
2	李立珊	女	1980-05-12 00:00:00.000	2006-01-02 00:00:00.000	书法	4022.0000
3	王孔若	女	1974-12-12 00:00:00.000	2010-03-23 00:00:00.000	音乐	4068.0000
4	余杰	男	1973-07-11 00:00:00.000	2002-06-19 00:00:00.000	计算机	3156.0000
5	蔡慧敏	男	1957-12-07 00:00:00.000	2001-07-08 00:00:00.000	会计	4534.0000
6	孔高铁	男	1974-11-17 00:00:00.000	2000-09-10 00:00:00.000	唱歌	2889.0000
7	姚小丽	女	1969-09-09 00:00:00.000	2001-09-09 00:00:00.000	跳舞	3138.0000
8	宋振辉	男	1975-06-04 00:00:00.000	2002-09-12 00:00:00.000	计算机	3766.0000
9	刘丽	女	1960-06-19 00:00:00.000	2007-01-12 00:00:00.000	音乐	4213.0000
10	姜玲	女	1980-03-23 00:00:00.000	2009-09-09 00:00:00.000	游泳	2800.0000

图 7.13   "Employee" 表内容

	类别ID	类别名	说明
1	1	饮料	软饮料、咖啡、茶
2	2	计算机耗材	打印纸等
3	3	日用品	牙刷等
4	4	谷类/麦类	面包、饼干、谷类
5	5	肉/家禽	精制肉
6	6	特制品	干果、豆乳
7	7	海鲜	海菜、鱼

图 7.14   "Category" 表内容

	产品ID	产品名	类别ID	单价	库存量
1	1	牛奶	1	2.30	200
2	2	冰激凌	1	1.50	400
3	3	果冻	1	3.00	300
4	4	打印机	2	40.00	100
5	5	墨盒	2	200.00	150
6	6	鼠标	2	50.00	150
7	7	键盘	2	60.00	120
8	8	优盘	2	120.00	200

图 7.15   "Product" 表内容

	客户ID	公司名称	联系人姓名	联系方式	地址	邮编
1	1	三川实业有限公司	刘明	3555477	大崇明路50号	46700
2	2	东南实业	王丽丽	3214589	承德西路80号	23454
3	3	通恒机械	黄国栋	2398732	园林路88号	46700
4	4	光明杂志	谢立秋	4527192	黄石路66号	23456
5	5	嘉园实业	李霞	3269876	临江路77号	23459
6	6	友恒信托	戴遥	2183690	经二路99号	87643
7	7	Tin建筑公司	杨小林	2783057	启明路 77号	23907
8	8	森通	张小平	2788888	光明路 123号	23412
9	9	弘扬实业	王平	3285499	七一路 12号	45908
10	10	国鼎有限公司	高强	2765787	东城大街13号	46700

图 7.16   "Customer" 表内容

订单ID	产品ID	数量	雇员ID	客户ID	订货日期
1	6	30	3	2	2011-03-06 00:00:00.000
2	7	50	3	2	2011-07-06 00:00:00.000
3	8	100	3	2	2011-08-02 00:00:00.000
4	3	20	1	1	2011-09-01 00:00:00.000
5	2	60	2	3	2011-09-01 00:00:00.000
6	4	40	2	3	2011-09-01 00:00:00.000
7	4	50	2	1	2011-09-01 00:00:00.000
8	5	30	4	1	2011-09-02 00:00:00.000
9	2	40	3	4	2011-09-02 00:00:00.000
10	2	30	5	5	2011-09-02 00:00:00.000

图 7.17   "P _ order" 表内容

2. 使用 T-SQL 命令在"company _ info"数据库的"Customer"表中插入一条记录，只输入客户 ID、公司名称和联系人姓名。

3. 使用 T-SQL 命令在"company _ info"数据库的"Customer"表中将"东南实业"的联系人姓名改为"李洁"。

4. 使用 T-SQL 命令在"company _ info"数据库的"Customer"表中将所有记录的联系方式前加电话区号"020—"。

5. 使用 T-SQL 命令在"company _ info"数据库的"Employee"表中将所有 2010 年之前雇用的女职工的薪水加 100 元。

6. 使用 T-SQL 命令在"company _ info"数据库的"Customer"表中将"联系方式"为 NULL 值的记录删除。

7. 使用 T-SQL 命令在"company _ info"数据库将所有类别名为"计算机耗材"的产品单价减少 10%。

8. 使用 T-SQL 命令在"company _ info"数据库中将"Product"表中单价少于 1 的记录删除。

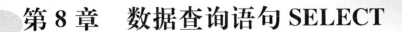

第 8 章　数据查询语句 SELECT

　　SQL 语言中使用最多最灵活的语句是 SELECT 语句，可以说 SELECT 语句是 SQL 语言的灵魂，本章将重点介绍这个 SELECT 语句。

　　本章使用第 6 章中的数据库 students _ courses（学生选课），其中有 4 张表，分别是 students（学生）表、teachers（教师）表、courses（课程）表和 sc（选课）表。为方便举例，我们在几个表中插入一些记录，相应的插入语句如下：

```
INSERT students
  values ('200900030001','刘书旺','男','财务管理',2009,'经济管理'),
         ('200900010005','吴术','男','计算机应用技术',2009,'计算机技术'),
         ('200900010006','贺华峰','男','软件技术',2009,'计算机技术'),
         ('200900020007','高明明','女','商务英语',2009,'外语'),
         ('200900030008','吴天天','女','投资与理财',2009,'经济管理'),
         ('201000020001','李小可','女','商务英语',2010,'外语'),
         ('201000020002','邹阳阳','女','商务英语',2010,'外语'),
         ('201000030008','李小元','女','投资与理财',2010,'经济管理'),
         ('201000030009','陈洁','女','投资与理财',2010,'经济管理');

INSERT teachers
  values ('2005000001','李明天','男',' 讲师',32),
         ('2003000005','张一飞','男',' 副教授',40),
         ('1992000007','陈天乐','女',' 副教授',49),
         ('1988000002','吴英俊','男',' 教授',52),
         ('2009000011','李梅','女',' 讲师',32),
         ('2008000002','邱丽丽','女',' 讲师',28);

INSERT courses
  values ('10030001','会计学基础',3,'2008000002'),
         ('10030002','统计学原理',4,'2003000005'),
         ('10020003','英语阅读',4,'2005000001'),
         ('10020004','英语写作',4,'2009000011');

INSERT sc
  values ('200900020007','10020003',75, '2'),
         ('200900020007','10020004',89, '4'),
         ('200900030008','10030001',66, '3'),
         ('200900030008','10030002',79, '1'),
         ('201000030009','10030001',66, '1');
```

8.1 SELECT 语句基础

T-SQL 语言中查询只对应一条语句，即 SELECT 语句。该语句带有丰富的选项（又称子句），每个选项都有一个特定的关键字标识，后跟一些需要用户指定的参数。

SELECT 语句从数据库的一个或多个表中选择一个或多个行或列组成一个结果表。我们首先理解数据库中数据查询的基本思想，然后了解 SELECT 语句的语法格式及其子句内容。

8.1.1 SELECT 语句基础

下面从查询的基本思想和 SELECT 语句基本语法构成两个方面进行说明。

1. 查询的基本思想

查询是从数据表中检索数据的方法。我们在进行查询操作之前，必须要建立好数据库和表，最重要的是表中应该有数据。如果表中没有数据，查询就没有了意义；数据库中数据越多，使用查询语句的意义就越大。

计算机中使用查询命令来查找数据就好比在家中查找某一样东西一样。如果家里的东西分门别类地放好了，找东西时直接到存放的房间内的某个位置查找就好了。这里介绍的查询是在给定的数据库的一个或多个表中进行的检索，将符合条件的数据组成一个新的表（不管是单个数据项还是多个表内容的组合）返回给查询语句的用户。

2. SELECT 语句基本语法

SELECT 语句的语法接近于英语口语，容易理解，但其使用方法灵活多变，掌握好并不容易，我们将通过大量的例题帮助同学们理解和掌握。

SELECT 语句的简易语法格式如下：

```
SELECT select_list [INTO new_table]
[FROM table_source]
[WHERE search_condition]
[GROUP BY group_by_expression]
[HAVING search_condition]
[ORDER BY order_expression[ASC | DESC] ]
```

SELECT 语句的完整语法比较复杂，SELECT 是语句关键字，不可缺省，其他的可缺省子句包括 FROM 子句、WHERE 子句、GROUP BY 子句、HAVING 子句、ORDER BY 子句。在 SELECT 语句之间还可以使用 UNION、EXCEPT 和 INTERSECT 运算符，将各个查询的结果合并到一个结果表中。

8.1.2 SELECT 子句设定查询结果内容

从完整的 SELECT 语句语法中可以看到，只有 SELECT 子句是不可省略的。只有 SELECT 关键字没有其他子句的 SELECT 语句用于 T-SQL 编程中的赋值运算，前面部分已有介绍，这里不作讨论。本小节介绍单表查询时 SELECT 子句中各个参数的意义及使用方法。

1. SELECT 子句的主要参数

SELECT 子句的作用是指定查询返回的列，SELECT 关键字后包含的参数很多，下面介绍主要的几个：

（1）ALL：指定在结果表中包含所有行（可重复），此参数为默认值，可省略；

（2）DISTINCT：指定在结果表中只包含唯一行，即从结果表中去掉重复行；

（3）TOP expression［PERCENT］ ［WITH TIES］：返回结果表中的头几行，其中expression是一个指定的数目（如 10）；

（4）select_list：指定要显示的列，各列之间用逗号分隔；

（5）＊：指定返回 FROM 子句中所有表和视图中的所有列。

2. 查询表中所有列——SELECT 子句中使用"＊"

【例 8.1】查询 students 表中的所有记录的所有列，其代码如下：

```
SELECT * FROM students
```

查询结果如图 8.1 所示。

	sno	sname	xb	zhy	in_year	dept
1	200900010005	吴术	男	计算机应用技术	2009	计算机技术
2	200900010006	贺华峰	男	软件技术	2009	计算机技术
3	200900020007	高明明	女	商务英语	2009	外语
4	200900030001	刘书旺	男	财务管理	2009	经济管理
5	200900030008	吴天天	女	投资与理财	2009	经济管理
6	201000010001	张实在	男	计算机信息管理	2010	计算机技术
7	201000010002	王凯	男	软件测试技术	2010	计算机技术
8	201000010003	吴天成	男	软件测试技术	NULL	NULL
9	201000010004	刘国庆	男	软件技术	2010	计算机技术
10	201000010005	李张扬	男	计算机应用技术	2010	计算机技术
11	201000010006	曾水明	男	计算机应用技术	2010	计算机技术
12	201000010007	鲁高义	男	计算机网络技术	2010	计算机技术
13	201000020001	李小可	女	商务英语	2010	外语
14	201000020002	邹阳阳	女	商务英语	2010	外语
15	201000030008	李小元	女	投资与理财	2010	经济管理
16	201000030009	陈洁	女	投资与理财	2010	经济管理
17	201100010001	李明媚	女	软件技术	2011	计算机技术
18	201100010008	吴天天	女	软件技术	2011	计算机技术

图 8.1 students 表中所有记录列

3. 查询表中某几列——SELECT 子句中给出列名列表

【例 8.2】查询 students 表中 sno（学号）、sname（姓名）和 dept（所在院系）三个列，其代码如下：

```
SELECT sno, sname, dept FROM students
```

查询结果如图 8.2 所示。

4. 给列名指定别名——SELECT 子句中列名后用 as 给出别名

【例 8.3】查询 students 表中 sno（学号）、sname（姓名）和 dept（所在院系）三个列，其列名用对应的中文名字显示，其代码如下：

```
SELECT sno as 学号, sname as 姓名, dept as 所在系
FROM students
```

查询结果如图 8.3 所示。

5. 查看结果的前若干条记录——使用 TOP 关键字

【例 8.4】查询 students 表中前 5 条记录，其代码如下：

图 8.2 查询表中指定列

图 8.3 指定表中列的别名

```
SELECT TOP 5 *
   FROM students
```

查询结果如图 8.4 所示。

图 8.4 查询表中前 5 条记录

【例 8.5】查询 students 表中前面 20％的记录，其代码如下：

```
SELECT TOP 20 PERCENT *
   FROM students
```

表中当前共有 18 条记录，18×20％＝3.6，按 4 舍 5 入的方法显示前 4 条记录。查询结果如图 8.5 所示。

图 8.5 查询表中前 20％的记录

6. 查看结果中不重复的记录——使用 DISTINCT 关键字

【例 8.6.1】查询 students 表中所有系名列表，其代码如下：

```
SELECT dept as 系名
   FROM students
```

查询结果如图 8.6 所示。

【例 8.6.2】查询 students 表中所有系名列表，去掉重复的系名，其代码如下：

```
SELECT DISTINCT dept as 系名
    FROM students
```

查询结果如图 8.7 所示。

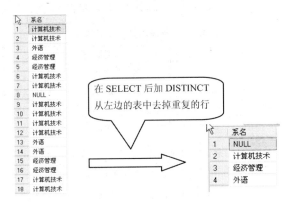

图 8.6 查询系名列   图 8.7 查询系名列，去掉重复的行

7. 构造计算列

SELECT 后的子句中可以是表达式，因此可根据表中一些列的值计算出所需要的一些结果，称之为构造计算列。

【例 8.7】查询 students 表中每个学生的年级值，其代码如下：

```
SELECT TOP 5 sno as 学号, sname as 姓名, year(getdate())-in_year + 1 as 年级
    FROM students
```

其中表达式 year（getdate（））-in_year＋1 表示根据系统日期的年份减去入学年份加 1 后为学生的年级值，其中 getdate（） 和 year（） 都是系统函数，请查看附录或帮助文档。查询结果如图 8.8 所示。

8.1.3 WHERE 子句设定查询条件

在实际应用中我们是根据一定的条件来查找所需要的数据，而不是表中所有记录。因此 WHERE 子句在查询语句中显得特别地重要。

包含 WHERE 子句的 SELECT 语句基本格式如下：

	学号	姓名	年级
1	200900010005	吴术	3
2	200900010006	贺华峰	3
3	200900020007	高明明	3
4	200900030001	刘书旺	3
5	200900030008	吴天天	3

图 8.8 年级计算列的结果

```
SELECT column_expression
FROM table_name
WHERE condition_expression
```

其中 condition_expression 是条件表达式，也就是查询条件。查询条件是一种逻辑表达式，只有那些使这个表达式的值为真值的记录才按照目标列表达式 column_expression 指定的方式组成一个新记录在结果中显示。

因为表达式的结果是一个逻辑值，因此多个条件可以用逻辑连接词 NOT（逻辑非运算）、OR（逻辑或运算）、AND（逻辑与运算）组合成复合条件。

按照逻辑条件的构成方式，我们分几种类型进行介绍。

1. 简单的查询条件（仅包含比较运算符）

简单的查询条件是这种模式"列名 比较运算符 值"，例如"sname＝'吴天天'"，或"cj ＞60"这种形式。一般来说，在 T-SQL 中使用的比较运算符及其含义见表 8.1。

表 8.1 　　　　　　　　　　　　　　　　比较运算符及其意义

比较运算符	意义	比较运算符	意义
＝	等于	<=	小于等于
<	小于	<>（或! ＝）	不等于
>	大于	! >	不大于
>=	大于等于	! <	不小于

要注意的是，查询条件中的列名必须是表中存在的，不能有拼写错误，不要用单引号括起来；而对应的值如果是字符和日期型数据就需要用单引号括起来。

【例 8.8】查询 students 表中软件技术专业的所有学生信息，其代码如下：

```
SELECT *
FROM students
WHERE zhy = '软件技术'
```

其中查询条件是"zhy＝'软件技术'"，代表的意义是"软件技术专业的所有学生"，查询结果如图 8.9 所示。

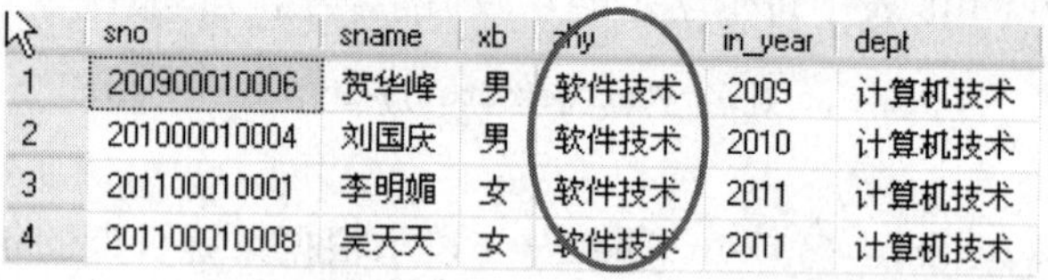

图 8.9　students 表中软件技术专业的所有学生

查询的过程可以这样模拟，根据条件"zhy＝'软件技术'"首先对 students 表中第 1 条记录进行条件比对，查看其"zhy"列的值为"计算机应用技术"，不等于给定的比较值"软件技术"，因此条件为假，查询结果中不包括此记录；再查看第 2 条记录，其"zhy"列的值为"软件技术"，等于给定的比较值"软件技术"，因此条件为真，查询结果中包括此记录；以此类推，将 students 表中所有记录比较完成后，产生如图 8.9 所示的查询结果。

【例 8.9】查询 students 表中所有女学生的姓名、性别和所学专业，其代码如下：

```
SELECT sname as 姓名,xb as 性别,zhy as 专业
FROM students
WHERE xb = '女'
```

查询结果如图 8.10 所示。

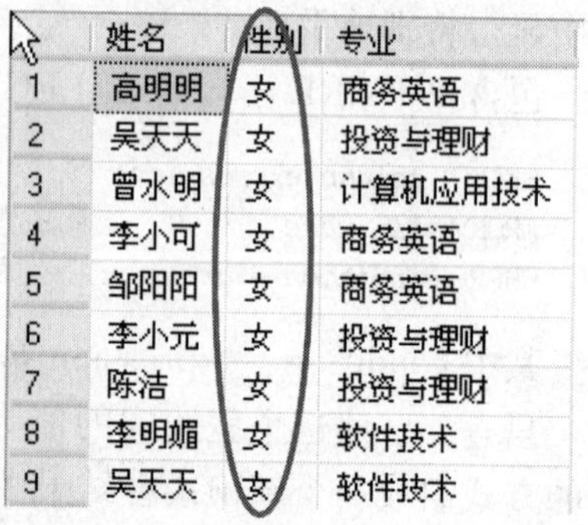

图 8.10　students 表中女学生的信息

158

2. 复合查询条件

当给定的查询要求比较复杂，不能用简单的查询条件来表示时，可以使用逻辑非运算（NOT）、逻辑或运算（OR）、逻辑与运算（AND）将多个简单条件组合成复合条件。

【例 8.10】查询 students 表中 2010 年及之后入学的女学生的信息，其代码如下：

```
SELECT *
FROM   students
WHERE  in_year〉= 2010 and xb = '女'
```

这里的查询条件有两个，其一是 2010 年及之后入学，用条件表达式"in _ year＞＝2010"表示，另一个条件是女学生，用条件表达式"xb＝'女'"表示，要求两个条件同时满足使用逻辑连接词"AND"组合起来形成复合条件。

其查询结果如图 8.11 所示。

	sno	sname	xb	zhy	in_year	dept
	201000010006	曾水明	女	计算机应用技术	2010	计算机技术
2	201000020001	李小可	女	商务英语	2010	外语
3	201000020002	邹阳阳	女	商务英语	2010	外语
4	201000030008	李小元	女	投资与理财	2010	经济管理
5	201000030009	陈洁	女	投资与理财	2010	经济管理
6	201100010001	李明媚	女	软件技术	2011	计算机技术
7	201100010008	吴天天	女	软件技术	2011	计算机技术

图 8.11　students 表中 2010 年及之后入学的女学生的信息

举一反三，请运行下列 5 个查询，查看结果有何异同。

（1）

```
SELECT *
FROM   students
WHERE  NOT( in_year〉= 2010 and xb = '女')
```

（2）

```
SELECT *
FROM   students
WHERE  in_year〉= 2010 or xb = '女'
```

（3）

```
SELECT *
FROM   students
WHERE  NOT in_year〉= 2010 OR xb = '女'
```

（4）

```
SELECT *
FROM   students
WHERE  in_year〉= 2010 and NOT xb = '女'
```

（5）

```
SELECT *
FROM   students
```

159

```
WHERE   NOT in_year〉= 2010 and NOT xb = '女'
```

3. 使用 BETWEEN…AND 进行范围查询

当要查询的条件取值在某个范围之内时，可使用 BETWEEN…AND 进行范围锁定，例如课程成绩取值在 60 到 84 之间，用上面介绍的复合条件表示为 "cj＞＝60 AND cj＜＝84"，也可以用范围表达式表示为 "cj BETWEEN 60 AND 80"。

【例 8.11】查询选课（sc）表中成绩为良好（80 到 89）的成绩信息，其代码如下：

```
SELECT  *
FROM   sc
WHERE   cj BETWEEN 80 AND 89
```

其查询结果如图 8.12 所示。

使用 BETWEEN…AND 进行范围比较的字段列数据类型可以是数值型、字符型和日期型等其值可以进行比较的数据类型，还可以使用 NOT BETWEEN…AND 进行值不在某个范围内的比较。

【例 8.12】查询教师（teachers）表中年龄不在 30 到 50 之间的教师信息，其代码如下：

```
SELECT  *
FROM   teachers
WHERE   age  NOT BETWEEN  30  AND  50
```

其查询结果如图 8.13 所示。

	sno	cno	cj	xq
1	200900020007	10020004	89	4
2	201000010001	10010004	88	4
3	201000010002	10010001	85	2
4	201000010004	10010005	85	2
5	201000010005	10010001	82	1
6	201000010006	10010003	82	3

图 8.12　sc 表中成绩良好的记录信息

	tno	tname	txb	zc	age
1	1988000002	吴英俊	男	教授	52
2	2008000002	邱丽丽	女	讲师	28
3	2008000012	李子然	男	助教	28
4	2009000005	王丽	女	讲师	29

图 8.13　teachers 表中年龄不在 30 到 50 之间的教师信息

4. 使用 IN 进行范围查询

IN 与 BETWEEN…AND 都可以用来进行范围查询，但不同的是 IN 后面跟的是一个枚举类型的列表，而不是给出在两个值之间的范围，即使用 IN 进行范围查询必须把所有的值一一列举出来，用圆括号组织成一个列表，用于判断记录中的某个列的值是否在这个列表当中。

【例 8.13】查询教师（teachers）表中职称为教授和副教授的教师信息，其代码如下：

```
SELECT  *
FROM   teachers
WHERE   zc  IN('教授','副教授')
```

其查询结果如图 8.14 所示。

IN 关键字后是一个值的集合，查找范围就在这个集合之中，因此一般不用于数值型的范围判断，而多用于字符型的数据范围判断。

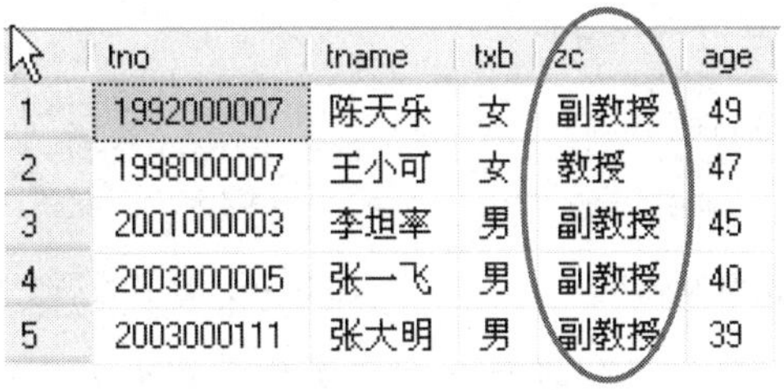

图 8.14 teachers 表中教授和副教授的教师信息

5. 使用 LIKE 进行模糊查询

模糊查询是与精确查询相对应的一种查询，即给出的条件不是完整准确的，只是部分内容，或者说查询条件有些模糊。例如，我们要找姓名为"吴天天"的学生，这是精确查询；而要找的学生姓吴，具体名字不太清楚，这时就只能使用模糊查询了。

在 T-SQL 的实际应用中模糊查询使用比较多，且必须通过 LIKE 关键字才能实现模糊查询。WHERE 子句中使用 LIKE 进行模糊查询的 SELECT 语句基本格式如下：

```
SELECT  column_expression
FROM  table_name
WHERE  column_name ［NOT］ LIKE character_string
```

其中 column_name 表示要进行模糊查询的列的名字，这个列的数据类型一定要是字符型才能进行模糊查询；character_string 表示的是一个可能包含通配符的字符串，该查询判断表中记录指定列的值与 character_string 字符串相匹配的记录就按照目标列表达式 column_expression 指定的方式组成一个新记录在查询结果中显示。

通配符在模糊查询中显得十分重要，表 8.2 列出了能够在 LIKE 后字符串中使用的通配符及其意义。

表 8.2   **通配符及其意义**

通配符	中文名	意　义	举　例
％	百分号	任意多个字符（字符数为 0，1，…）	吴％，第 1 个字为吴的字符串
_	下划线	任意一个字符（仅仅一个字符）	_ 明 _，三个字中间为明的字符串
［］	方括号	由 ［］ 指定范围内的 1 个字符	［ABC］：字符 A 或 B 或 C
［^］		不在 ［］ 指定范围内的 1 个字符	［^ABC］：不是 A 或 B 或 C 的字符

【例 8.14】查询教师（teachers）表中所有姓李的教师信息，其代码如下：

```
SELECT *
FROM  teachers
WHERE  tname LIKE '李％'
```

其查询结果如图 8.15 所示。

【例 8.15】查询教师（teachers）表中姓名只有两个字的教师信息，其代码如下：

```
SELECT *
FROM  teachers
WHERE  tname LIKE '___'
```

其中'___'是两个下划线连写的情况，表示任意的两个字。查询结果如图 8.16 所示。

	tno	tname	txb	zc	age
1	2001000003	李坦率	男	副教授	45
2	2005000001	李明天	男	讲师	32
3	2008000012	李子然	男	助教	28
4	2009000011	李梅	女	讲师	32

图 8.15　所有姓李的教师信息

	tno	tname	txb	zc	age
1	2009000005	王丽	女	讲师	29
2	2009000011	李梅	女	讲师	32
3	2009000021	赵峰	男	讲师	30

图 8.16　姓名为两个字的教师信息

【例 8.16】查询教师（teachers）表中教工号末尾字符为 1 或 3 或 5 的教师信息，其代码如下：

```
SELECT *
FROM   teachers
WHERE  tno LIKE '%[135]'
```

其中［135］代表字符 1 或 3 或 5，是字符串的结束字符，前面字符任意用"％"表示。查询结果如图 8.17 所示。

	tno	tname	txb	zc	age
1	2001000003	李坦率	男	副教授	45
2	2003000005	张一飞	男	副教授	40
3	2003000111	张大明	男	副教授	39
4	2005000001	李明天	男	讲师	32
5	2009000005	王丽	女	讲师	29
6	2009000011	李梅	女	讲师	32
7	2009000021	赵峰	男	讲师	30

图 8.17　教工号末尾字符为 1 或 3 或 5 的教师信息

举一反三，请运行下列查询，理解语句的查询意义，运行查询结果，看看有何异同。

（1）

```
SELECT *
FROM   teachers
WHERE  tno LIKE '%[^135]'
```

（2）

```
SELECT *
FROM   teachers
WHERE  tno LIKE '[^135]%'
```

（3）

```
SELECT *
FROM   teachers
WHERE  tname LIKE '李_'
```

（4）

```
SELECT *
FROM   teachers
WHERE  tname LIKE '李[梅丽力]'
```

(5)

```
SELECT *
FROM   teachers
WHERE   tname LIKE' 李[^梅丽力]'
```

(6)

```
SELECT *
FROM   teachers
WHERE   tname LIKE '%李_'
```

(7)

```
SELECT *
FROM   teachers
WHERE   tname NOT LIKE '李%'
```

前面介绍中提到通配符%和 _ 表示任意多个字符和单个字符，如果要查找的字符串中指定包括这两个字符中的一个或两个，那么应该如何表示这样的查询呢？这时使用方括号 [] 可以解决问题。将%和 _ 放在方括号 [] 中，成为 [%] 和 [_] 的形式，它们就表示普通字符%和 _ ，而不是通配符了。

另外，也可以使用 ESCAPE 定义转义字符的功能来实现对（%、 _ 、[]、[^]）这些字符的查询。关键字 ESCAPE 的作用是将一个字符定义为转义字符，格式如下：

```
LIKE 's1Xts2' ESCAPE 'X'
```

在这个表达式中，t 是（%、 _ 、[]、[^]）中的某一个通配字符，字符 X 是转义字符，s1 和 s2 可以是任意的字符串（可以包含通配符），系统在执行此语句时将字符串's1Xts2'中的通配符 t 作为实际的普通字符使用，t 就没有通配符的功能了。

下面这个查询的功能是查找姓名中第 1 个字是李，第 2 个字任意，第 3 个字为 % 的记录。

```
SELECT *
FROM teachers
WHERE tname LIKE '李_X%' ESCAPE 'X'
```

在教师（teachers）表中添加两条符合这样要求的记录，运行后结果如图 8.18 所示。

	tno	tname	txb	zc	age
1	1212121212	李铁%	男	NULL	NULL
2	2008000001	李明%	男	NULL	NULL

图 8.18　姓名中包含%字符的教师信息

6. 使用 IS 进行空值（NULL）查询

如果要查询职称（zc）值为空（NULL）的教师信息，则查询条件不能写为“zc =NULL”，而应该写成“zc IS NULL”。因为 NULL 代表未知或不确定的值，所以在 T-SQL 语言中不能用“＝”对 NULL 值进行比较，只能使用 IS 进行判断。

【例 8.17】查询学生（students）表中入学年份（in _ year）值为空（NULL）的学生信息，其代码如下：

```
SELECT *
FROMstudents
WHEREin_year IS NULL
```

运行结果如图 8.19 所示。

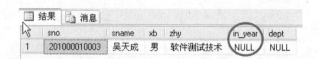

图 8.19　入学年份（in_year）值为空（NULL）的学生信息

如果要查询职称（zc）值不为空（NULL）的教师信息，则查询条件可以写为"zc IS NOT NULL"。

【例 8.18】查询学生（students）表中入学年份（in_year）值不为空（NULL）而且姓吴的学生信息，其代码如下：

```
SELECT *
FROM   students
WHERE  in_year IS NOT NULL AND sname LIKE '吴%'
```

运行结果如图 8.20 所示。

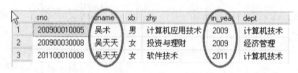

图 8.20　入学年份值不为空且姓吴的学生信息

8.1.4　在 SELECT 子句中使用聚合函数进行统计或计算

SQL Server 2008 为 T-SQL 提供了很多函数，每个函数能实现不同的功能。其中聚合函数在查询语句中使用最多，下面介绍聚合函数的作用及使用方法。

聚合函数可以将多个值合并为一个值，其作用是对一组值进行统计或计算，并返回计算后的值，表 8.3 列出了常用的聚合函数。

表 8.3　　　　　　　　　　　　　　　常用聚合函数

函数名	意义	使用说明
AVG	求平均值	AVG（age），age 列必须是数值类型
COUNT	返回元素个数	COUNT（age），age 列中元素个数，即记录数
MAX	返回最大值	MAX（age），返回 age 列中的最大值
MIN	返回最小值	MIN（age），返回 age 列中的最小值
SUM	返回和值	SUM（age），返回 age 列中的值之和

表 8.3 列出的 5 个函数中，除 COUNT 函数外，其余函数在运算时都会忽略空值 NULL。另外 AVG、MAX 和 MIN 3 个函数中的参数如果是表中的字段列，则列的类型一定是可计算的数值类型，不能是非数值类型（例如：字符型或日期型）。

下面通过一些查询实例来理解这些函数在查询语句中的使用方法。

【例 8.19】查询学生（students）表中的学生（记录）数，其代码如下：

```
SELECT   COUNT(sno)
FROM   students
```

上面语句在 SELECT 子句中使用了函数 COUNT，COUNT（sno）的作用是计算学生（students）表中学号（sno）列的数目，表中有多少个记录就有多少个学号，也就知道有多少个学生了，语句运行结果如图 8.21 所示。

从运行结果可以看到，结果输出无列名，因为 SELECT 语句后面给出的是 COUNT 函数而不是表的列名，所以显示的是"无列名"。为方便查看结果的意义，我们需要用 AS 给出表的别名。还有一个问题是 COUNT 函数中的参数可用"*"代替具体的列名，因为使用表中任何一个列名来进行计算，其结果都是一样的。例 8.19 修改后的语句如下所示，运行结果如图 8.22 所示。

```
SELECT   COUNT(*) AS 学生数
FROM   students
```

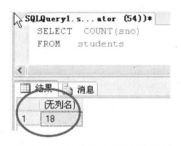

图 8.21　统计学生数结果图 1 　　　图 8.22　统计学生数结果图 2

【例 8.20】查询出学号为"201000010003"学生所选修的所有课程的平均成绩。

对于这个问题，可以分两步来完成，首先找出学号为"201000010003"学生所选修的所有课程，因为学生选修的课程成绩存放在 sc 表中，我们从 sc 表找出对应学号的修课记录即可，对应的查询语句如下：

```
SELECT   *
FROM   sc
WHERE   sno = '201000010003'
```

运行结果如图 8.23 所示。

求这个学生所选修课的平均成绩即上面查询结果表中 cj 列的平均值，查询语句如下：

```
SELECT   AVG(cj)   AS 平均成绩
FROM   sc
WHERE   sno = '201000010003'
```

运行结果如图 8.24 所示。

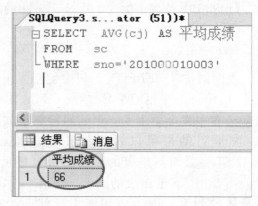

	sno	cno	cj	xq
1	201000010003	10010001	64	2
2	201000010003	10010002	90	5
3	201000010003	10010003	78	1
4	201000010003	10010004	32	4

图 8.23　指定学号的学生所选修的所有课程　　　　图 8.24　指定学号的学生所选修课程的平均成绩

【例 8.21】查询学生选课（sc）表中记录数，所有学生所选修的课程成绩总和，最高成绩、最低成绩和平均成绩。

根据题意，我们要计算的是学生选课（sc）表中的记录数（使用 COUNT 函数）、成绩总和即成绩（cj）列所有数据求和（使用 SUM 函数）、平均成绩是成绩（cj）列所有数据求平均值（使用 AVG 函数）、最高成绩、最低成绩分别是表中成绩（cj）列数据的最大值和最小值，其实现代码如下：

```
SELECT  COUNT(*)  AS  记录数,SUM(cj) as  成绩总和,MAX(cj)  AS  最高成绩,
        MIN(cj) AS 最低成绩,AVG(cj) AS 平均成绩
FROM  sc
```

运行结果如图 8.25 所示。

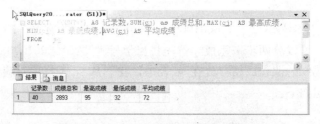

图 8.25　所有学生所选修课程的成绩统计

因为成绩列（cj）定义为整数，其平均值也自动转换为整数了。

聚合函数的应用价值主要体现在与 GROUP BY 子句一起使用，下面开始介绍。

8.1.5　分组查询——使用 GROUP BY 子句

分组即按照表中某一列或某几列的值将表中的所有记录分成若干组，然后再进行统计或计算。在 T-SQL 语言中 SELECT 语句使用 GROUP BY 子句实现分组，然后在 SELECT 子句后使用聚合函数进行统计或计算。GROUP BY 子句的基本语法代码如下：

```
GROUP  BY  group_by_expression
[HAVING  search_condition]
```

其中 group_by_expression 是进行分组所依据的表达式，也称组合列；HAVING 子句是 GROUP BY 子句的可选项，表示分组后限制条件，search_condition 就是条件表达式。

使用 GROUP BY 子句，我们首先要理解分组的含义。例如，学生（students）表中有性别（xb）列，性别的值有"男"和"女"两种，如果在查询时按性别（xb）列进行分组（GROUP BY xb），则所有男同学的记录分为一个组，女同学的记录分为另一个组，然后再在组内进行统计计算。在学生（students）表中，可以按查询要求按入学年份分组，按专业分组、按所在院系分组等。

分组之后，如果要对分组结果进行筛选，即选择满足一定条件的组，这时可以加 HAVING 子句。HAVING 子句的作用有点像 WHERE 子句，用于指定条件查询。但实际上，HAVING 子句只能在 GROUP BY 子句后使用，是对组设定条件，而不是针对具体的某一条记录，而 WHERE 子句是针对记录设定条件的。

【例 8.22】统计学生（students）表中男女学生人数。

其实现代码如下：

```
SELECT  xb AS 性别,COUNT( * ) AS 人数
FROM  students
GROUP BY xb
```

运行结果如图 8.26 所示。

【例 8.23】查询学生（students）表中专业人数在 2 个及以上的专业名称和人数。

第一步：统计每个专业的学生人数，其实现代码如下：

```
SELECT zhy AS 专业,COUNT( * ) AS 人数
FROM students
GROUP BY zhy
```

运行结果如图 8.27 所示。

	专业	人数
1	财务管理	1
2	计算机网络技术	1
3	计算机信息管理	1
4	计算机应用技术	3
5	软件测试技术	2
6	软件技术	4
7	商务英语	3
8	投资与理财	3

	性别	人数
1	男	9
2	女	9

图 8.26　统计男女学生人数　　　图 8.27　统计各个专业学生人数

第二步：统计专业人数在 2 个及以上的专业名称和人数，其实现代码如下：

```
SELECT  zhy AS 专业,COUNT( * ) AS 人数
FROM  students
GROUP BY zhy
HAVING COUNT( * ) >= 2
```

运行结果如图 8.28 所示。

举一反三，运行下列代码，理解查询语句的功能和意义。

（1）

```
SELECT   in_year AS 入学年份,COUNT(＊) AS 人数
FROM   students
GROUP BY in_year
```

（2）

```
SELECT   dept AS 所在系,COUNT(＊) AS 人数
FROM   students
GROUP BY dept
HAVING COUNT(＊)>1
```

（3）

```
SELECT   xf AS 学分,COUNT(＊) AS 课程门数
FROM   courses
GROUP BY xf
```

（4）

```
SELECT   zc AS 职称,COUNT(＊) AS 人数
FROM   teachers
GROUP BY zc
HAVING COUNT(＊)>=2
```

【例 8.24】统计每个学生修选的所有课程的平均成绩，其实现代码如下：

```
SELECT   sno AS 学号,AVG(cj) AS 平均成绩
FROM   sc
GROUP BY sno
```

运行结果如图 8.29 所示。

	专业	人数
1	计算机应用技术	3
2	软件测试技术	2
3	软件技术	4
4	商务英语	3
5	投资与理财	3

	学号	平均成绩
1	200900020007	82
2	200900030008	72
3	201000010001	68
4	201000010002	76
5	201000010003	66
6	201000010004	77
7	201000010005	77
8	201000010006	66
9	201000010007	72
10	201000030009	66
11	201100010001	57
12	201100010008	72

图 8.28　专业人数在 2 个及以上的专业名称和人数　　图 8.29　统计每个学生所修课程的平均成绩

【例 8.25】统计每个修选的所有课程的平均成绩在 75 分及以上的学生学号和平均成绩，其实现代码如下：

```
SELECT  sno AS 学号,AVG(cj) AS 平均成绩
FROM  sc
GROUP BY sno
HAVING AVG(cj) 〉= 75
```

运行结果如图 8.30 所示。

8.1.6 结果排序——使用 ORDER BY 子句

有时候希望将查询结果按照一定的顺序进行排列，以便更快速地看到所需要的信息。例如按照学生成绩由高到低进行数据记录排列，可以很快知道成绩最高的学生记录。在 SELECT 查询语句中使用 ORDER BY 子句可以方便地实现对查询结果进行排序输出。ORDER BY 子句的基本语法格式如下：

```
ORDER BY column_name [ASC|DESC][,…]
```

其中 column_name 表示排序的依据列，ASC 表示按照指定列的值进行升序排列，是默认选择，可以省略；DESC 表示按照指定的列值降序排列。列名可以有多个，表示可以按多列排序，此时先按第一个列进行排序，第一个列有相等的值再按第二个列值的顺序排列，以此类推。

【例 8.26】对课程（courses）表中的课程信息按照其学分大小降序显示，其实现代码如下：

```
SELECT *
FROM  courses
ORDER BY xf DESC
```

运行结果如图 8.31 所示。

	学号	平均成绩
1	200900020007	82
2	201000010002	76
3	201000010004	77
4	201000010005	77

图 8.30 统计平均成绩在 75 分以上的学生学号

	cno	cname	xf	tno
1	10010002	JAVA语言程序设计	5	2001000003
2	10010003	数据库技术	5	2003000111
3	10010004	计算机网络	5	2008000012
4	10020003	英语阅读	4	2005000001
5	10020004	英语写作	4	2009000011
6	10010001	C语言程序设计	4	2003000111
7	10030002	统计学原理	4	2003000005
8	10030001	会计学基础	3	2008000002
9	10010005	网页设计与制作	3	2009000021
10	10010006	微机组装与维护	3	2009000005

图 8.31 课程（courses）表中的课程信息按照其学分大小降序显示

在图 8.31 中，是按课程学分由大到小排列课程信息的，但相同学分课程的排列顺序没有规律，例如 4 个学分的课程有 4 门课，希望相同学分的课程按照课程号由小到大排列。其实现代码如下：

```
SELECT *
FROM  courses
ORDER BY xf DESC,cno ASC
```

运行结果如图 8.32 所示。

	cno	cname	xf	tno
1	10010002	JAVA语言程序设计	5	2001000003
2	10010003	数据库技术	5	2003000111
3	10010004	计算机网络	5	2008000012
4	10010001	C语言程序设计	4	2003000111
5	10020003	英语阅读	4	2005000001
6	10020004	英语写作	4	2009000011
7	10030002	统计学原理	4	2003000005
8	10010005	网页设计与制作	3	2009000021
9	10010006	微机组装与维护	3	2009000005
10	10030001	会计学基础	3	2008000002

图 8.32　课程信息按照其学分降序课程号升序显示

使用 ORDER BY 子句,有几点需要注意:

(1) ORDER BY 子句与其他子句(例如 WHERE 子句、GROUP BY 子句等)可以同时存在,但它必须放在其他所有子句的后面,因此,一般来说,ORDER BY 子句总是放到 SELECT 语句的最后面。

(2) 对某些特殊类型,如 xml、ntext、text、image 类型的字段,不能使用 ORDER BY 子句进行排序。

(3) 空值 NULL 按最小值处理。

(4) ORDER BY 子句只影响显示效果,并不会改变数据库中表中记录的位置。

8.1.7　使用 INTO 子句为查询结果建立新表

使用 SELECT 语句进行查询可以看查询结果,但并不会保存。如果在 SELECT 子句后使用 INTO 子句,则可以将查询的结果保存到一个新表中。其基本语法如下:

```
SELECT    select_list
          [INTO new_table]
```

……

【例 8.27】将学生(students)表中的所有计算机技术系的学生信息保存在一个新表 students_computer 中,其实现语句代码如下:

```
SELECT *
INTO students_computer
FROM  students
WHERE dept = '计算机技术'
```

运行上面语句,将在数据库中建立新的表 students_computer,因为选择 students 中的所有列,所以新表的结构与原学生表完全一样,其记录仅仅是计算机技术系的若干记录。查看新表 students_computer 中的记录如图 8.33 所示。

图 8.33 查看 students_computer 表中的记录

使用 INTO 子句可以将查询的结果保存到新表中，如果新表中不希望有记录只想复制表的结构，可以在 WHERE 子句中使用"1＝2"这样的纯假条件，那么只将表的结构（字段列和数据类型）复制到新表中，没有记录。请理解下面语句的执行。

```
SELECT *
INTO courses_new
FROM courses
WHERE 1 = 2
```

8.2 多表连接查询

前面我们已经介绍了 SELECT 语句的基本使用方法，但只是针对单个数据表的简单查询，而实际问题往往复杂，一般查询要通过多个表连接才能完成。现在开始介绍多表连接查询的有关内容。

8.2.1 连接的分类

多表查询是指在多个数据表之间的查询，这种查询是根据表与表之间的联系条件来组织结果表中的数据记录，从而获取所需要的查询内容。

多表连接的基础是两个表的连接。下面我们先介绍两个表连接，然后再将其推广到多表之间的连接。

连接的分类：连接
- 内连接
  - 等值连接
  - 自然连接
  - 自连接
- 交叉连接
- 外连接
  - 左外连接
  - 右外连接
  - 全外连接

其中最重要的连接是等值连接，因为自然连接和自连接都是等值连接的特例，而所有外连接都是由内连接引申扩展而来的。

为方便大家理解这些连接的概念，我们设计两个简单的表，将它们进行上述几种连接的过程和结果进行说明。

表 S1 中有两个列，sno 代表学生的学号列，sname 代表学生的姓名列；表 S2 中也有两个列，sno 代表学生的学号列，age 代表学生的年龄列。这两个表中各有 3 行数据，其内容如图 8.34 和图 8.35 所示。

	sno	sname
1	0001	张三
2	0002	李四
3	0003	王五

图 8.34　S1 表数据

	sno	age
1	0001	20
2	0003	18
3	0004	19

图 8.35　S2 表数据

8.2.2　内连接中的等值连接与自然连接

内连接是连接查询中最主要的连接，而自然连接又是内连接中最主要和最常用的连接。

1. 内连接的基本概念及 SELECT 语句格式

两个表的连接是有条件的，如果这个条件中的比较运算符是等于（=）运算符，则这种连接称为等值连接。例如，对图 8.34 所示的表 S1 与图 8.35 所示的表 S2 按照条件（S1.sno=S2.sno）进行连接，则 S1 中的第 1 条记录与 S2 中的每一条记录相比较，满足条件的只有 S2 表中的第 1 条记录，这两条记录连接成一条新记录，同样地，则 S1 中的第 2 条记录与 S2 中的每一条记录相比较，在 S2 表中没有满足条件的记录，则不会产生结果记录；继续则 S1 中的第 3 条记录与 S2 中的每一条记录相比较，满足条件的只有 S2 表中的第 2 条记录，这两条记录连接成另一条新记录，连接后的结果数据如图 8.36 所示。

在图 8.36 所示的结果数据表中，因为 S1 和 S2 表中都有 sno 列，结果表中有两个 sno 列，其值也相同，有些多余。但等值连接的条件中，两个表中的比较列名不要求相同。

自然连接是一种特殊的等值连接，这种连接是在等值连接的基础上增加以下两个条件：

（1）参加条件比较的两个列必须是相同的，即同名同类型。

（2）结果集中的列是参加连接的两个表的列的并集，即去掉了重复的列。

对于前面的 S1 和 S2 表进行自然连接（不需要给出条件，因为两个表中自然连接就一定有相同的列，自然连接即相同列的值相等进行的连接，这是默认的）后的结果如图 8.37 所示。

	sno	sname	sno	age
1	0001	张三	0001	20
2	0003	王五	0003	18

图 8.36　S1 表与 S2 表按 sno 等值连接后的结果数据

	sno	sname	age
1	0001	张三	20
2	0003	王五	18

图 8.37　S1 表与 S2 表自然连接后的结果数据

在今后的连接查询中使用最多的是自然连接，因为表之间的连接需要对应的外键值相等时连接才有意义，因此请大家一定理解自然连接的基本过程和结果的产生原因。

在 SELECT 语句中，连接查询（一般除非特别说明，连接查询都是指内连接中的自然连接或等值连接）是在 FROM 子句中给定要进行连接查询的表名另外加上连接条件而形成的，与前面介绍的 SELECT 语句相比，区别在于 FROM 和 WHERE 两个子句，此时 FROM 基本语句格式如下：

```
FROM   table_name1 [INNER] JOIN table_name2
   ON  table_name1.column1 = table_name2. column2
```

其中 table _ name1 和 table _ name2 是连接查询两个表的名称，column1 与 column2 是连接时比较的两个表中的对应列名，如果是自然连接，则这两个列名必须是相同的。[INNER] JOIN 代表内连接，其中关键字 INNER 可以省略。

上面这种内连接的形式，连接条件可以不用 ON 而在 WHERE 子句中表示，此时 FROM 子句后面的表名之间用逗号分隔即可，不需要加关键字 JOIN 或 INNER JOIN，即可以用如下格式表示：

```
FROM   table_name1 , table_name2
WHERE   table_name1.column1 = table_name2. column2
```

两种写法的意义和得到的运行结果是一致的，习惯了哪一种表示方式就用哪一种，本书中大部分使用后一种表示方式。

例如对于上面介绍的表 S1 和 S2 进行自然连接的语句表示如下：

```
SELECT  S1. sno, sname, age
FROM S1 INNER JOIN S2
    ON S1. sno = S2. sno
```

或者表示为：

```
SELECT  S1. sno, sname, age
FROM S1, S2
WHERE S1. sno = S2. sno
```

两种表示执行的结果都如图 8.37 所示。

上面的 SELECT 语句中，S1. sno 表示 S1 表中的 sno 列，因为 S1 和 S2 表中都有 sno 列，因此需要在列名前加上表名以便区分。如果我们在 SELECT 子句中输出不加表名（ON 或 WHERE 子句中相同），只写 sno，则会出现 "列名 sno 不明确" 的错误，如图 8.38 所示。据此，今后在涉及多表的查询语句中，表中如果有相同的列，则需要在列名前加上表名，用圆点分开表名和列名这种表示方式，否则会出现错误。

图 8.38 查询时出现的列名不明确错误

2. 内连接（自然连接）实例

查询实例使用前面介绍过的 students _ courses（学生选课）数据库。

【例8.28】查询每门课程的课程号、课程名、学分和任课教师姓名和职称。

在课程表中有课程号、课程名、课程学分、任课教师教工号信息，在教师表中有教工号、姓名、性别、职称和年龄信息，按查询要求，需要将课程表和教师表按教工号自然连接才能找出所需要的信息。将当前数据库设为 students _ courses（以下例题同此），查询语句如下：

```
SELECT   cno as 课程号,cname as 课程名,xf as 学分,
         tname as 教师姓名,zc as 职称
FROM teachers JOIN courses
ON teachers. tno = courses. tno
```

或者写为：

```
SELECT   cno as 课程号,cname as 课程名,xf as 学分,
         tname as 教师姓名,zc as 职称
FROM teachers, courses
WHERE teachers. tno = courses. tno
```

运行结果如图 8.39 所示。

	课程号	课程名	学分	教师姓名	职称
1	10010001	C语言程序设计	4	张大明	副教授
2	10010002	JAVA语言程序设计	5	李坦率	副教授
3	10010003	数据库技术	5	张大明	副教授
4	10010004	计算机网络	5	李子然	助教
5	10010005	网页设计与制作	3	赵峰	讲师
6	10010006	微机组装与维护	3	王丽	讲师
7	10020003	英语阅读	4	李明天	讲师
8	10020004	英语写作	4	李梅	讲师
9	10030001	会计学基础	3	邱丽丽	讲师
10	10030002	统计学原理	4	张一飞	副教授

图 8.39　课程表与教师表连接查询结果

【例8.29】查询 students _ courses（学生选课）数据库中有不及格成绩的学生姓名。

students _ courses（学生选课）数据库中的学生基本信息（学号、姓名、性别、专业、入学年份和所在系）保存在学生（students）表中，而学生选课信息（学号、课程号、成绩、修课学期）保存在选课（sc）表中，这两个表通过学号（sno）字段进行自然连接，加上条件成绩不及格就能够完成查询要求。其对应的语句如下：

```
SELECT   sname
FROM   students JOIN sc ON students. sno = sc. sno
WHERE cj<60
```

或者写为：

```
SELECT   sname
FROM   students , sc
WHERE students. sno = sc. sno and cj<60
```

运行结果如图 8.40 所示，结果中"张实在"的名字出现两次，是因为这个学生有两门

课程不及格，所以会在结果表中出现两次。我们可以在 SELECT 子句后加 DISTINCT 子句，去掉重复记录，语句格式如下：

```
SELECT  DISTINCT sname
FROM  students JOIN sc ON students. sno = sc. sno
WHERE cj<60
```

运行结果如图 8.41 所示。

	sname
1	张实在
2	张实在
3	吴天成
4	曾水明
5	李明媚

图 8.40　有不及格课程的学生姓名

	sname
1	李明媚
2	吴天成
3	曾水明
4	张实在

图 8.41　去掉姓名重复的记录

上面介绍的两个例题都是对两个表进行的连接查询，那么查询涉及三个表或更多表应该如何处理呢？其实三个表的连接一般是两个表连接后形成一个中间结果表，然后再与第三个表进行连接合为一个表，即可以看作是两次两个表的连接，四个表或更多表的连接也可以此类推。

【例 8.30】查询每位已选修课程的学生姓名、所选修的课程名称和课程成绩。

这个查询涉及三个表，学生姓名在学生表中，课程名称在课程表中，成绩在选课表中，学生表与选课表有公共属性学号，课程表与选课表有公共属性课程号。其对应的语句如下：

```
SELECT  sname AS 姓名,cname AS 课程名,cj AS 成绩
FROM students join sc on students. sno = sc. sno
       join courses ON courses. cno = sc. cno
```

或者写为：

```
SELECT  sname AS  姓名,cname AS  课程名,cj AS 成绩
FROM students, sc,courses
WHERE students. sno = sc. sno and courses. cno = sc. cno
```

其运行结果数据较多，就不在此列出了。

下面例题均只列出一种语句写法，另一种写法请读者参照写出，然后运行测试其结果。

【例 8.31】在 students _ courses 数据库中查询有 3 人以上（含 3 人）选修的课程号、课程名称和选修人数。

这个查询涉及两个表，因为课程名称在课程表中，学生选课记录在选课表中，课程表与选课表有公共属性课程号可以进行自然连接。但如何判断每一门课有多少人选修呢？按前面介绍的分组子句，选修一门课则其课程号相同，可统计其选课人数，再加 HAVING 子句进行条件限制即可。其对应的语句如下：

```
SELECT  courses. cno AS 课程号,cname AS 课程名,COUNT( * ) AS  选课人数
FROM courses join sc on courses. cno = sc. cno
GROUP BY courses. cno, cname
HAVING COUNT( * )> = 3
```

注意： 因为要显示课程名称，所以 GROUP BY 子句中的分组列中一定要包含此列，否则运行有错。其运行结果如图 8.42 所示。

【例 8.32】 在 students _ courses 数据库中查询选修了"数据库技术"课程的学生姓名、所在系和成绩信息。对应的语句如下：

```
SELECT   sname AS 姓名,dept AS 所在系,cname AS 课程名,cj AS 成绩
FROM courses JOIN sc ON courses. cno = sc. cno
        JOIN students ON students. sno = sc. sno
WHERE cname = '数据库技术'
```

运行结果如图 8.43 所示。

	课程号	课名	选课人数
1	10010001	C语言程序设计	8
2	10010002	JAVA语言程序设计	8
3	10010003	数据库技术	7
4	10010004	计算机网络	5
5	10010005	网页设计与制作	3
6	10010006	微机组装与维护	4

	姓名	所在系	课程名	成绩
1	张实在	计算机技术	数据库技术	42
2	王凯	计算机技术	数据库技术	66
3	吴天成	NULL	数据库技术	78
4	刘国庆	计算机技术	数据库技术	72
5	李张扬	计算机技术	数据库技术	72
6	曾水明	计算机技术	数据库技术	82
7	吴天天	计算机技术	数据库技术	72

图 8.42 有 3 人以上选修的课程信息　　　　**图 8.43 选修了数据库技术课程的学生成绩信息**

【例 8.33】 在 students _ courses 数据库中查询所有选修课程的平均成绩在 75 分及以上的学生学号、姓名、平均成绩和所在系的信息。对应的语句如下：

```
SELECT students. sno AS 学号,sname AS 姓名,AVG(cj) AS 平均成绩,
        dept AS 所在系
FROM sc JOIN students ON students. sno = sc. sno
GROUP BY students. sno,sname,dept
HAVING AVG(cj)> = 75
```

运行结果如图 8.44 所示。

	学号	姓名	平均成绩	所在系
1	200900020007	高明明	82	外语
2	201000010002	王凯	76	计算机技术
3	201000010004	刘国庆	77	计算机技术
4	201000010005	李张扬	77	计算机技术

图 8.44 选修课程平均成绩在 75 分以上的学生和成绩信息

注意： 查询的问题千变万化，对于同一个查询要求，其实现的方法也有多种。我们给出的例题大多只列举了其中的一种解决方法，也不一定就是最好的，同学们可以多练习、多思考，找出更好地解决问题的查询语句。

3. 内连接——自查询

在连接查询的两个表中，如果这两个表是同一个表，即表自己与自己进行的查询，则称为自查询。在自连接的查询中，虽然实际操作是同一张表，但在逻辑上要使之分为两个表，这种逻辑上的分开可以利用表的别名来实现，这就好像同一个表复制了两份来使用一样。

【例 8.34】 在 students _ courses 数据库中查询所有同名的学生信息。

这个查询需要对 students 表中的两条记录进行比较，如果姓名相同而学号不同，则代表这两个学生的姓名相等，要显示在结果列中。在这个查询中的 FROM 子句中，给

students 表两个别名 a 和 b 相当于生成了两个表，a 中的一条记录和 b 中的另一条记录进行姓名和学号的比较，得出同名的学生对。其实现语句如下：

```
SELECT a. sname,a. sno,b. sno
FROM students a,students b
WHERE a. sname = b. sname and a. sno<b. sno
```

运行结果如图 8.45 所示。

	sname	sno	sno
1	吴天天	200900030008	201100010008

图 8.45　学生表中同名的学生

8.2.3　交叉连接

交叉连接是将两个表中的记录进行所有可能的组合，例如上面介绍的 S1 表和 S2 表进行交叉连接，将 S1 表中的 3 条记录与 S2 表中的 3 条记录组合进行所有可能的组合，结果表中将有 9 条记录。对 S1 与 S2 表进行交叉查询的语句如下：

```
SELECT    *
FROM S1 CROSS JOIN S2
```

也可以表示为：

```
SELECT    *
FROM S1,S2
```

运行结果如图 8.46 所示。

显然，在实际应用中，交叉查询一般没有什么意义，但它是理解其他查询的基础，其他查询都是在交叉查询的基础上加条件从而在结果表中去掉不符合条件的记录而生成的。

	sno	sname	sno	age
1	0001	张三	0001	20
2	0002	李四	0001	20
3	0003	王五	0001	20
4	0001	张三	0003	18
5	0002	李四	0003	18
6	0003	王五	0003	18
7	0001	张三	0004	19
8	0002	李四	0004	19
9	0003	王五	0004	19

图 8.46　S1 表与 S2 表交叉连接后的结果数据

8.2.4　外连接

前面介绍的等值连接和自然连接都属于内连接，其特点是返回的结果集中只包含两个数据表在查询条件上相匹配的记录，不匹配的记录不会出现在结果集中。例如 S1 表中学号为 002 的学生记录，因为在 S2 表中没有相同学号的记录匹配也就不会在结果表中存在了。同样在 S2 表中的学号为 004 的学生记录，因为在 S1 表中没有相同学号的记录匹配也不会在结果表中显示。有时候，我们希望这些不匹配的记录也在结果集中出现，就可以使用外连接。

外连接又分为左外连接、右外连接和全外连接三种。

1. 外连接——左外连接

左外连接是指结果集中除包括内连接的所有记录外，还包括连接时左边表中不匹配的记录，这些记录对应的右边表中相应字段的值取 NULL。

对 S1 表与 S2 表进行左外连接的查询语句如下：

```
SELECT  *
FROM S1 LEFT  OUTER JOIN S2
ON S1.sno = S2.sno
```

运行结果如图 8.47 所示。

2. 外连接—右外连接

右外连接是指结果集中除包括内连接的所有记录外，还包括连接时右边表中不匹配的记录，这些记录对应的左边表中相应字段的值取 NULL。

对 S1 表与 S2 表进行右外连接的查询语句如下：

```
SELECT  *
FROM S1 RIGHT  OUTER JOIN S2
ON S1.sno = S2.sno
```

运行结果如图 8.48 所示。

	sno	sname	sno	age
1	0001	张三	0001	20
2	0002	李四	NULL	NULL
3	0003	王五	0003	18

图 8.47　S1 表与 S2 表左外连接的结果

	sno	sname	sno	age
1	0001	张三	0001	20
2	0003	王五	0003	18
3	NULL	NULL	0004	19

图 8.48　S1 表与 S2 表右外连接的结果

3. 外连接—全外连接

全外连接是指结果集中除包括内连接的所有记录外，还包括连接时两边表中所有不匹配的记录，这些记录对应的另外一边表中相应字段的值取 NULL。

对 S1 表与 S2 表进行全外连接的查询语句如下：

```
SELECT  *
FROM S1 FULL  OUTER JOIN S2
ON S1.sno = S2.sno
```

运行结果如图 8.49 所示。

	sno	sname	sno	age
1	0001	张三	0001	20
2	0002	李四	NULL	NULL
3	0003	王五	0003	18
4	NULL	NULL	0004	19

图 8.49　S1 表与 S2 表全外连接的结果

8.3　嵌套查询（子查询）

前面我们介绍的简单查询或连接查询，其结果或简单或复杂，但都可以看作是一个结果记录的集合，仍是一个数据表。如果一个查询的结果作为另一个 SQL 语句的参数，则这个查询称为子查询（或内部查询），相应的 SQL 语句（可以是 INSERT、UPDATE、DELETE 或 SELECT）如果是查询语句则称为父查询（或外部查询）。这种将一个 SELECT 语句嵌入另一个 SELECT 语句的查询称为嵌套查询。

使用子查询时，需要用一对圆括号将子查询括起来，以便与外查询区别。

子查询常出现在外查询的 WHERE 子句中，也可以出现在 FROM 或 HAVING 子句中。子查询可以嵌套多层，但在子查询中不可以出现 ORDER BY 子句。

8.3.1 使用 IN 谓词的嵌套查询

嵌套查询中的父子查询一般要通过运算符或谓词短语连接。如果子查询的结果是一个集合（单列数据），那么在父查询的 WHERE 子句中就可以使用 IN 谓词来判断某一列的值是否属于这个集合，从而确定查询结果，这是最常用的嵌套查询。请看下面的查询实例。

【例 8.35】在 students _ courses 数据库中查询有不及格课程的学生的学号、姓名和所在系。

下面分两步来完成这个查询操作。

第一步：在学生选课（sc）表中查找有不及格课程的学生的学号，其对应的语句如下：

```
SELECT  DISTINCT sno
FROM    sc
WHERE   cj<60
```

查询结果如图 8.50 所示。查询结果是单列数据，可以看成是四个学号组成的集合。

第二步：是在学生（students）表中查看每条记录的学号，如果学号在子查询的结果表中，则符合查询要求，生成结果记录；如果学号不在子查询的结果表中，则不生成结果记录。其完整的查询语句如下所示，其运行结果如图 8.51 所示。

```
SELECT sno as 学号,sname AS 姓名,dept AS 所在系   ┐
FROM students                                      ├ 父查询
WHERE sno IN                                       ┘
  (SELECT  DISTINCT sno  ┐
    FROM    sc           ├ 子查询
    WHERE   cj<60        │
    );                   ┘
```

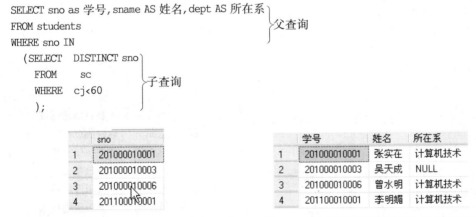

图 8.50　有不及格课程的学生学号　　　图 8.51　有不及格课程的学生姓名等信息

事实上，很多嵌套查询都可以通过连接查询实现，但嵌套查询的好处是结构清晰，易于理解。

关键字 IN 前面可以加上 NOT，表示"不在…"，达到排除的目的，请看下面实例。

【例 8.36】在 students＿courses 数据库中查询不上课的教师信息。

在课程表中可以查询到所有上课的教师编号，这是子查询；要找不上课的教师姓名等信息，只要在教师表中查找不在子查询的结果表中的教师编号即可，可以使用 NOT IN 关键字实现上述要求。查询语句如下：

```
SELECT tno AS 教工号,tname AS 姓名,txb AS 性别, zc AS 职称,age AS 年龄
FROM teachers
WHERE tno NOT IN
        (
        SELECT   tno
        FROM     courses
        );
```

查询结果如图 8.52 所示。

【例 8.37】在 students＿courses 数据库中查询选修了"C 语言程序设计"课的学生姓名和专业信息。

在课程表中可以查询到"C 语言程序设计"课程对应的课程号，这是子查询；根据课程号在选课（sc）表中可以找到选修了这门课的学生学号，这是中间查询；根据学号可以在学生（students）表中找出学生的姓名和专业信息，这是一个 3 层嵌套查询。查询语句如下：

```
SELECT sname AS 姓名,zhy AS 专业
FROM students
WHERE sno   IN
    (
      SELECT sno
      FROM sc
      WHERE cno   IN
          (
            SELECT cno
            FROM     courses
            WHERE cname =  'C 语言程序设计'
          )
    );
```

查询结果如图 8.53 所示。

	姓名	专业
1	张实在	计算机信息管理
2	王凯	软件测试技术
3	吴天成	软件测试技术
4	刘国庆	软件技术
5	李张扬	计算机应用技术
6	曾水明	计算机应用技术
7	鲁高义	计算机网络技术
8	李明媚	软件技术

	教工号	姓名	性别	AS职称	年龄
1	1212121212	李铁%	男	NULL	NULL
2	1988000002	吴英俊	男	教授	52
3	1992000007	陈天乐	女	副教授	49
4	1998000007	王小可	女	教授	47
5	2008000001	李明%	男	NULL	NULL

图 8.52 不上课的教师信息

图 8.53 选修了"C 语言程序设计"课程的学生

8.3.2 基于单值的子查询

如果能够确定子查询的结果是单个值，比如在学生表中给定关键字学号（sno）值进行查询，则返回的姓名结果就肯定是一个学生的姓名，即单值。

例如执行下面查询语句：

```
SELECT sname
FROM students
WHERE sno = '200900030001'
```

运行结果如图 8.54 所示。

对于返回结果是单值的子查询，在 WHERE 子句中可以使用比较运算符（">"、"<"、"="、">="、"<="、"<>"等）将字段值与这个单值进行比较，构成查询的逻辑表达式。

【例 8.38】在 students _ courses 数据库中查询课程学分比"C 语言程序设计"课程学分高的课程信息。

在课程（courses）表中可以查询到"C 语言程序设计"课程对应的课程学分为 4，这是一个单值，也是子查询；根据这个学分值在课程（courses）表中再次逐条记录进行判断就可以找出所需要的课程记录。查询语句如下：

```
SELECT    *
FROM      courses
WHERE   xf >
    (
        SELECT xf
        FROM      courses
        WHERE   cname = 'C 语言程序设计'
    );
```

运行结果如图 8.55 所示。

	sname
1	刘书旺

	cno	cname	xf	tno
1	10010002	JAVA语言程序设计	5	2001000003
2	10010003	数据库技术	5	2003000111
3	10010004	计算机网络	5	2008000012

图 8.54 给定学号的查询结果为单值　　图 8.55 课程表中学分比"C 语言程序设计"课程学分高的课程

【例 8.39】在 students _ courses 数据库中查询选修了"数据库技术"课程并且其成绩比这门课的平均成绩高的学生姓名和专业信息。

在课程（courses）表中可以查询到"数据库技术"课程对应的课程号，根据这个课程号在选课（sc）表中可以计算这门课的平均成绩，这是一个单值；根据这个平均成绩值再次与三个表连接后的结果表中的记录逐条进行判断就可以找出所需要的记录。查询语句如下：

```
SELECT sname AS 姓名,zhy AS 专业,cname AS 课程名,cj AS 成绩
FROM students JOIN sc ON students. sno = sc. sno
        JOIN courses ON courses. cno = sc. cno
where cname = '数据库技术' AND cj>
    (   SELECT AVG(cj)
        FROM     sc
        WHERE   cno =
            (   SELECT   cno
                FROM       courses
                WHERE      cname = '数据库技术'))
```

运行结果如图 8.56 所示。

	姓名	专业	课程名	成绩
1	吴天成	软件测试技术	数据库技术	78
2	刘国庆	软件技术	数据库技术	72
3	李张扬	计算机应用技术	数据库技术	72
4	曾水明	计算机应用技术	数据库技术	82
5	吴天天	软件技术	数据库技术	72

图 8.56　"数据库技术"课程成绩比平均成绩高的相关信息

如果查询结果不能确定是单值而是单列多个值，就用 IN 来进行判断比较好。

8.3.3　基于多值的子查询

如果子查询的结果是多个值，比如在选课（sc）表中给定学号（sno）值查询学生所选修的课程号，则返回的结果是由多个课程号组成的多值信息。对于返回多值的子查询，我们前面介绍了使用 IN 谓词进行判断，另外还可以使用 SOME 和 ALL（或 ANY）加逻辑运算符来构成新的比较运算实现查询。SOME 代表多值中的一个，而 ALL 或 ANY 代表多值中的所有。在嵌套子查询中，使用 ALL 与 ANY 具有完全相同的功能。用于子查询的基于多值的部分比较运算符如表 8.4 所示。

表 8.4　　　　　　　　用于子查询的基于多值的部分比较运算符

基于多值的比较运算	意义
=SOME	等于子查询结果中的某一个值
>=SOME	大于或等于子查询结果中的某一个值
>SOME	大于子查询结果中的某一个值
<=SOME	小于或等于子查询结果中的某一个值
<SOME	小于子查询结果中的某一个值
<>SOME	不等于子查询结果中的某一个值
=ALL	等于子查询结果中的所有值，不常用
>=ALL	大于或等于子查询结果中的所有值
>ALL	大于子查询结果中的所有值
<=ALL	小于或等于子查询结果中的所有值
<ALL	小于子查询结果中的所有值
<>ALL	不等于子查询结果中的所有值

【例 8.40】在 students _ courses 数据库的选课表中查询所有选课记录中成绩最高的选课记录的学号、课程号和成绩信息。

首先将所有修课记录的成绩全部查询出来，这是一个多值，使用>＝ALL来判断最高成绩即可。对应的嵌套查询语句如下：

```
SELECT sno AS 学号,cno AS 课程号,cj AS 成绩
FROM sc
WHERE cj〉= ALL
(
        SELECT cj
        FROM sc
)
```

其运行结果如图 8.57 所示。

	学号	课程号	成绩
1	201000010005	10010002	95

图 8.57　成绩最高的修课记录

这个查询语句也可以写成如下的形式，运行结果一样。

```
SELECT sno AS 学号,cno AS 课程号,cj AS 成绩
FROM sc
WHERE cj =
(
        SELECT MAX(cj)
        FROM sc
)
```

8.3.4　相关子查询和使用 EXISTS 谓词的嵌套查询

1. 相关与无关子查询

在嵌套查询中，如果子查询不能独立运行，依赖于父查询的数据或结果，则这种子查询称为相关子查询；如果子查询能够独立运行，不依赖于父查询的数据和结果，则这种子查询称为无关子查询。

上面介绍的子查询基本上都是无关子查询，这些子查询可以独立运行，在父查询运行前先获得了运行结果。

2. 使用 EXISTS 谓词的嵌套查询

在 SELECT 语句的 WHERE 子句中使用 EXISTS 谓词和子查询，只要子查询的结果不为空则条件为真；相反，使用 NOT EXISTS 和子查询，则只要子查询为空则条件为真。使用 EXISTS 谓词的子查询结果其内容并不重要，子查询结果记录的多少也不重要，只要区分结果中有和无记录即可。

相关子查询一般是使用 EXISTS 谓词的嵌套查询。

【例 8.41】在 students_courses 数据库中查询至少选修了一门课程的学生记录。

对于学生表中的每一条记录，都用它的学号去查询选课表中的学号列，若该列中至少有一个值与其相同，则子查询结果非空，即父查询条件为真，父查询就把该学生记录查询出来。这里的子查询依赖于父查询，是不能独立运行的，是相关子查询。

183

其对应的嵌套查询语句如下：

```
SELECT *
FROM students
WHERE EXISTS
(
SELECT *
FROM sc
WHERE sc.sno = students.sno
)
```

运行结果如图 8.58 所示。

	sno	sname	xb	zhy	in_year	dept
1	200900020007	高明明	女	商务英语	2009	外语
2	200900030008	吴天天	女	投资与理财	2009	经济管理
3	201000010001	张实在	男	计算机信息管理	2010	计算机技术
4	201000010002	王凯	男	软件测试技术	2010	计算机技术
5	201000010003	吴天成	男	软件测试技术	NULL	NULL
6	201000010004	刘国庆	男	软件技术	2010	计算机技术
7	201000010005	李张扬	男	计算机应用技术	2010	计算机技术
8	201000010006	曾水明	女	计算机应用技术	2010	计算机技术
9	201000010007	鲁高义	男	计算机网络技术	2010	计算机技术
10	201000030009	陈洁	女	投资与理财	2010	经济管理
11	201100010001	李明媚	女	软件技术	2011	计算机技术
12	201100010008	吴天天	女	软件技术	2011	计算机技术

图 8.58 至少选修了一门课程的学生记录

如果要查询没有选修任何课程的学生记录，则将上面的查询语句修改一下后运行。

【例 8.42】在 students _ courses 数据库中查询与"陈洁"同学选课至少有一门课程相同的学生信息。

此查询的大致执行过程是：对于学生表中的每一个元组，若它的姓名不等于"陈洁"，同时用它的学生号到选课表中去查询对应的元组，若该元组的课程号等于陈洁同学所选的任一个课程号，则 exists 后的子查询非空，外循环的选择条件为真，该学生记录就被选择出来。查询语句如下：

```
SELECT   *
FROM     students x
WHERE    x.sname<>'陈洁' AND EXISTS (
         SELECT y.cno
         FROM    sc y
         WHERE   y.sno = x.sno AND y.cno = SOME(
             SELECT w.cno
             FROM    students z, sc w
             WHERE   z.sno = w.sno AND z.sname = '陈洁'
             )
         )
```

运行结果如图 8.59 所示。

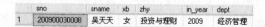

	sno	sname	xb	zhy	in_year	dept
1	200900030008	吴天天	女	投资与理财	2009	经济管理

图 8.59 与"陈洁"同学选课至少有一门课程相同的学生

这个查询中的表使用了别名。写查询语句时，如果表名太长，写起来很麻烦，则可以在 FROM 子句中给表定义一个别名，在整个 SELECT 子句中都可以利用这个别名进行相关操作。上面查询中的"students x"、"sc y"即对表"students"定义别名 x，对表 sc 定义别名 y。

8.3.5　在 DML 语句中使用子查询

除了查询语句 SELECT 外，在 DML（UPDATE、DELETE 和 INSERT）语句中也可以嵌入查询。INSERT 语句中嵌入 SELECT 语句可将查询结果插入到目标表，另外 SELECT 语句可嵌入到 DML 语句的 WHERE 子句中，以构成条件表达式。下面举例说明其使用方法。

【例 8.43】INSERT 语句中嵌入 SELECT 语句，将查询结果插入到目标表中。

在 students_courses 数据库中，通过查询语句新建一个课程备份（courses_copy）表，然后将 courses 表中 4 学分的课程插入到这个课程备份（courses_copy）表中。查询语句如下：

```
SELECT * INTO courses_copy
FROM  courses
WHERE  1 = 2       - -构造一个与 courses 表结构相同的空表 courses_copy
```

```
INSERT courses_copy
  SELECT *                  - -子查询
  FROM  courses
  WHERE  xf = 4
```

【例 8.44】在 students_courses 数据库中，给所有女同学的课程成绩加 2 分。

作为练习，为保护数据库中的数据，首先将 sc 表中的数据备份到 sc_copy 表中，对 sc_copy 表中数据进行更改。查询语句如下：

```
SELECT * INTO sc_copy
FROM  sc              - -将 sc 表中所有数据复制到 sc_copy 表中
```

```
UPDATE sc_copy SET cj = cj + 2  - -更新 sc_copy 表中女生的成绩
    WHERE sno IN
      (
      SELECT sno
      FROM students          - -子查询
      WHERE xb = '女'
      )
```

此语句也可以写成这样：

```
UPDATE sc_copy SET cj = cj + 2
FROM students
WHERE students. sno = sc_copy. sno AND xb = '女'
```

【例 8.45】在 students _ courses 数据库中，删除学分最高的课程记录。

作为练习，为保护数据库中的数据，首先将 courses 表中的数据备份到 courses _ copy 表中，再对 courses _ copy 表中数据进行更改。查询语句如下：

```
SELECT * INTO courses_copy
FROM courses
                  - - 将 courses 表中所有数据复制到 courses_copy 表中;


DELETE FROM courses_copy  - -删除 courses_copy 表中的记录
    WHERE xf =
    (
    SELECT MAX(xf)          }   - -子查询
    FROM courses_copy       }
    )
```

·本章小结·

本章介绍了 SELECT 语句的语法及其使用方法。SELECT 语句是 T-SQL 语言中使用最多也是最灵活的语句，由多个子句组成。其中 SELECT 子句后说明要查询的列的名称或函数名，可以使用 AS 后跟别名的形式对列名或函数指定好理解的中文名称，也可以使用 TOP 给定查询结果中输出部分内容；使用 FROM 子句给定要查询的表名，使用 WHERE 子句给定查询条件，使用 GROUP BY 子句进行分组统计，使用 ORDER BY 子句进行输出排序。

查询往往不是对一个表进行的，当涉及多个表进行查询时，可以使用连接查询或嵌套查询来实现。注意连接时表之间的连接条件及嵌套查询时内外查询之间的关系。

习题 8

一、思考题

1. 怎样才能改变由 SELECT 查询语句返回的行的顺序？
2. 怎样才能限制从查询语句中返回的行数？
3. 什么函数能用来确定一个表中包含多少行？
4. 什么函数能对数值类型的列值进行求和？
5. 在 SELECT 语句中用什么关键字能消除重复行？
6. 请用 BETWEEN…AND 形式改写条件子句 WHRER mark＞560 AND mark＜600。

二、实训操作题

关于操作文件夹的建立说明：

在你的计算机的某一个硬盘中（例如 E 盘）建立一个用你的学号后 3 位和姓名等信息组合建立的文件夹（例如你学号后 3 位是 128，姓名为李洁，则文件夹为"128 _ 李洁 _ 8"），用于存放本项目实训相关文件。下面实训题建立的命令以文件的形式（以题号为文件名，如 1. sql）均存放于此文件夹中。

请按题目要求写出查询语句。

1. 在数据库"company _ info"的"Employee"表中查询雇员 ID 为"3"的员工姓名、

性别和特长。

2. 使用 T-SQL 命令在数据库"company_info"中将公司所有雇员的姓名、年龄、来公司年数（今年内到的为 0 年，去年到的为 1 年，以此类推）信息显示。

3. 在数据库"company_info"的"P_order"表中查询所有已订购的产品 ID（去年重复记录）。

4. 从数据库"company_info"的"Employee"表中返回前面 1/4 的记录。

5. 从数据库"company_info"的"Employee"表中查出最高工资、最低工资和平均工资。

6. 从数据库"company_info"中显示每种产品价格降低 20% 后的产品信息。

7. 使用 INTO 子句创建一个包含"Employee"表中"姓名"和"薪水"字段且名称为"New_Employee"的新表。

8. 在数据库"company_info"中查询薪水超过 3000 元的雇员的姓名和薪水。

9. 在数据库"company_info"中查询特长为"计算机"、"书法"、"钢琴"的雇员姓名和特长信息。

10. 在数据库"company_info"中查询库存量大于 200 和库存量少于 100 的产品名、库存量和单价。

11. 在数据库"company_info"中查询所有姓名中包含"利"字的雇员信息。

12. 在数据库"company_info"中查询订单表中产品 ID、数量和订货日期，并按订货日期降序显示。

13. 在数据库"company_info"中查询订单表中每件产品的订购总和。

14. 在数据库"company_info"的订单表中按产品 ID 分类求出每种产品的价格总和、平均单价以及各类产品的数量。

15. 在数据库"company_info"的产品表中查询平均价格超过 10 元的产品种类。

16. 在数据库"company_info"中查询"鼠标"所属的类别名称和说明。

17. 在数据库"company_info"中查询所有订购了"打印机"产品的公司信息。

18. 在数据库"company_info"中查询类别 ID 为"1"的所有订单信息。

19. 在数据库"company_info"中查询客户 ID 为"1"的公司订购的所有订单 ID 和数量。

20. 在数据库"company_info"中查询已订购了产品的公司名称、联系人姓名和所订购产品的产品 ID 和数量。

21. 在数据库"company_info"中查询已有 2 个以上订单的雇员信息。

22. 在数据库"company_info"中查询没有被订购的产品信息。

23. 在数据库"company_info"中查询没有被订购的客户信息。

第 9 章　ASP 连接数据库

ASP 是 Active Server Pages 的缩写，意为"动态服务器页面"。ASP 是微软公司开发的代替 CGI 脚本程序的一种应用，它可以与数据库和其他程序进行交互，是一种简单、方便的编程工具。ASP 网页文件的扩展名是 .asp，常用于各种动态网站中。

ASP 是一种服务器端脚本编写环境，可以用来创建和运行动态网页或 Web 应用程序。ASP 网页可以包含 HTML 标记、普通文本、脚本命令以及 COM 组件等。利用 ASP 可以向网页中添加交互式内容（如在线表单），也可以创建使用 HTML 网页作为用户界面的 Web 应用程序。

9.1　构建 ASP 程序运行环境

ASP 是一个 Web 服务器端的开发环境，利用它可以产生和执行动态的、互动的、高性能的 Web 服务应用程序。ASP 代码的运行必须有相应的服务器进行解释才能运行，这个服务器就是 IIS Web 服务器。

IIS 是 Internet Information Services 的简称，中文名称是网络信息服务。它是 Windows 2000 以上操作系统的一个组件，安装了 IIS，可以在 Windows XP 这样的个人操作系统环境下完成动态网页的制作和调试学习。

9.1.1　安装 IIS

IIS 是 Windows 操作系统的一个组件，但不是默认安装组件，所以需要在安装 Windows 操作系统时或者在安装 Windows 操作系统后指定进行安装。

若在 Windows 操作系统中还未安装 IIS 服务器，在操作系统下打开"控制面板"，然后单击启动"添加/删除程序"，在弹出的对话框中选择"添加/删除 Windows 组件"，在"Windows 组件"向导对话框中勾选"Internet 信息服务（IIS）"，如图 9.1 所示。然后单击"下一步"按钮，向导程序即会自动进入 IIS 安装过程。在此过程中应按向导提示要求插入安装操作系统光盘，最后单击"完成"按钮即可完成对 IIS 的安装。

9.1.2　启动和配置 IIS

依次单击"开始"→"程序"→"管理工具"→"Internet 信息服务"，即可打开如图 9.2 所示的"Internet 信息服务"对话框。

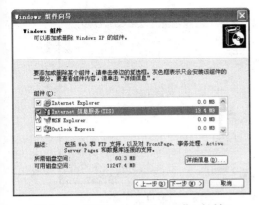
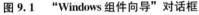

图 9.1 "Windows 组件向导"对话框

图 9.2 "Internet 信息服务"对话框

IIS 安装后，系统自动创建了一个默认的 Web 站点，该站点的主目录默认为C: \ Inetpub \ wwwroot。

用鼠标右键单击"默认 Web 站点"，在弹出的快捷菜单中选择"属性"，此时就可以打开如图 9.3 所示的"默认网站 属性"对话框。在该对话框中，可完成对站点的主目录、网站、文档等的配置。

如果使用默认网站，所做的应用程序的代码都要存放到这个指定的主目录下才能发布。但我们可能要做多个程序，也不愿意把所有的程序都放到这个主目录中，这时可以创建虚拟目录，每个应用程序对应机器上的一个物理文件夹。

虚拟目录就是将一个普通目录模拟成 Web 服务器下的目录。对于许多 Web 应用来说，往往要使用相对路径来定位内容的位置，而虚拟目录的好处就是使得虚拟站点的 Web 访问路径，不受虚拟目录站点文件在磁盘中物理存放地址的影响，访问虚拟站点的时候都是相对 Web 根目录来访问的。

创建虚拟目录的方法如下：

(1) 在操作系统下创建一个新文件夹（目录），例如在 F 盘下创建文件夹 MyAspSql。

(2) 在打开的如图 9.2 所示的"Internet 信息服务"对话框中，右击左边的"默认网站"节点，并在弹出的菜单中依次选择"新建"、"虚拟目录"命令，如图 9.4 所示。

(3) 在打开的"欢迎"界面中单击"下一步"按钮，进入创建向导中的"虚拟目录别名"对话框，在其"别名"文本框中输入虚拟目录别名，如图 9.5 所示。

(4) 单击"下一步"按钮，进入"网站内容目录"对话框，在目录文本框中直接输入网站对应的物理目录名称或通过"浏览"按钮找到对应的文件夹（目录），如图 9.6 所示。

(5) 单击"下一步"按钮，进入"访问权限"对话框，可以对网站的访问权限进行设置，一般取默认值即可。然后单击"下一步"按钮，进入"已成功完成虚拟目录创建向导"对话框，单击"完成"按钮，虚拟目录创建完成。

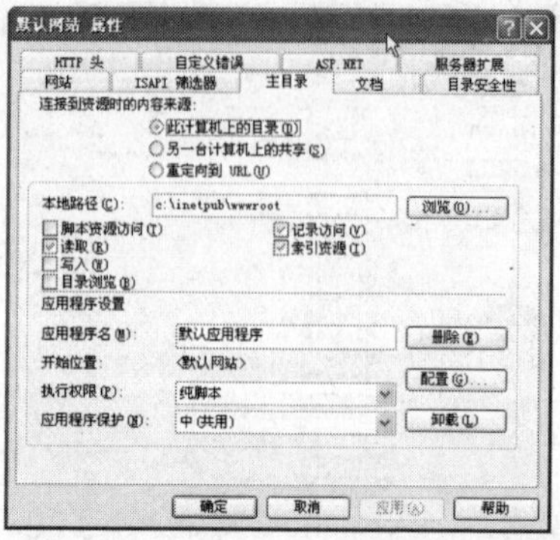

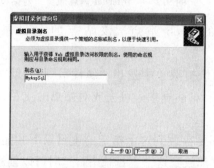

图 9.3 "默认网站 属性"对话框

图 9.4 选择"虚拟目录"菜单命令

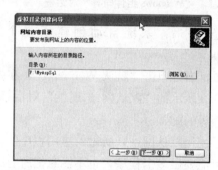

图 9.5 "虚拟目录别名"对话框

图 9.6 "网站内容目录"对话框

9.1.3 测试网站服务器

设置了虚拟目录之后，可在虚拟目录对应的文件夹下存放程序内容，也可在其中设子文件夹，但访问时要列出文件夹的名称，以此类推。网站内容可通过以下方法访问：

http：//IP 地址/虚拟目录名/文件位置及名称

比如机器的 IP 地址是 192.168.1.101，虚拟目录名为"MyAspSql"，要访问的文件名放在虚拟目录对应的物理文件夹下，名字为"main.asp"，用记事本编辑其内容为：

```
〈% Response.Write("Hello World!") %〉
```

则访问地址为：

http：// 192.168.1.101/ MyAspSql/main.asp

如果其网页内容显示为："Hello World!"，如图 9.7 所示，则运行环境配置成功。

在调试程序时，可以用"localhost"或"127.0.0.1"代替本机的 IP 地址。

图 9.7 ASP 运行环境测试

9.2 认识 ASP

ASP 是微软公司于 1996 年 11 月推出的面向 Web 应用程序开发的技术框架，但它不是程序设计语言，也不是开发工具。简单地说，ASP 主要是由＜％和％＞括起来的代码嵌入到 HTML 中的一种技术。这些代码在服务器端执行，执行时无须编译，可以用任何的文本编辑器编写（如记事本）。此外 ASP 可以通过内置的组件实现更强大的功能，如使用 ADO 可以轻松地访问数据库。

9.2.1 ASP 基础

ASP 程序是以 .asp 为扩展名的文本文件，其控制部分是用 VBScript 或 JScript 等脚本语言来编写的。

ASP 程序是由文本、HTML 标记和脚本组合而成的。在 ASP 程序中，脚本通过分隔符与文本和 HTML 标记区分开。

ASP 使用分隔符＜％和％＞来包括脚本命令。

下面是一段简单的 ASP 代码：

```
<HTML><BODY>              〈!－－ HTML 标记－－〉
当前时间是                  〈!－－ 文本－－〉
< %  = Time() %>          〈!－－ 脚本－－〉
</BODY></HTML>            〈!－－ HTML 标记－－〉
```

上面代码中，在 HTML 代码中嵌入了脚本，其中 Time() 是 VBScript 的函数，用于显示系统当前时间，其代码运行的结果是在网页上显示当前时间，如图 9.8 所示。

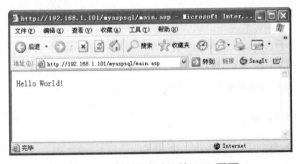

图 9.8　显示系统时间的 ASP 页面

ASP 的工作流程如图 9.9 所示。简单地说，当浏览器从 Web 服务器上请求 ASP 文件（例如在地址栏中输入：http://192.168.1.101/MyAspSql/main.asp）时，服务器调用 ASP；ASP 全面读取请求的文件，执行所有的服务器端脚本，并将脚本输出与静态 HTML 代码进行合并；最终 Web 服务器将合并后的 HTML 代码送给浏览器显示。

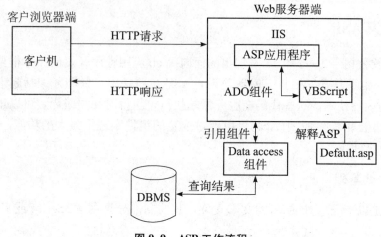

图 9.9 ASP 工作流程

9.2.2 在 ASP 中使用 VBScript

ASP 是一套服务器端的对象模型。通过 ASP 对象所提供的方法和属性，可以很容易地操作服务器端的数据。但是 ASP 不是一种编程语言，它需要一种真正的程序语言来实现。目前 ASP 可以使用多种脚本语言编写完整的过程。其中 VBScript 是默认情况下 ASP 的主脚本语言，它用来处理在分隔符"〈%"和"%〉"内部的命令。

ASP 中由分隔符"〈%"和"%〉"分隔的命令称为主脚本命令，这些命令由主脚本语言进行处理。默认主脚本语言是 VBScript，它是程序开发语言 Visual Basic 的一个子集。在 HTML 页面中增加 VBScript 脚本，可以实现一些动态功能。例如，在将数据发送到服务器之前进行处理和检验，动态地创建新的 Web 内容，编写在客户和服务器端运行的计算器、游戏等应用程序。

VBScript 脚本类似于 Visual Basic 语言不区分大小写。跟任何编程语言一样，VBScript 中有常量、变量、运算符、函数、数据类型、赋值语句、条件语句、循环语句等语言元素，我们在此不多讲述，请查看相关资料熟悉这些内容。

9.2.3 ASP 中的内置对象

前面提到，ASP 是一套服务器端的对象模型。通过 ASP 对象所提供的方法和属性，可以很容易地操作服务器端的数据。

ASP 提供有 Application、Request、Response、Server、Session、ObjectContext 和 ASPError 7 个内建（置）对象，这些对象在 ASP 中扮演着十分重要的角色。

所谓内置对象就是不需要声明和创建就可以直接使用的对象。这些对象使用户更容易收集通过浏览器请求发送的信息、响应浏览器以及存储用户信息（如用户首选项）。这里简要说明每一个对象，有关每个对象的详细信息，请参阅相关资料。

1. Application 对象

可以通过 Application 对象使给定应用程序的所有用户共享信息。

2. Request 对象

可以通过 Request 对象访问任何用 HTTP 请求传递的信息，包括 POST 方法或 GET 方法传递的参数、Kookie 和用户认证。Request 对象使用户能够访问发送给服务器的二进制数据，如上载的文件。

3. Response 对象

可以通过 Response 对象控制发送给用户的信息，包括直接发送信息给浏览器、重定向浏览器到另一个 URL 或设置 Cookie 的值。

4. Server 对象

Server 对象提供对服务器上的方法和属性进行的访问。最常用的方法是创建 ActiveX 组件的实例（Server.CreateObject）。其他方法用于将 URL 或 HTML 编码成字符串，将虚拟路径映射到物理路径以及设置脚本的超时期限。

5. Session 对象

可以通过 Session 对象存储特定的用户会话所需的信息。当用户在应用程序的页面之间跳转时，存储在 Session 对象中的变量不会清除；而用户在应用程序中访问页面时，这些变量始终存在。也可以使用 Session 方法显式地结束一个会话和设置空闲会话的超时期限。

6. ObjectContext 对象

可以通过 ObjectContext 对象提交或撤销由 ASP 脚本初始化的事务。

7. ASPError 对象

用于显示在 ASP 文件的脚本中发生的任何错误的详细信息。当 Server.GetLastError 被调用时，ASPError 对象就会被创建，因此只能通过使用 Server.GetLastError 方法来访问错误信息。

ASP 常用内置对象有 Request、Response、Session、Server 和 Application 5 个对象，Request 对象和 Response 对象处理用户请求及服务器响应，是 ASP 中最基本的操作。Application对象和 Session 对象可以用来解决状态维护问题。Application 对象是应用程序级对象，可以被所有用户共享；而 Session 是会话级对象，对每个用户维护一个 Session 对象。ASP 通过 Server 对象的支持可以通过外部组件扩展 ASP 的功能，利用服务器端的文件包含及调用实现了 ASP 程序共用。ASP 几个内置对象之间的关系如图 9.10 所示。

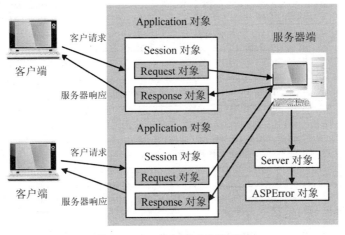

图 9.10　ASP 内置对象关系图

9.3 ASP 连接数据库

ASP 应用程序一般通过 ODBC 或 ADO 对象访问 SQL Server 数据库。

9.3.1 ODBC

ODBC 的英文全称是 Open DataBase Connectivity，是应用程序访问数据库管理系统（DBMS）的一套接口规范，它为应用程序提供了一套高层调用接口的规范和基于动态链接库（DLL）的运行支撑环境。通过 ODBC，可以轻松地实现同一个应用程序对不同类型 DBMS 的访问。

使用 ODBC 访问 SQL Server 数据库，需要首先建立 ODBC 数据源。ODBC 数据源包含了需要连接的数据库所在位置、对应的 ODBC 驱动程序以及访问数据库所需的其他相关信息等，用户可以通过数据源的名称来指定所需的 ODBC 连接。ODBC 数据源名可以理解为相应数据库的一个别名，通过这个别名，应用程序可以实现对数据库的访问。

9.3.2 使用 ADO 连接 SQL Server 数据库

ADO（ActiveX Data Objects，ActiveX 数据对象）是 Microsoft 提出的应用程序接口（API），用以实现访问关系或非关系数据库中的数据，是对当前 Microsoft 所支持的数据库进行操作的最有效和最简单直接的方法，是一种功能强大的数据访问编程模式。

1. ADO 概述

ADO 是一种面向对象的编程接口，它是 Microsoft 全局数据访问（UDA）的一部分，通过 OLE DB（Object Linking and Embedding Database）实现对数据库的连接。

OLE DB 是一组通向不同数据源的低级应用程序接口（COM 接口），对存储在不同信息源和格式中的数据提供统一访问。为了尽可能提高中间层模块数据访问的性能，OLE DB 采用 C++ 的概念进行设计。由于接口比较复杂，所以 OLE DB 不能直接在 Visual Basic 或 ASP 中使用，但 ActiveX 数据对象（ADO）封装并且实际上实现了 OLE DB 的所有功能。ASP 使用 ADO 连接数据库如图 9.11 所示。

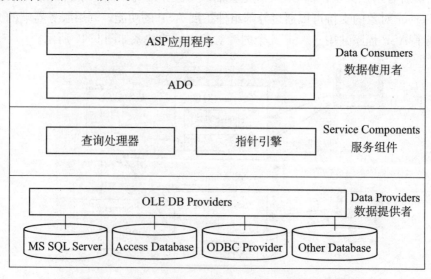

图 9.11 ASP、ADO、OLEDB 与数据库之间的关系图

ADO 数据访问接口使得程序设计者只要简单地创建几个对象便可以连接数据源，获得所需的数据，并进行数据访问后的保存操作。ADO 对象模型定义了一个可编程的对象集合，三个主要对象如表 9.1 所示。

表 9.1　　　　　　　　　　　　　　　　ADO 对象描述

对象名	描　　述
Connection	连接到数据源。通过连接可从应用程序访问数据源，连接是交换数据所必需的环境
Command	通过已建立的连接发出的命令，以某种方式来操作数据源。一般情况下，命令可以在数据源中添加、删除或更新数据，或者在表中以行的格式检索数据
Recordset	来自基本表或命令执行结果的记录全集

2. ADO 对象组件中的 Connection 对象

Connection 对象与数据库的所有通信都要通过一个打开的连接来进行。要访问 SQL Server，首先就要建立与 SQL Server 数据库的连接，Connection 对象用于建立 Web 服务器到数据源的连接。使用 SQL Server 的 OLE DB 提供者 SQLOLEDB，可以建立一个到 SQL Server 的连接。

（1）Connection 对象的属性和方法。

Connection 对象提供了丰富的属性和方法，用来创建、保存和设置连接信息。表 9.2 列出了 Connection 对象的常用属性，表 9.3 列出了 Connection 对象的常用方法。

表 9.2　　　　　　　　　　　　　Connection 对象的常用属性

属性名	描述
ConnectionString	数据源连接串
DefaultDatabase	连接数据库的名称
Provider	为连接提供数据的提供者名

表 9.3　　　　　　　　　　　　　Connection 对象的常用方法

方法名	描述
Open	打开一个数据源的连接
Close	关闭数据源的连接
Execute	在数据源上执行一个命令

（2）打开和关闭数据库连接。

Connection 对象使用 Open() 和 Close() 方法来打开和关闭数据库的连接。要打开一个数据库连接，首先要创建 Connection 对象的一个实例，定义好连接字符串，包括数据提供者、服务器名称、数据库名称、用户登录名称和密码，然后调用 Connection 对象的 Open() 方法。当结束对数据库的操作之后，再调用 Connection 对象的 Close() 方法关闭连接。

连接 SQL Server 数据库的代码模式如下：

```
<%
Set conn = Server.CreateObject(" ADODB. Connection" )
conn. Provider = " sqloledb"
connstr =" Server = 服务器名;Database = 数据库名; uid = 登录用户名; pwd = 密码'
connn. Open connstr
```

```
%>
```

3. 使用 ADO 对象连接数据库实例

【例 9.1】使用 ADO 连接 SQL Server 数据库。假设 SQL Server 服务器名称为 "hegy、mysql2008"，登录服务器 ID 为 "he"，密码为 "1234"，在 SQL Server 2008 中建立了名为 "students _ courses" 的数据库。

则其连接代码如下：

```
<%
dim conn,connstr
connstr = "Provider = SQLOLEDB;Server = hegy、mysql2008;
        Database = students_courses;Uid = he;Pwd = 1234;"
Set conn = Server.CreateObject ("adodb.connection")
conn.open connstr
Response.Write("连接数据库成功!")
%>
```

其中，变量 connstr 的值（双引号内）称为连接字符串，Provider 为数据提供者，也就是 DBMS 的类型，这里是 SQL Server 数据库管理系统，不管是 SQL Server 2000，还是 SQL Server 2005 或 SQL Server 2008，其值均为 SQLOLEDB；Server 指定服务器名称，如果是本机默认安装的，则服务器名称可用 "localhost" 或 "local" 代替；Database 指定具体的数据库名；Uid 指定登录服务器的用户名；Pwd 为登录用户密码（用户名和密码的设置在后面介绍，请先模拟建立）。

conn 是通过 Server 对象创建的 ADO 连接对象（对象实例），conn 对象调用 open 方法，通过连接字符串打开与指定数据库的连接。最后一句是通过 ASP 内置对象 Response 的 Write 方法往客户机上输出字符串 "连接数据库成功!"。

将上面连接代码保存在名为 "conn.asp" 的文件中（注意扩展名一定要是 .asp），其存储位置是虚拟目录所对应的物理文件夹，然后通过 IE 测试其正确性，如果页面中出现 "连接数据库成功!" 字符串，则连接成功，如图 9.12 所示。

图 9.12　连接数据库测试页

连接成功后，在 conn.asp 文件中将最后一行代码前加单引号注释，如下所示：

```
'Response.Write("连接数据库成功!")
```

然后将 conn.asp 文件保存，以后如果需要连接数据库时就将此文件导入（或包含）到当前页面中，导入代码如下所示，需要将此语句放在页面中所有代码之前。

196

```
〈! - - ♯ Include File = conn. asp - -〉
```

9.4   ASP 中执行 Insert 语句

当 Connection 对象打开后，可以通过对象的 Execute() 方法执行数据库的插入、删除和修改语句，即执行数据操纵命令。

9.4.1   通过连接对象执行 SQL 语句

通过连接对象执行 SQL 语句，其语法形式如下：

```
Connobj. Execute CommandText, RecordsAffected, Options
```

其中 Connobj 是已经打开的 Connection 对象，通过这个对象调用 Execute 方法执行后面给定的命令。CommandText 为一个字符串，其内容是要执行的 SQL 语句，这个参数是不可省略的。在 ASP 编程过程中，对初学者来说，最难的地方就是构造要执行的命令字符串 CommandText。因为要从 Web 页面中获取相关信息组成一条插入、删除或修改的 SQL 语句，其中有些是变量而另一些是常量，要结合前面我们学过的 SQL 命令语法将这些内容组合成字符串时，需要特别小心和细致才不会出错。但熟能生巧，多做多想就能融会贯通。

RecordsAffected 参数是可省略的，它是一个长整型变量，用来保存被执行的 SQL 语句所操作的记录个数（如插入记录数、删除记录数或更新记录数）。

Options 参数也是可省略的，它也是一个长整型变量，用来提供被执行的 SQL 语句的相关信息，可以使用下面的常量作为 Options 参数的值。

- adCmdText：被执行的字符串 CommandText 中包含一个命令文本。
- adCmdTable：被执行的字符串 CommandText 中包含一个表的名字。
- adCmdStoredProc：被执行的字符串 CommandText 中包含一个存储过程名。
- adCmdUnknown：不指定 CommandText 的内容，为默认值。
- adAsyncExecute：指示 CommandText 应该异步执行。

9.4.2   执行插入语句实例

以下例题默认数据库为 Students _ Courses。

【例 9.2】通过连接对象执行给定的插入记录命令。要求通过 ASP 往数据库的课程表中插入一条课程记录，其数据为"10010008，ASP 网络编程技术，3，2008000008"。

其实现代码如下：

```
〈! - - ♯ Include File = conn. asp - -〉〈! - - 导入连接文件,打开 conn 连接对象 - -〉
〈%
    Dim sqlstr                        '声明变量 sqlstr
                                      '下面两行构造插入语句,这里的"＋"号是字符串连接符
    sqlstr = "INSERT courses(cno, cname, xf, tno) VALUES("
    sqlstr = sqlstr + "'10010008','ASP 网络编程技术',3,'2008000008')"
    'Response. Write(sqlstr)          '用于调试时检查插入语句是否正确,运行时注释
    'Response. End                    '用于调试时不执行下面的语句,运行时注释
    conn. Execute sqlstr              '通过连接对象 conn 的 Execute 方法执行插入语句
```

```
        conn.close                      '关闭连接对象
    %〉
```

将上面代码保存为文件"9_2.asp",然后运行,插入了一条记录到数据库的 courses 表中,表中数据如图 9.13 所示,新插入的记录号是 7。

	cno	cname	xf	tno
1	10010001	C语言程序设计	4	2003000111
2	10010002	JAVA语言程序设计	5	2001000003
3	10010003	数据库技术	5	2003000111
4	10010004	计算机网络	5	2008000012
5	10010005	网页设计与制作	3	2009000021
6	10010006	微机组装与维护	3	2009000005
7	10010008	ASP网络编程技术	3	2008000008
8	10020003	英语阅读	4	2005000001
9	10020004	英语写作	4	2009000011
10	10030001	会计学基础	3	2008000002
11	10030002	统计学原理	4	2003000005

图 9.13 往 courses 表中插入记录后的结果

程序代码说明:第 1 行代码用于导入已经调试成功的连接文件,其中连接对象 conn 已经打开;第 1 行代码中关键字 Dim 表示声明变量,变量名 sqlstr,其数据类型可省略,由给定值来决定其数据类型;第 3 和第 4 行代码用来构造插入语句,此语句存放于字符串变量 sqlstr 中,用双引号作分界符,因为语句长不便于书写查看,所以分两行写,其中的运算符"+"为字符串连接符,注意 SQL 语句中的字符串常量要用单引号分界;第 5 行代码用来在页面上显示字符串变量 sqlstr 的值,检查语句的正确性。因为初学者往往在这里会有错误,所以先进行检查,如果检查没有错误然后注释此语句(在语句前加半角单引号);第 6 行的作用是不执行下面的语句(Response.End),设置检查终点,检查完成后同样用单引号注释;第 7 行语句通过打开的连接对象 conn 调用 Execute 方法来执行插入语句,完成数据插入动作。最后一句关闭连接对象。

注意:执行此文件,屏幕上没有任何显示,可以用客户端代码显示插入成功的对话信息,然后再转入其他页面。另外,此代码只能成功执行一次,因为记录不能在表中重复。可以修改插入语句中的课程代码等相关信息来进行另一门课程数据的插入。

这个例题中数据是固定不变的,是在写代码时就给定的且只能用于插入一条记录,录入信息时,数据是从表单中提交给系统的,下面例题介绍数据从表单提交后插入到数据表中的方法。

【例 9.3】从表单中输入数据然后插入记录到数据库的表中。我们使用 html 代码或 Dreamweaver 制作一个页面文件 ins_stu.htm,在页面中加入一个表单,表单内的文本域和单选按钮组等控件用于学生信息的录入,其设计效果如图 9.14 所示。

表单中各个控件的名称如表 9.4 所示。表单中的"确定"按钮用于提交表单内容,"取消"按钮用于重置表单内容;表单提交内容到数据处理页面"ins_stu_do.asp",表单定义的第一行 html 代码如下:

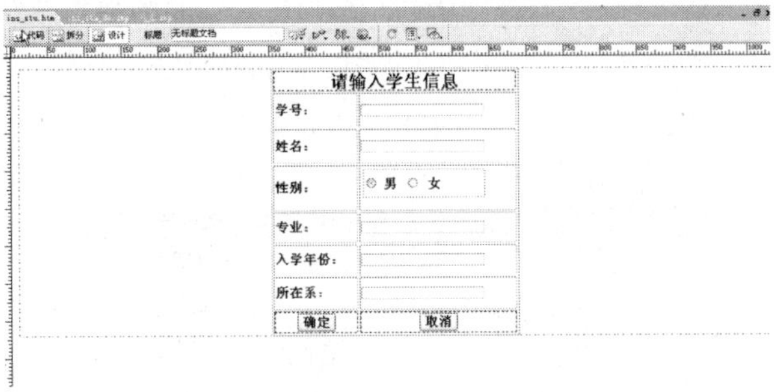

图 9.14　学生信息录入页面设计效果图

〈form id = "form1" name = "form1" method = "post" action = "ins_stu_do. asp"〉

表 9.4　　　　　　　　学生信息录入页面表单中控件的名称表

控件说明	控件 id 或 name
学号对应的文本域	sno
姓名对应的文本域	sname
性别对应的单选按钮组	sxb
专业对应的文本域	szhy
入学年份对应的文本域	sinyear
所在系对应的文本域	sdept

建立 ASP 文件"ins _ stu _ do. asp",其代码内容如下（注：所有符号和字母均为半角）：

```
〈! - - ♯ Include File = conn. asp - - 〉〈! - -导入连接文件,打开 conn 连接对象- - 〉
〈%
dim var_sno, var_sname, var_xb, var_zhy, var_inyear, var_dept, sqlstr
var_sno = request("sno")          '获取表单中学号的值存入变量 var_sno 中
var_sname = request("sname")      '获取表单中姓名的值存入变量 var_sname 中
var_xb = request("sxb")           '获取表单中性别的值存入变量 var_xb 中
var_zhy = request("szhy")         '获取表单中专业的值存入变量 var_zhy 中
var_inyear = request("sinyear")   '获取入学年份的值存入变量 var_inyear 中
var_dept = request("sdept")       '获取表单中所在系的值存入变量 var_dept 中
                                  '下面开始构造插入语句
sqlstr = "INSERT students(sno, sname, xb, zhy, in_year, dept) values('"
sqlstr = sqlstr + var_sno + "','" + var_sname + "','" + var_xb + "','"
sqlstr = sqlstr + var_zhy + "'," + var_inyear + ",'" + var_dept + "')"
'response. write(sqlstr)          '用于输出 sqlstr 的值,检验语句构造的正确性
conn. execute sqlstr              '使用连接对象的 Execute 方法执行插入语句
conn. close()                     '关闭连接对象
response. write( "插入成功!")     '显示"插入成功"信息
% 〉
```

首先运行页面 ins _ stu. htm,输入学生信息,如图 9.15 所示。在页面中输入内容后,单击"确定"按钮,提交表单内容送入"ins _ stu _ do. asp"页面。在此页面中首先导入连接文件,打开连接对象 conn,接收表单中的数据,构造插入语句,然后执行插入语句,将

输入的学生信息插入到 students 表中，表中内容加入了新记录，效果如图 9.16 所示。

可以在"ins _ stu _ do. asp"页面中添加如下语句实现页面转移，继续插入记录操作。

response. redirect("ins_stu. htm")转移到输入学生信息页面

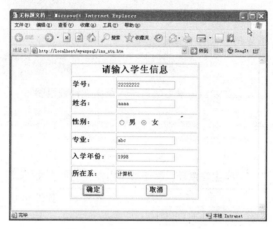

图 9.15　学生信息录入页面

16	201000030009	陈洁	女	投资与理财	2010	经济管理
17	201100010001	李明娟	女	软件技术	2011	计算机技术
18	201100010008	吴天天	女	软件技术	2011	计算机技术
19	22222222	aaaa	女	abc	1998	计算机

图 9.16　学生信息插入学生表中效果

说明：

（1）关于 Request 对象的使用。

在"ins _ stu _ do. asp"页面中，用到了 Request 对象，用于接收"ins _ stu. htm"页面表单中各控件提交的内容。

Request 是 ASP 里的一个内置对象，用于取得用户信息。使用 Request 对象，可以取得由 HTTP 请求传递过来的信息，包括使用 POST 和 GET 方法传递的参数，以及从服务器和客户端认证传递的 Cookie 和环境变量。获取方式：

Request. CollectionName("ItemString")

其中 CollectionName 是集合名称，ItemString 是获取项的名称，需要加双引号。

Request 对象的主要集合有两个：QueryString 和 Form。

HTML 表单用 GET 方法向 ASP 文件传递数据时，表单提交的数据不是当作一个单独的包来发送，而是被附在 URL 的查询字符串中一起被提交到服务器端指定的文件中。QueryString 集合的功能就是从查询字符串中读取用户提交的数据，只能用于传送少量数据。URL 查询字符串的长度有限制，包含查询字符串的 URL 具有类似下面的格式：

http://www. myweb. com/fs. asp?n1 = v1&n2 = v2&n3 = v3

其中 fs. asp 是处理数据的 ASP 页面文件，查询字符串以？开始，包含几对字段名和值，中间用 & 分隔。

从一个页面中使用 GET 方法提交数据，另一个页面中通过 Request.QueryString 读取数据！例如上面 URL 格式传递的变量通过以下方式读取其值：

```
Request.QueryString("n1")
Request.QueryString("n2")
Request.QueryString("n3")
```

如果要将表单中的大量数据发送给服务器，则应使用 POST 方法。POST 方法在 HTTP 请求体内发送数据，几乎不限制发送给 Web 服务器的字符串的长度。

其读取数据形式：

```
Request.Form("UserName")
```

不管是 Request.QueryString 形式读取数据还是 Request.Form 形式读取数据，都可以简写为如下形式：

```
Request("UserName")
```

例如：页面文件 "ins_stu_do.asp" 中的语句：var_sno＝request（"sno"），是获取从提交的表单中取得控件名称为 "sno" 的相应数据赋给变量 var_sno，其余语句同样理解。

（2）关于 Response 对象的使用。

Response 对象用于服务器传递信息给用户。一般使用 Response 对象将服务器端的数据以 HTTP 格式发送给客户端的浏览器或重定向浏览器到另一个 URL 或设置 Cookie 值。

Response 对象两个常用方法如下：

Response.Write（"…"）：动态地向浏览器输出内容；

Response.Redirect（"URL"）：使浏览器重定向到指定 URL。

（3）插入语句的组成说明。

SQL 的插入语句 VALUES 括号部分内容需要将值用单引号括起来，值与值之间要用逗号分隔，而这些值是从表单提交过来的存放在变量中的，因此构造插入语句就显得很复杂。其实，就是字符串的连接问题，要分清楚哪些是常量（直接用双引号括起来），哪些是变量（不能加双引号），字符串与字符串之间用连接运算符加号 "＋" 连接成一个完整的插入语句即可。

（4）举一反三。

请按照前面例 9.2 介绍的方法，往教师（teachers）表、课程（courses）表和选课（sc）表中添加新记录。

·本章小结·

本章介绍了 ASP 应用程序的运行环境构建，如何安装、启动、配置和测试 IIS 网站服务器。介绍了 ASP 应用程序基础知识，在 ASP 中使用脚本 VBScript 语言的方法和 ASP 中的内置对象。ASP 应用程序通过 ADO 对象连接数据库的代码及其说明，在 ASP 应用程序中使用连接对象执行插入命令的方法和实例。

习题 9

一、填空题

1. ASP 全名 Active Server Pages，是一个 Web _____ 端的开发环境，利用它可以产

生和执行动态的、互动的、高性能的 Web 应用程序。

2. ASP 代码的运行必须有相应的服务器进行解释才能运行，这个服务器就是_____Web 服务器。

3. ASP 主要是由_____括起来的代码嵌入到 HTML 中的一种技术。这些代码在_____端执行，执行时无需编译，可以用任何的文本编辑器编写（如记事本）。

4. ASP 程序是以_____为扩展名的文本文件，其控制部分是用_____或_____等脚本语言来编写的。

5. ASP 应用程序一般通过 ODBC 或_____对象访问 SQL Server 数据库。

6. Connection 对象与数据库的所有通信都要通过一个打开的连接来进行。要访问 SQL Server，首先就要建立与 SQL Server 数据库的连接，_____对象用于建立 Web 服务器到数据源的连接。

7. 当 Connection 对象打开后，可以通过对象的_____方法执行数据库的插入、删除和修改的 SQL 语句，即执行数据操纵命令。

8. _____是 ASP 里的一个内部对象，用于取得用户信息。使用这个对象，可以取得由 HTTP 请求传递过来的信息，包括使用_____和_____方法传递的参数，以及从服务器和客户端认证的传递的 Cookie 和环境变量。

9. 在 ASP 中，一般使用_____对象将服务器端的数据以 HTTP 格式发送给客户端的浏览器或重定向浏览器到另一个 URL 或设置 Cookie 值。

二、思考题

1. IIS 中的虚拟目录一定需要吗？如果不建立虚拟目录，不同的 ASP 应用程序存放在什么文件夹（目录）下比较好？

2. 如何运行已经创建的 ASP 程序（文件）？

3. 所有访问数据库的 ASP 程序（文件）都必须打开连接对象吗？不同的 ASP 页面文件可以打开不同的连接对象吗？

三、实训操作题

1. 在你的计算机的某一个硬盘中（例如 E 盘）建立一个用你的学号后 3 位和姓名等信息组合建立的文件夹（例如你学号后 3 位是 128，姓名为李洁，则文件夹为"128＿李洁＿ASP"），用于存放实训网站文件，下面实训题建立的 ASP 文件均存放于此文件夹中。

2. 用记事本建立一个 ASP 文件（mytestasp. asp），其内容是使用 ASP 中的 Response 对象在页面上显示你的班级名称、学号和姓名信息，并将其存放在题 1 建立的文件夹中。

3. 确认机器中已经正确安装了 IIS，如果没有，请自己动手安装。

4. 在 IIS 中建立虚拟目录 MyAspSql，指向题 1 中建立的文件夹，执行题 2 建立的 ASP 文件，如果结果不正确，请修改 ASP 文件或相关安装设置信息，直到验证成功。

5. 参照教材中的实例，建立一个连接到 SQL Server 数据库"company＿info"的 ASP 文件"conn. asp"，要求先建立连接对象，定义连接字符串，然后打开连接并显示信息"连接数据库成功！"。调试成功后，将其中的显示信息行注释。

6. 参照教材中的实例，建立一个 ASP 文件（Insert＿Category. asp），要求通过连接对象执行插入命令，往"company＿info"数据库的"Category"表中插入一条新记录，其记录内容自己设定。

202

7. 参照教材中的实例，建立一个 ASP 文件（Insert _ Employee. asp），要求通过连接对象执行插入命令，往"company _ info"数据库的"Employee"表中插入一条新记录，其记录内容自己设定。

8. 参照教材中的实例，建立一个 ASP 文件（Insert _ Customer. asp），要求通过连接对象执行插入命令，往"company _ info"数据库的"Employee"表中插入一条新记录，其记录内容通过 html 页面文件（Insert _ Customer. html）传送。

第 10 章　在 ASP 页面中查询与操纵数据

ASP 通过 ADO 对象执行对数据库的操作，ADO 是一种既易于使用又可扩充的技术，用户可以非常容易地在 ASP 页面中通过 ADO 操作数据库。不论哪种类型的数据库，通过 ADO 对象组件进行访问的方法都基本相同，只是在与数据库的连接上稍有区别。

10.1　Command 对象的作用及使用

Command 对象是 ADO 中专门用于对数据源执行一组命令和操作的对象。虽然 Connection 对象和 RecordSet 对象也可以执行一些操作命令，但功能上要比 Command 对象弱。Command 对象不仅能够对一般的数据库数据进行操作，还可以指定参数，从而可以完成参数查询和对存储过程的调用。当需要使某些命令具有持久性并可以重复执行或使用查询参数时，应该使用 Command 对象。

10.1.1　Command 对象的创建

一个 Command 对象代表一个 SQL 语句或一个存储过程，或其他数据源可以处理的命令，Command 对象包含了命令文本以及指定查询和存储过程调用的参数。

Command 是一种封装数据源执行某些命令的方法。使用 Command 对象可以将预定义的命令以及参数进行封装，可开发出高性能的数据库应用程序。

Command 对象的创建和 Connection 对象一样，使用 ASP 中的 Server 对象的 CreateObject 方法来创建，基本语法如下：

```
Set Command_Object_Name = Server.CreateObject("ADODB.Command")
```

例如，创建一个名为 cmd 的 Command 对象，其语句为：

```
Set cmd = Server.CreateObject("ADODB.Command")
```

10.1.2　Command 对象常用属性

Command 对象的常用属性如表 10.1 所示。

表 10.1   Command 对象的常用属性

属性名称	功能说明
ActiveConnection	Command 对象的连接信息，可以为连接对象或连接字符串
CommandText	对数据源的命令字符串，可以为表名、SQL 语句、存储过程或文本
Prepared	是否编译 Command 对象所执行的命令
CommandTimeout	设置执行 Command 对象时的等待时间，默认为 30 秒
CommandType	指定 CommandText 属性中设定的字符串类型，见表 10.2

1. ActiveConnection 属性

ActiveConnection 属性指定当前 Command 对象所属的 Connection 对象。属性值可以是一个连接对象名称或是一个包含完整连接信息的连接字符串，用于指定 Command 对象操作由哪个连接对象来连接数据源。

2. CommandText 属性

该属性可以设置或返回传送给数据提供者的命令文本，一般来说这个属性设置为能够完成某个特定功能的 SQL 语句，但也可以是存储过程名称或表名。

3. Prepared 属性

该属性用于指定在执行应用程序前是否保存命令的编译版本，其值为布尔值（True 或 False）。当设置其值为 True 时，将会在首次执行 Command 对象中的命令前保存 Command-Text 属性中指定命令的编译版本，在以后的使用中可以直接调用。这样做会降低命令首次执行的速度，但对于经常使用的命令来说，在后续的执行中数据提供者可以使用已编译好的命令版本，从而提高程序的执行效率。

4. CommandTimeout 属性

该属性是设置 Command 对象 Execute 方法的最长执行时间，是一个长整型变量，默认值为 30 秒。如果将其值设为 0，则系统会一直等到命令运行结束为止。

5. CommandType 属性

CommandType 属性指定 Command 对象命令的类型，以优化数据提供者的执行速度。其常用取值如表 10.2 所示。

表 10.2   Command 对象的常用属性

常量	取值	说　明
adCmdText	1	指定 CommandText 的类型是一个 SQL 语句
adCmdTable	2	指定 CommandText 的类型是数据库中一个表的名称
adCmdStoredProc	4	指定 CommandText 的类型是存储过程的名称
adCmdUnknow	8	指定 CommandText 的命令类型未知

10.1.3 Command 对象常用方法

Command 对象提供了 Cancel、CreateParameter 和 Execute 三个常用方法，具体说明如表 10.3 所示。

表 10.3   **Command 对象的常用方法**

方法名称	功能说明
Cancel	取消命令的执行
CreateParameter	创建一个新的 Parameter 对象。Parameter 对象表示传递给 SQL 语句或存储过程的一个参数
Execute	执行一个由 CommandText 属性指定的 SQL 语句或存储过程。该方法调用所返回的记录集是仅向前和只读的游标

请看下面代码段，创建了命令对象 cmd，定义了其连接属性、命令文本属性，使用 Execute 方法执行指定的命令文本。

```
Set cmd = Server.CreateObject("ADODB.Command")  '创建命令对象 cmd
Set cmd.ActiveConnection = conn          '定义 cmd 对象的活动连接为 conn
sqlstr = "DELETE from sc where cj IS NULL"   '定义 SQL 语句字符串
cmd.CommandText = sqlstr           '定义 cmd 对象的命令文本为 sqlstr
cmd.Execute()                 '执行命令
```

10.1.4 Command 对象使用实例

【例 10.1】使用 Command 对象将 sc_copy 表中成绩低于 60 分的记录删除。
对应的代码如下，将代码文本保存为文件"10_1.asp"，即可运行。

```
<! - - ♯ Include File = conn.asp - - >  <! - -导入连接文件,打开 conn 连接对象- - >
<%
    Dim  sqlstr
    Set  cmd = Server.CreateObject("ADODB.Command")  '创建命令对象 cmd
    Set  cmd.ActiveConnection = conn          '设置 cmd 对象的活动连接为 conn
    sqlstr = "DELETE FROM sc_copy WHERE cj<60"    '定义 SQL 语句字符串
    cmd.CommandText = sqlstr           '设置 cmd 对象的命令文本为 sqlstr
    cmd.Execute()                 '执行 SQL 命令
    response.write ("删除记录成功!")
    conn.close()                 '关闭连接对象
%>
```

Command 对象更多地用于存储过程的执行，关于存储过程的有关内容将在后面介绍，然后再介绍使用 Command 对象执行存储过程的基本方法。

10.2 RecordSet 对象的作用及使用

RecordSet 对象是 ADO 对象中最灵活、功能最强大的一个对象。利用 RecordSet 对象可以方便地操作数据库中各个数据表中的记录，熟练地掌握和灵活地运用 RecordSet 对象可以在 ASP 中完成对数据库的大部分操作。

10.2.1 RecordSet 对象的作用

RecordSet 对象表示的是来自基本表或命令执行结果的记录集。也就是说，该对象中存储着从数据库中取出的符合条件的记录集合。RecordSet 对象是对查询结果集的封装，其数据结构可认为与表相同。RecordSet 对象（若不为空）中的数据在逻辑上由行和列组成。

可以将 RecordSet 对象理解为计算机内存中存储数据记录的容器。执行 SQL 的查询命令，服务器会将查询的结果送给客户端的应用程序，ASP 应用程序中通过 RecordSet 对象接收这些数据，然后进行显示或处理。因为数据库中对数据记录的插入、删除和修改命令都不会有记录需要返回客户端，所以一般执行非查询命令不需要用到 RecordSet 对象，但 SELECT查询语句的结果一定要用 RecordSet 对象保存。

也可以把记录集看成是一张虚拟的表格，包含一条或多条记录（行），每条记录包含一个或多个字段，但任何时候只有一条记录为当前记录。

10.2.2 RecordSet 对象的使用

1. RecordSet 对象的创建

在 ASP 中，可以通过 Connection 对象或 Command 对象的 Execute 方法来创建 RecordSet 对象，也可以使用 Server 对象的 CreateObject 方法直接创建 RecordSet 对象，然后使用 Open 方法打开一个记录集。直接创建记录集对象的语法如下：

```
Set RecordSet_Object_Name = Server.CreateObject("ADODB.RecordSet")
```

例如，创建一个名为 rs 的 RecordSet 对象，其语句为：

```
Set rs = Server.CreateObject("ADODB.RecordSet")
```

在实际的使用中，一般通过查询结果直接创建 RecordSet 对象比较简单。即在非显式建立连接对象的情况下，直接打开一个带有查询的记录集，或是对命令对象的查询返回一个记录集。

2. RecordSet 对象的常用属性及方法

（1）RecordSet 对象的常用属性。

RecordSet 对象的属性较多，大多数属性只能在 RecordSet 对象打开之前设置，打开后这些属性为只读，常用的属性如表 10.4 所示。

表 10.4 　　　　　　　　　　　RecordSet 对象的常用属性之一

属性名称	功能说明
BOF	判断当前记录是否位于 RecordSet 对象的第一条记录之前
EOF	判断当前记录是否位于 RecordSet 对象的最后一条记录之后
ActiveConnection	指定 RecordSet 数据源连接信息：连接对象名或连接字符串
RecordCount	返回给 RecordSet 对象中记录的实际数目

其中 BOF（Begin Of File）属性用来判断当前记录位置是否位于 RecordSet 对象的第一条记录之前。EOF（End Of File）属性用来判断当前记录位置是否位于 RecordSet 对象的最后一条记录之后。

如果当前记录位于 RecordSet 对象的第一条记录之前，则 BOF 属性将返回 True(−1)，如果当前记录为第一条记录或位于其后任何位置将返回 False(0)。

如果当前记录位于 RecordSet 对象的最后一条记录之后，则 EOF 属性将返回 True (−1)，如果当前记录位于 RecordSet 对象的最后一条记录或位于其前任何位置将返回 False(0)。

如果 BOF 或 EOF 属性为真，则没有当前记录。

从以上可知，通过检验 BOF 与 EOF 属性，可以得知当前记录指针所指向的 RecordSet 的位置，使用 BOF 与 EOF 属性，可以得知一条 RecordSet 对象是否包含记录或者得知移动记录指针是否已经超出该 RecordSet 对象的范围。

（2）RecordSet 对象的常用方法。

RecordSet 对象的方法同样有很多种，我们首先介绍如表 10.5 所示的记录指针移动的 5 种方法，它们与前面介绍的 BOF 和 EOF 属性配合使用，能够完成记录集对象在页面的循环显示，如例 10.3 所示。

表 10.5　　　　　　　　　　　　RecordSet 对象的常用方法之一

方法名称	功能说明
Move	移动记录指针到指定位置
MoveFirst	移动当前记录指针到 RecordSet 对象的第一条记录
MoveLast	移动当前记录指针到 RecordSet 对象的最后一条记录
MoveNext	移动当前记录指针到下一条记录
MovePrevious	移动当前记录指针到上一条记录

Move、MoveFirst、MoveLast、MoveNext 和 MovePrevious 是用来移动记录指针的。如果打开的 RecordSet 对象（查询结果内容）不为空（共有 N 条记录），则打开时指针指向第一条记录，称为记录 1，最后一条记录称为记录 N。记录指针向后移动是指向记录 N 的方向移动，记录指针向前移动是指向记录 1 的方向移动，如图 10.1 所示。

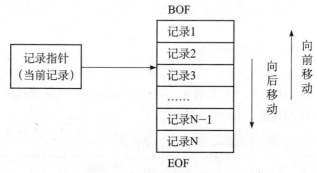

图 10.1　记录指针移动方向示意图

RecordSet 对象还有其他许多方法，例如可以直接对记录集中的记录进行添加、删除和修改记录，然后更新到数据库中，打开和关闭 RecordSet 对象等，如表 10.6 所示。

表 10.6　　　　　　　　　　　　RecordSet 对象的常用方法之二

方法名称	功能说明
Open	创建与指定数据源的连接，并打开一个 RecordSet 对象
Close	关闭所指定的 RecordSet 对象以便释放所有关联的系统资源
Addnew	向 RecordSet 对象（记录集）中插入一条新记录
Delete	删除 RecordSet 对象中的当前记录或一组记录
Update	保存对当前记录所作的修改

3. 使用实例及说明

【例 10.2】判断输入的学号是否已经存在。当我们往学生（students）表中插入新记录时，如果学号是学生表中已经存在的，因为关键字重复，插入记录操作将失败。本例题通过查询数据库学生（students）表中的记录，判断学号是否存在，从而确定是否能够进行插入操作。

解决方法是 ASP 程序获取用户输入的学号（var_sno），构造查询语句保存在 sqlstr 字符串变量中，然后通过连接对象执行查询语句，将查询结果保存在记录集对象 rs 中，如果记录集为空，表示学生（students）表中没有找到这个学号，即 if 条件的值为假，学号可用。反之，学号不可用。其实现代码如下（10_2_do.asp）：

```
<!--#Include File=conn.asp-->   <!--导入连接文件,打开conn连接对象-->
<%
  Dim sqlstr,var_sno
  Var_sno = trim(request("sno"))
  sqlstr = "select  *  from students where sno='" + var_sno + "'"
  'response.write(sqlstr)          '调试用语句,输出查询语句
  'response.end                    '调试用语句,结束执行
  Set rs = conn.execute(sqlstr)    '通过查询语句的结果赋给rs,创建rs对象
  if not rs.eof then               '判断记录集对象rs是否为空
      response.write("学号存在,不可用,请重新输入!")
  else
      response.write("学号不存在,可以使用!")
  end if
  conn.close
%>
```

其中带下划线的第一条语句是构造查询语句，查找学号等于输入值的记录；第二条语句是执行查询语句创建记录集，第三条语句是条件判断，使用 rs 的 eof 属性，如果不空则其值为真。

执行此 ASP 程序代码之前，需要建立一个输入学号的页面，命名为 10_2.htm，其设计视图如图 10.2 所示，其中表单中的文本框用于输入学号，其 id 为 sno。表单提交到"10_2_do.asp"页面，其代码如前所示。

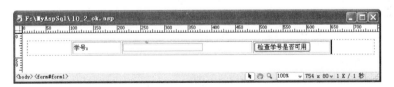

图 10.2　学生学号输入的页面设计视图

10.3　在 ASP 中查询数据并显示结果

在 ASP 页面中执行查询语句可将查询结果保存在记录集对象中，记录集对象对用户来说是看不见的。要使用户能看到查询的结果，必须将记录集对象中的记录显示在网页的表格等控件中，这时需要 ASP 程序代码与 html 代码相结合才能显示结果。

10.3.1 使用表格显示记录集的结果

【例 10.3】将学生（students）表中所有计算机技术系的学生信息读入记录集 rs 中并以表格的形式显示在页面中。

解决这个问题分两步。

第一步：构造查询语句，然后执行查询语句，将查询的结果放入记录集对象 rs 中。这部分代码如下：

```
<!--#Include File=conn.asp-->    <!--导入连接文件,打开conn连接对象-->
<%
    Dim    sqlstr
    Set    cmd = Server.CreateObject("ADODB.Command")    '创建命令对象 cmd
    Set    cmd.ActiveConnection = conn              '定义 cmd 对象的活动连接为 conn
    sqlstr = "SELECT  *  FROM students WHERE dept ='计算机技术'"
                                        '定义查询语句字符串
    cmd.CommandText = sqlstr           '定义 cmd 对象的命令文本为 sqlstr
    Set rs = cmd.Execute()             '执行查询命令将结果保存在记录集对象 rs 中
%>
```

第二步：将记录集 rs 中的记录以表格的形式显示在页面中。我们首先用 Dreamweaver 在设计模式下建立一个显示数据的表格（3 行 6 列，将第 1 行合并成标题信息，第 2 行填入记录列的中文名称），其设计视图如图 10.3 所示。

图 10.3 存放学生信息的表格设计视图

表格中的第 3 行是要根据记录集中记录数来进行循环显示内容的，在表格的第 3 行开始之前加入下面的 ASP 代码。这是一个 while 循环语句，使用了 rs 记录集对象的 eof 属性，即若 rs 记录集指针没有指向最后（还有记录），就开始增加表格一行用于显示当前记录内容。

```
<%
    while not rs.eof
%>
```

在第 3 行的各个单元格中显示记录集当前指针所指记录的各字段内容，其代码如下：

```
<tr>
    <td><%=rs("sno")%></td>
    <td><%=rs("sname")%></td>
    <td><%=rs("xb")%></td>
    <td><%=rs("zhy")%></td>
    <td><%=rs("in_year")%></td>
```

```
    <td><%=rs("dept")%></td>
</tr>
```

其中〈%=rs（"sno"）%〉是在单元格中显示 rs 当前记录的"sno"字段值，"sno"是查询的结果字段名。其余单元格内容以此类推。

当前记录显示完成后，在行末移动记录集对象 rs 的指针，指向下一条记录，继续循环。在表格的第 3 行末尾（标记〈/tr〉后）加入记录向后移动的语句 rs.movenext 和循环结束代码（wend），如下所示：

```
<%
  rs.movenext
  wend
%>
```

最后在表格结束标记（"〈/table〉"）之后加入关闭连接的代码，如下所示：

```
<%
  conn.close
%>
```

这个页面对应的完整代码如下，将代码保存为文件"10_2.asp"，即可运行。

```
<!--#Include File=conn.asp-->  <!--导入连接文件,打开conn连接对象-->
<html>
<head>
 <%
   Dim  sqlstr
   Set  cmd = Server.CreateObject("ADODB.Command")  '创建命令对象 cmd
   Set cmd.ActiveConnection = conn          '定义 cmd 对象的活动连接为 conn
   sqlstr = "SELECT * FROM students WHERE dept ='计算机技术'"
   '定义查询语句字符串
   cmd.CommandText = sqlstr              '定义 cmd 对象的命令文本为 sqlstr
   Set rs = cmd.Execute()               '执行查询命令将结果保存在记录集对象 rs 中
 %>
<title>查询结果</title>
 </head>
 <body>
<table width="706" height="148" border="1" align="center">
    <tr>
      <td colspan="6"><div align="center"><span class="STYLE1">计算机技术系学生信息</span></div></td>
    </tr>
    <tr>
      <td width="126"><div align="center"><span class="STYLE4">学号</span></div></td>
      <td width="120"><div align="center"><span class="STYLE4">姓名</span></div></td>
      <td width="58"><div align="center"><span class="STYLE4">性别</span></div></td>
      <td width="120"><div align="center"><span class="STYLE4">专业</span></div></td>
      <td width="94"><div align="center"><span class="STYLE4">入学年份</span></div></td>
      <td width="148"><div align="center"><span class="STYLE4">所在系</span></div></td>
    </tr>
    <%
```

```
      while not rs.eof
    %>
    <tr>
      <td><%=rs("sno")%></td>
      <td><%=rs("sname")%></td>
      <td><%=rs("xb")%></td>
      <td><%=rs("zhy")%></td>
      <td><%=rs("in_year")%></td>
      <td><%=rs("dept")%></td>
    </tr>
  <%
    rs.movenext
    wend
  %>
</table>
<%
  conn.close
  %>
</body>
</html>
```

运行结果如图 10.4 所示。

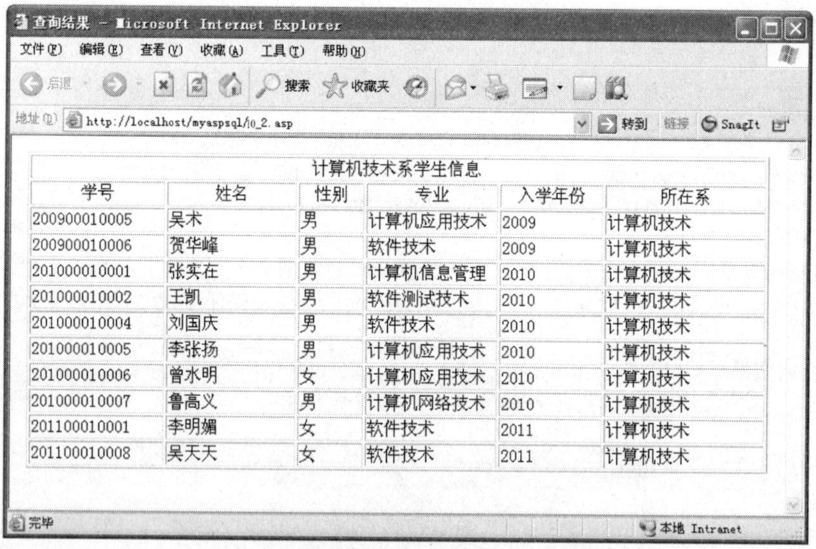

计算机技术系学生信息					
学号	姓名	性别	专业	入学年份	所在系
200900010005	吴术	男	计算机应用技术	2009	计算机技术
200900010006	贺华峰	男	软件技术	2009	计算机技术
201000010001	张实在	男	计算机信息管理	2010	计算机技术
201000010002	王凯	男	软件测试技术	2010	计算机技术
201000010004	刘国庆	男	软件技术	2010	计算机技术
201000010005	李张扬	男	计算机应用技术	2010	计算机技术
201000010006	曾水明	女	计算机应用技术	2010	计算机技术
201000010007	鲁高义	男	计算机网络技术	2010	计算机技术
201100010001	李明媚	女	软件技术	2011	计算机技术
201100010008	吴天天	女	软件技术	2011	计算机技术

图 10.4 计算机技术系学生信息查询结果显示

可以使用 Dreamweaver 等网页制作工具将表格的内容显示得更加漂亮。我们这里重点介绍 ASP 与数据库连接并完成相关操作，不注重页面本身的显示效果。

举一反三，请将数据库中教师（teachers）表、课程（courses）表和选课（sc）表中的记录以表格的形式显示在网页上。

10.3.2 分页显示记录集的结果

如果查询的结果记录数量很大，像例 10.3 所示一次将全部结果显示在用户的浏览器中会有很多不方便之处。一方面随着记录数量的增加，从服务器传送到客户端的时间会更长，还可能超时中断；另一方面也会给用户查看数据造成不便。因此，在 ASP 应用程序中，使用分页技术显示数据库中大量记录非常普遍。

RecordSet 对象用于记录集分页显示的属性主要有 4 个，如表 10.7 所示。

表 10.7   **RecordSet 对象的常用属性**

属性名称	功能说明
PageCount	返回 RecordSet 对象的逻辑页数
PageSize	设置或返回 RecordSet 对象中每一个逻辑页的记录条数
AbsolutePage	设置或返回当前记录在 RecordSet 对象中的绝对页数
AbsolutePosition	设置或返回当前记录在 RecordSet 对象中的绝对位置

为实现分页显示，经常使用的方式是限定每一页面中所显示的记录数，并提供"上一页"、"下一页"、"第一页"、"最后一页"及允许用户直接输入页号的输入框等形式，这样就可以直接查看所需的信息。

【例 10.4】按每页 5 条记录的形式分页显示学生（students）表中所有记录。

解决分页显示学生记录问题，需要如下六个步骤：

（1）导入连接文件，构造查询语句，创建并打开记录对象，将查询结果保存在记录对象 rs 中。

（2）如果记录对象内容不为空，则通过语句"rs. PageSize＝5"设置页大小为 5 条记录。

（3）获取或定义变量"CurrentPage"的值，并对其值进行边界处理。

（4）显示标题和表头信息。

（5）循环显示每一页中的每一条记录。

（6）显示上一页，下一页和页号超链接。

其页面设计视图如图 10.5 所示。

图 10.5   分页浏览学生信息页面设计视图

其实现的完整代码如下，保存文档名称为"10_4. asp"：

```
<!--＃Include File = conn. asp -->  <!--导入连接文件,打开 conn 连接对象 -->
<!--下面语句导入文件 adovbs. inc,它里面包括 ASP 中各个内置组件的常量说明 -->
```

```
   <! - - ＃Include file = adovbs. inc - - >
<html>
 <head>
    < %
    Dim sqlstr
    sqlstr = "select * from students "
    Set rs = Server. CreateObject("ADODB. RECORDSET")    '建立记录集对象 rs
    '下面语句打开记录集对象
    rs. Open sqlstr,conn, AdOpenStatic, AdLockReadOnly, AdCmdText
    If rs. Eof then
      Response. write "记录集为空!"
      Response. End
    End if
    rs. PageSize = 5          '设置 rs 记录集对象的每一页记录数为 5
    '下面几行代码设置当前页的页码值
    CurrentPage = Request. QueryString("pno")
    If CurrentPage = "" then CurrentPage = 1
    CurrentPage = CLng(CurrentPage)
    If CurrentPage<1 then CurrentPage = 1
    If CurrentPage>rs. PageCount then CurrentPage = rs. PageCount
    rs. AbsolutePage = CurrentPage         '设置记录集对象的绝对页号为当前页
    % >
    <title>分页显示学生信息</title>
</head>
<body>
    <h2 align = "center">学生信息分页浏览</h2>
    <hr />
    <table border = "1" align = "center">
      <tr>
         <td> 学号 </td>
         <td> 姓名 </td>
         <td> 性别 </td>
         <td> 专业 </td>
         <td >入学年份 </td>
         <td >所在系 </td>
      </tr>
      < %   '输出当前页的所有记录
          j = 1
          While Not rs. Eof AND j< = rs. PageSize
      % >
      <tr>
         <td>< % = rs("sno") % ></td>
         <td>< % = rs("sname") % ></td>
         <td>< % = rs("xb") % ></td>
         <td>< % = rs("zhy") % ></td>
         <td>< % = rs("in_year") % ></td>
         <td>< % = rs("dept") % ></td>
      </tr>
      < %
      j = j + 1
```

214

```
        rs. MoveNext
        Wend
    %>
  </table>
<%'显示上一页,下一页和页号超链接 %>
<table  border = "1" align = "center">
    <tr>
        <td><div align = "center">
        <a href = "10_4. asp?pno = <% = CurrentPage-1%>">上一页</a></div></td>
      <% for i = 1 to rs. PageCount %>
        <td>
      <% if i = CurrentPage then %>
          <% = i%>
      <% else %>
          <a href = "10_4. asp?pno = <% = i%>">[<% = i%>]</a>
      <% End if %>
        </td>
      <% next %>
        <td><a href = "10_4. asp?pno = <% = CurrentPage+1%>">下一页</a></td>
    </tr>
  </table>
  </body>
</html>
```

其运行结果如图 10.6 所示。

图 10.6　分页显示学生信息

程序说明：

关于语句"rs. Open sqlstr, conn, AdOpenStatic, AdLockReadOnly, AdCmdText"，这是打开记录集对象 rs，其中第一个参数"sqlstr"，sqlstr 字符串变量内容就是要执行的查询语句。第二个参数"conn"，指定当前的活动连接对象为 conn。第三个参数"AdOpen-Static"，是记录集对象的 CursorType 属性常量值，记录集对象的 CursorType 属性设置其游标类型，它共有 4 个值，如表 10.8 所示。

表 10.8   RecordSet 对象的 CursorType 参数

常量名	常量值	说　明
AdOpenForwardOnly	0	单向游标，只能在记录集中从前向后移动；默认值
AdOpenKeySet	1	键集游标，可以在记录集中向前或向后双向移动。如果其他用户删除或改变了某条记录，记录集中将反映这个变化；但是，如果其他用户添加了一条新记录，这条新记录就不会出现在记录集中
AdOpenDynamic	2	动态游标，可以在记录集中向前或向后双向移动，对于其他用户造成的任何记录变化都将在记录集中反映
AdOpenStatic	3	静态游标，可以在记录集中向前或向后双向移动，对于其他用户造成的任何记录变化都不会在记录集中反映

第四个参数"AdLockReadOnly"，是记录集对象的 LockType 属性常量值。LockType 属性用于指定打开 RecordSet 对象时数据库服务器应该使用的锁类型。通过选择锁类型可以确保数据的完整性，保证对数据更改的正确性。LockType 参数值如表 10.9 所示。

表 10.9   RecordSet 对象的 LockType 参数

常量名	常量值	说　明
AdLockReadOnly	0	只读，不能改变数据；默认值
AdLockPessimistic	1	保守式锁定（逐个），指定在编辑一个记录时立即锁定它
AdLockOptimistic	2	开放式锁定（逐个），只有在调用 Update 方法时才锁定记录
AdLockBatchOptimistic	3	开放式批量更新，用于批更新模式

第五个参数"AdCmdText"，是记录集对象的 Options 参数值，指示被执行的字符串包含一个命令文本。Options 参数值如表 10.10 所示。

表 10.10   RecordSet 对象的 Options 参数

常量名	常量值	说　明
AdCmdUnknown	−1	指示命令类型为未知
AdCmdText	1	指示被执行的字符串包含一个命令文本
AdCmdTable	2	指示被执行的字符串包含一个表的名字
AdCmdStoredProc	3	指示被执行的字符串包含一个存储过程名

记录集对象的 Open 方法用于创建与指定数据源的连接，并打开一个 RecordSet 对象，其完整语法如下：

```
RecordSet 对象名 .Open Source,ActiveConnection,CursorType,LockType,Options
```

其中的所有常量保存在文件"adovbs.inc"中，因此在文件开头需要导入此文件。文件中的语句如下：

```
rs.Open sqlstr,conn,AdOpenStatic,AdLockReadOnly,AdCmdText
```

将常量改写为值：

```
rs.Open sqlstr,conn,3,0,1
```

问题思考：这个语句可否用下面语句代替，为什么？

```
SET rs = conn.Execute(sqlstr)
```

10.4 使用 RecordSet 对象插入、删除和修改数据

记录集（RecordSet）对象不仅能保存查询结果，还可以用于增加、修改和删除数据记录。下面介绍使用记录集（RecordSet）对象进行添加、修改和删除数据记录的使用方法。

10.4.1 使用记录集（RecordSet）对象插入记录

在 ASP 页面中添加记录有两种方法，其一是前面已经介绍过的使用已打开的连接对象的 Execute 方法执行 Insert 语句来往表中插入一条新记录；第二种是现在我们要介绍的方法，首先创建并打开一个记录集（RecordSet）对象，然后用其 AddNew 方法新增一条空记录，再填充这个空记录的各个字段内容，最后调用记录集（RecordSet）对象的 Update 方法把记录内容写入数据库中。

【例 10.5】往教师（teachers）表中插入新记录（使用记录集对象的 AddNew 方法）。

首先建立输入教师数据的页面，文件名为"10_5.htm"，其设计视图如图 10.7 所示。其设计内容，首先加入一个表单（form1），其"action"属性值为"10_5_do.asp"，表单定义的 html 语句如下所示：

```
<form id = "form1" name = "form1" method = "post" action = "10_5_do.asp">
```

然后在表单中加入 7 行 2 列的表格，在表格中加入控件。其中"教师编号"对应的文本域控件的 id 为"tno"；"姓名"对应的文本域控件的 id 为"tname"；"性别"对应的单选按钮组控件的 id 为"txb"；"职称"对应的列表控件的 id 为"tzc"，列表值有 5 个（教授、副教授、讲师、助教、其他），初始值为"讲师"；"年龄"对应的文本域控件的 id 为"tage"。

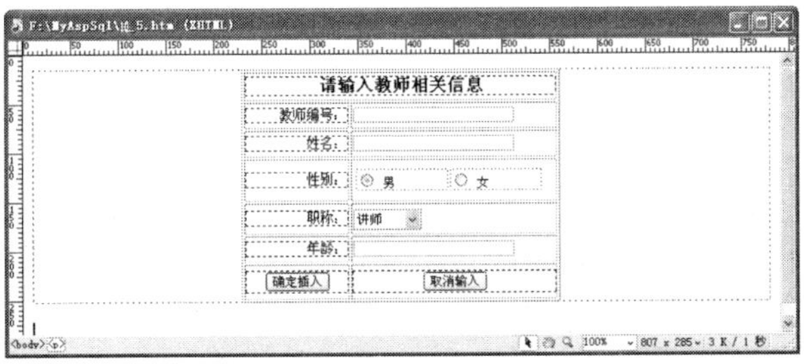

图 10.7 教师数据输入页面

然后建立插入记录的 ASP 页面（显示插入操作完成后的全部记录内容），文件名为"10_5_do.asp"其完整程序代码如下：

```
<!--#Include File = conn.asp-->   <!--导入连接文件,打开 conn 连接对象-->
  <!--下面语句导入文件 adovbs.inc,它里面包括 ASP 中各个内置组件的常量说明-->
  <!--#Include file = adovbs.inc-->
  <html>
  <head> <title> 教师记录插入及显示</title>
</head>
<body>
<%
```

```asp
Set rs = Server.CreateObject("ADODB.RECORDSET") '创建记录集对象 rs
'下面语句打开记录集对象
rs.Open "teachers",conn,AdOpenKeyset,adlockOptimistic,adcmdTable
'下面语句往 rs 记录集对象中新增一条空记录
rs.AddNew
'下面语句填充空记录各字段的值,rs("字段名")是数据库 courses 表中的字段名
'赋值号右边的 Request("控件名")是从表单中提交的控件 id 或名称
rs("tno") = Request("tno")
rs("tname") = Request("tname")
rs("txb") = Request("txb")
rs("zc") = Request("tzc")
rs("age") = Request("ttage")
'下面语句将新记录写入数据库
rs.Update
'下面语句将记录集的当前记录指针指向第一条记录
rs.movefirst
'下面开始以表格的方式显示 rs 中的所有记录
%>
<table border = "1" align = "center">
  <tr>
  <td colspan = "5"><div align = "center" >教师信息插入后显示</td>
</tr>
<tr>
  <td width = "83"><div align = "center">教师编号</div></td>
  <td width = "79"><div align = "center">姓名</div></td>
  <td width = "42"><div align = "center">性别</div></td>
  <td width = "80"><div align = "center">职称</div></td>
  <td width = "46"><div align = "center">年龄</div></td>
</tr>
<%
  while not rs.eof
%>
<tr>
  <td><% = rs("tno") %></td>
  <td><% = rs("tname") %></td>
  <td><% = rs("txb") %></td>
  <td><% = rs("zc") %></td>
  <td><% = rs("age") %></td>
</tr>
<%
  rs.movenext
  wend
%>
</table>
<%
rs.close '关闭记录集对象
conn.close '关闭连接对象
%>
</body>
</html>
```

在浏览器中执行文件"10_5.htm"，输入教师相关数据，效果如图 10.8 所示，单击其中的"确定插入"按钮，提交表单中的数据到页面"10_5_do.asp"中，插入新记录并显示所有记录，其效果如图 10.9 所示，最后一条记录是新插入的记录。

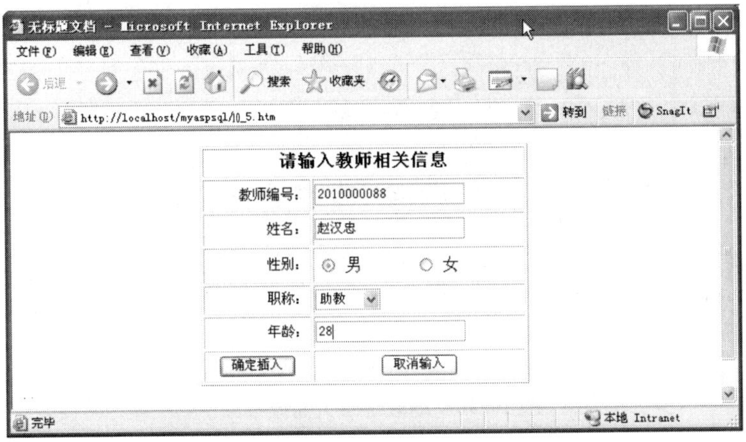

图 10.8 输入教师信息页面运行效果图

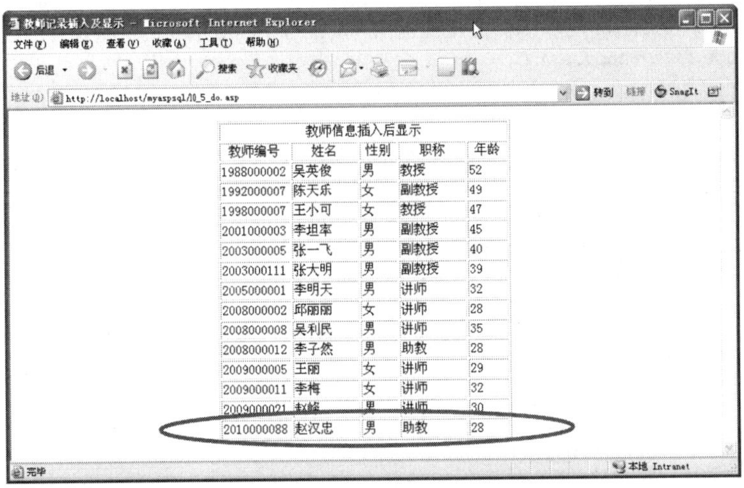

图 10.9 插入新记录并显示所有记录的页面效果图

10.4.2 使用记录集（RecordSet）对象删除记录

在 ASP 页面中删除记录也有两种方法，其一是使用已打开的连接对象的 Execute 方法执行 Delete 语句来删除表中记录；其二是创建并打开一个记录集（RecordSet）对象，然后将记录指针指向要删除的记录，然后用其 Delete 方法删除当前记录，最后调用记录集（RecordSet）对象的 Update 方法来更新数据库。

删除记录的过程一般是列出表中所有记录，用户选择要删除的记录后确认删除。

【例 10.6】列表删除课程备份（courses_copy）表中记录（如果没有这个表，通过 courses 表使用 SELECT 语句带 INTO 子句复制一份）。

10_6.asp 页面显示课程备份（courses_copy）表中所有记录，并在每条记录右边添加"删除"超链接，供用户操作选择。当选中某条记录的"删除"超链接时，弹出对话框，用户确认删除后才正式执行删除操作，效果如图 10.10 所示。

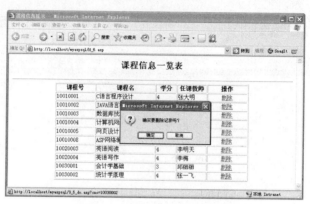

图 10.10 删除记录页面效果图

10_6.asp 其实现代码及说明如下：

```
<! - - ♯ Include File = conn. asp - - >    <! - - 导入连接文件,打开 conn 连接对象 - - >
<! - - 下面语句导入文件 adovbs. inc,它里面包括 ASP 中各个内置组件的常量说明 - - >
<! - - ♯ Include file = adovbs. inc - - >
<html>
<head>
<script language = "javascript">
    function delete_ok()
    {
      if (window. confirm("确实要删除记录吗?"))
      return true;
    else
      return false;
    }
  </script>
<title>课程信息显示</title>
</head>
<body>
  <h2 align = "center">课程信息一览表</h2>
  <hr />
  <table width = "547" height = "56" border = "1" align = "center">
    <tr>
      <td width = "108"><div align = "center">课程号</div></td>
      <td width = "163"><div align = "center">课程名</div></td>
      <td width = "54"><div align = "center">学分</div></td>
      <td width = "79"><div align = "center">任课教师</div></td>
      <td width = "109"><div align = "center">操作</div></td>
    </tr>
  < %
    Dim  sqlstr
    Set  cmd = Server. CreateObject("ADODB. Command") '创建命令对象 cmd
```

```
     Set cmd. ActiveConnection = conn         '定义 cmd 对象的活动连接为 conn
     sqlstr = "SELECT cno, cname, xf, tname FROM courses_copy, teachers
             WHERE courses_copy. tno = teachers. tno " '定义查询语句字符串
     cmd. CommandText = sqlstr          '定义 cmd 对象的命令文本为 sqlstr
     Set rs = cmd. Execute( )          '执行 SQL 命令, 将查询结果保存在记录集对象 rs 中
     '下面开始显示记录集的结果在表格中
     while not rs. eof
     var_cno = rs("cno")
%>
  <tr>
    <td><% = rs("cno")%></td>
    <td><% = rs("cname")%></td>
    <td><% = rs("xf")%></td>
    <td><% = rs("tname")%></td>
    <td><div align = "center">
      <a href = "10_6_do. asp?cno = <% = var_cno%>"
      onclick = "return delete_ok()">删除</a></div></td>
  </tr>
<%
    rs. movenext
    wend
%>
    </table>
</body>
</html>
```

10_6_do. asp 页面接收课程号 cno 参数，构造删除语句，执行删除操作，代码如下：

```
<!--#Include File = conn. asp -->  <!--导入连接文件, 打开 conn 连接对象-->
<%
Dim sqlstr, var_cno
var_cno = trim(request("cno"))
'下面构造删除语句, 通过从前面页面传过来的课程号来删除 courses_copy 表中记录
sqlstr = "delete from courses_copy where cno = '" + var_cno + "'"
'response. write(sqlstr)
'response. end
conn. execute sqlstr      '使用打开的连接对象 conn 的 Execute 方法执行删除命令
conn. close
response. Redirect("10_6. asp")   '跳转到前一个页面 10_6. asp
%>
```

【例 10.7】一次删除多条记录。对于课程备份（courses_copy）表中记录可以一次选择多条进行删除。

在显示课程备份（courses_copy）表中记录时，在每一行记录的最右边加入一个"删除"复选项（其 name 属性值为"delwhich"，其 value 属性值为本行记录的关键字"cno（课程号）"，表单提交时记住选择行的特征，作为删除语句的条件值），供用户选择多条记录。然后单击页面下方的"删除"命令按钮，进行删除确认后，进入 ASP 删除记录页面，通过循环判断当前记录是否是选中的记录，如果提交的复选框值（cno）与当前记录的 cno 相同，则使用 rs. delete 语句将其删除，从而达到删除多

221

条记录的目的。其效果如图 10.11（删除操作完成前）所示。

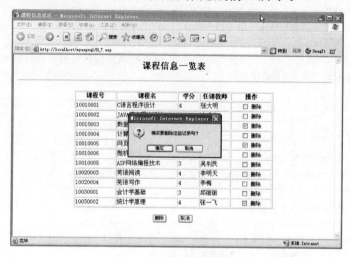

图 10.11 一次选择多条记录删除前的页面效果图

用于显示课程信息的页面"10_7.asp"代码如下：

```
<! - - ♯ Include File = conn. asp - - > <! - - 导入连接文件, 打开 conn 连接对象 - - >
<! - - 下面语句导入文件 adovbs. inc, 它里面包括 ASP 中各个内置组件的常量说明 - - >
<! - - ♯ Include file = adovbs. inc - - >
<html>
<head>
<script language = "javascript">
    function delete_ok()
    {
      if (window. confirm("确实要删除这些记录吗?"))
          return true;
      else
          return false;
    }
</script>
<title>课程信息显示</title>
</head>
<body>
    <h2 align = "center">课程信息一览表</h2>
    <hr />
    <form name = "form1" method = "post" action = "10_7_do. asp">
    <table width = "547" height = "56" border = "1" align = "center">
        <tr>
          <td width = "108"><div align = "center">课程号</div></td>
          <td width = "163"><div align = "center">课程名</div></td>
          <td width = "54"><div align = "center">学分</div></td>
          <td width = "79"><div align = "center">任课教师</div></td>
          <td width = "109"><div align = "center">操作</div></td>
        </tr>
< %
    Dim sqlstr
```

```
        Set cmd = Server. CreateObject("ADODB. Command")  '创建命令对象 cmd
        Set cmd. ActiveConnection = conn          '定义 cmd 对象的活动连接为 conn
        sqlstr = "SELECT cno, cname, xf, tname FROM courses_copy, teachers
                WHERE courses_copy. tno = teachers. tno "  '定义查询语句字符串
        cmd. CommandText = sqlstr        '定义 cmd 对象的命令文本为 sqlstr
        Set rs = cmd. Execute()          '执行 SQL 命令,将查询结果保存在记录集对象 rs 中
        while not rs. eof
        var_cno = rs("cno")
      %>
    <tr>
        <td><% = rs("cno") %></td>
        <td><% = rs("cname") %></td>
        <td><% = rs("xf") %></td>
        <td><% = rs("tname") %></td>
        <td align = "center" valign = "middle">
      <input type = "checkbox" name = "delwhich" value = "<% = rs("cno") %>">
          删除 </td>
    </tr>
    <%
        rs. movenext
        wend
    %>
    </table>
    <br>
      <div align = "center">
      <input type = "submit" name = "del" value = "删除"
            onClick = "return delete_ok();">
        
      <input type = "reset" name = "Submit2" value = "取消">
    </div>
    <div align = "center"></div>
    </form>
  </body>
</html>
```

用于删除选定记录的页面 "10_7_do. asp" 代码如下：

```
<!--#Include File = conn. asp-->   <!--导入连接文件,打开 conn 连接对象-->
<!--下面语句导入文件 adovbs. inc,它里面包括 ASP 中各个内置组件的常量说明-->
<!--#Include File = adovbs. inc-->
<%
  Set rs = Server. CreateObject("ADODB. RecordSet")     '建立记录集对象
  sqlstr = "SELECT * FROM courses_copy"              '定义查询语句
  '打开记录集对象 rs, rs 中开始包含 courses_copy 表中全部记录
  rs. open sqlstr, conn, adOpenKeySet, adLockOptimistic, adcmdtext
  del_count = request("delwhich"). count    '统计选择删除的记录数
  if del_count = 0 then
      Response. Write("请选择要删除的记录!")
      Response. end
  End If
  '对记录集中的每一条记录进行比较,是否是选中的记录,如果是删除
```

```
        while not rs. eof
          for i = 1 to del_count
            If Request("delwhich")(i) = Cstr(rs("cno")) then
              rs. delete                  '从记录集中删除当前记录
              rs. Update                  '将删除结果写入数据库中,真正实现删除操作
              Exit for
            End If
          next
          rs. MoveNext
        Wend
        rs. close
        conn. close
      Response. redirect("10_7.asp")
%>
```

10.4.3 使用记录集（RecordSet）对象修改记录

在 ASP 页面中修改记录也有两种方法，其一是使用已打开连接对象的 Execute 方法执行 Update 语句来修改表中记录；其二是创建并打开一个记录集（RecordSet）对象，然后将记录指针指向要修改的记录，使用赋值语句将当前记录的各个字段值进行修改，最后调用记录集（RecordSet）对象的 Update 方法把修改后的记录内容写入数据库中。

修改记录的步骤是：首先列出表中所有记录供用户选择；然后将选中的记录回显其内容（可修改状态）；最后确认修改内容，将结果写回数据库，修改完成。修改操作实现步骤比插入和删除记录稍复杂一些。

【例 10.8】列表显示计算机技术系学生（students_computer）表中所有记录，供用户修改。计算机技术系学生（students_computer）表如果不存在，通过执行查询语句"SELECT * INTO students_computer FROM students"获得。

（1）以列表的方式显示表中的记录，在每条记录后添加"修改"超链接，单击某条记录的修改超链接转入记录的回显编辑状态，其实现效果如图 10.12 所示。

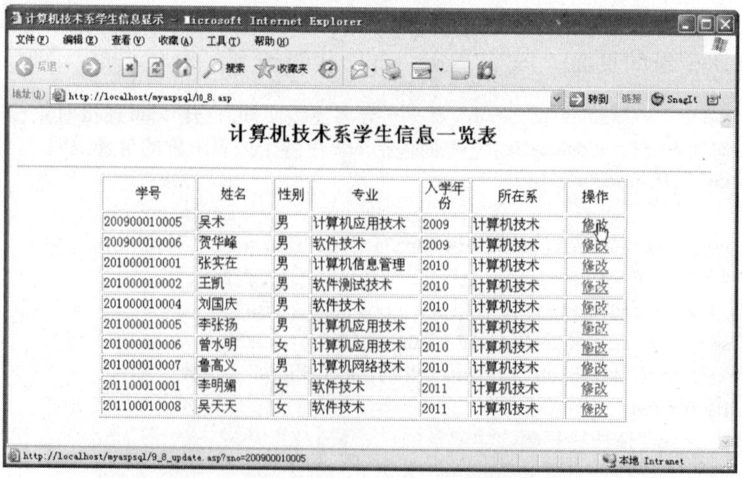

图 10.12 列表显示计算机技术系学生信息

224

单击某条记录对应的"修改"超链接时，要将该记录的关键字（sno）值作为 URL 参数转入下一页面，否则不知道用户选择的是哪条记录。页面"10_8.asp"的实现代码如下：

```
<!--♯Include File=conn.asp-->    <!--导入连接文件,打开conn连接对象-->
<html>
<head>
<title>计算机技术系学生信息显示</title>
</head>
<body>
    <h2 align="center">计算机技术系学生信息一览表</h2>
    <hr />
    <table width="637" height="56" border="1" align="center">
        <tr>
            <td width="110"><div align="center">学号</div></td>
            <td width="87"><div align="center">姓名</div></td>
            <td width="39"><div align="center">性别</div></td>
            <td width="126"><div align="center">专业</div></td>
            <td width="55"><div align="center">入学年份</div></td>
            <td width="108"><div align="center">所在系</div></td>
            <td width="66"><div align="center">操作</div></td>
        </tr>
    <%
    Dim    sqlstr
    Set    cmd=Server.CreateObject("ADODB.Command")    '创建命令对象cmd
    Set    cmd.ActiveConnection=conn             '定义cmd对象的活动连接为conn
    sqlstr="SELECT * FROM students_computer" '定义查询语句字符串
    cmd.CommandText=sqlstr              '定义cmd对象的命令文本为sqlstr
    Set rs=cmd.Execute()                 '执行SQL命令,将查询结果保存在记录集对象rs中
    while not rs.eof
    %>
        <tr>
            <td><%=rs("sno")%></td>
            <td><%=rs("sname")%></td>
            <td><%=rs("xb")%></td>
            <td><%=rs("zhy")%></td>
            <td><%=rs("in_year")%></td>
            <td><%=rs("dept")%></td>
            <td align="center" valign="middle">
             <a href="10_8_update.asp?sno=<%=rs("sno")%>">修改</a> </td>
        </tr>
    <%
    rs.movenext
    wend
    %>
    </table>
</body>
</html>
```

（2）根据超链接传过来的参数（sno）值将记录回显在页面，进入编辑状态，供用户修改其相关字段的值。页面"10_8_update.asp"实现效果如图 10.13 所示。

在这个页面中，将给定学号对应的学生记录读取显示在表单中，其中学号字段是关键字，一般设置为不可修改状态，其余字段内容均在编辑状态，可以修改。

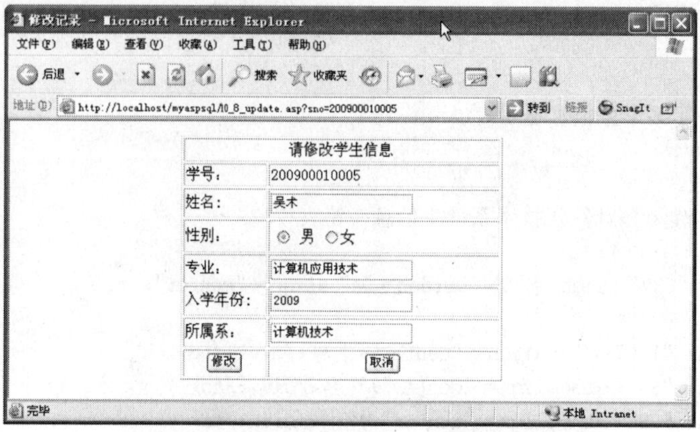

图 10.13　选定学生记录信息回显并进入编辑状态

页面"10 _ 8 _ update. asp"代码如下：

```
<! - - # Include File = conn. asp - - >   <! - - 导入连接文件,打开 conn 连接对象 - - >
<html ><head>
<title>修改记录</title>
<script language = "javascript">
  function delete_ok()
  {   if (window. confirm("确实要修改记录吗?"))
      return true;
    else
      return false;
  }
</script>
</head>
<body>
<%
    Set rs = Server. CreateObject("ADODB. RecordSet")
    sqlstr = "SELECT * FROM students_computer
           where sno = '" + trim(Request("sno")) + "'"
    rs. open sqlstr,conn
    if not rs. eof then
  %>
<form name = "form1" method = "post" action = "10_8_do. asp">
<table width = "343" height = "255" border = "1" align = "center">
    <tr>
      <td colspan = "2"><div align = "center" >请修改学生信息</div></td>
    </tr>
    <tr> <td width = "85" >学号: </td>
      <td width = "242" > <% = rs("sno") %>
        <input name = "tsno" type = "hidden" value = "<% = rs("sno") %>"></td>
    </tr>
    <tr> <td> 姓名:</td> <td>
```

226

```
        <input name = "tsname" type = "text" value = "< % = rs("sname") % >"></td>
      </tr>
      <tr> <td> 性别:</td> <td><table width = "200">
        <tr> <td
          < % if rs("xb") = "男" then % >
          <input type = "radio" name = "txb" value = "男" checked> 男
          <input type = "radio" name = "txb" value = "女">女
          < % else % >
          <input type = "radio" name = "txb" value = "男" >男
          <input type = "radio" name = "txb" value = "女" checked>女
          < % end if % >
        </td> </tr>
      </table></td>
    </tr>
    <tr> <td>专业:</td>
      <td><input name = "tzhy" type = "text" value = "< % = rs("zhy") % >"></td>
    </tr>
    <tr> <td>入学年份:</td>
      <td><input name = "tinyear" type = "text"
              value = "< % = rs("in_year") % >"></td>
    </tr>
      <tr> <td>所属系:</td>
<td><input name = "tdept" type = "text" value = "< % = rs("dept") % >"></td>
    </tr>
    <tr> <td> <div align = "center">
        <input type = "submit" name = "Submit" value = "修改"
            onclick = "delete_ok()">
      </div></td>
      <td><div align = "center">
            <input type = "reset" name = "Submit2" value = "取消">
            </div></td>
    </trK>
</table>
</form>
< % end if
    rs. close
    conn. close
  % >
</body>
</html>
```

（3）在页面"10_8_update.asp"中修改记录内容，单击其中的"修改"按钮，进入实现修改功能页面"10_8_do.asp"。此页面的功能是根据表单提交的内容，更改指定记录内容，写入数据库。可以使用连接对象直接执行 Update 语句实现，也可使用记录集对象来进行更新。下面给出两种方法的实现代码。

方法一：使用连接对象直接执行 Update 语句，这里的难点是构造 Update 语句，需要我们对 Update 语句的语法能够熟练掌握，并且对字符串常量和变量及其连接方法很清楚。初学者往往在这里出现错误，页面"10_8_do.asp"方法一实现代码如下：

227

```
<! - - #Include File = conn. asp - - >    <! - - 导入连接文件,打开 conn 连接对象 - - >
    <%
     dim var_sno, var_sname, var_xb, var_zhy, var_inyear, var_dept, sqlstr
        '下面语句获取表单的值存入相应变量中
        var_sno = request("tsno")
        var_sname = request("tsname")
        var_xb = request("txb")
        var_zhy = request("tzhy")
        var_inyear = request("tinyear")
        var_dept = request("tdept")
        '下面构造 Update 语句
        sqlstr = "Update students_computer set sname = '" + var_sname + "', xb = '"
        sqlstr = sqlstr + var_xb + "', zhy = '" + var_zhy + "', in_year = " + var_inyear
        sqlstr = sqlstr + ", dept = '" + var_dept + "' where sno = '" + var_sno + "'"
           'response. write(sqlstr) '这里开始的两句是调试用输出语句(初学者一定要用!)
           'response. end
        conn. execute sqlstr     '使用连接对象的 Execute 方法执行 Update 语句
        conn. close()          '关闭连接对象
        response. redirect( "10_8. asp")    '转移到显示学生信息页面
     %>
```

方法二：使用记录集对象修改记录并写入数据库中，这里要根据修改表建立记录集对象，在记录集中逐个查找记录（使用 while 循环），若找到要修改的记录，则用赋值语句改变各字段变量的值，然后提交给数据库。页面"10_8_do. asp"方法二实现代码如下：

```
<! - - #Include File = conn. asp - - >    <! - - 导入连接文件,打开 conn 连接对象 - - >
<! - - 下面语句导入文件 adovbs. inc,它里面包括 ASP 中各个内置组件的常量说明 - - >
<! - - #Include File = adovbs. inc - - >
<%
   dim var_sno, var_sname, var_xb, var_zhy, var_inyear, var_dept, sqlstr
   var_sno = request("tsno")
   var_sname = request("tsname")
   var_xb = request("txb")
   var_zhy = request("tzhy")
   var_inyear = request("tinyear")
   var_dept = request("tdept")
   Set rs = Server. CreateObject("ADODB. RecordSet")
     rs. open
"students_computer", conn, AdOpenKeySet, AdLockOptimistic, AdCmdTable
     flag = true
     while not rs. eof and flag
       if rs("sno") = var_sno then
          rs("sname") = var_sname
          rs("xb") = var_xb
        rs("zhy") = var_zhy
        rs("in_year") = var_inyear
        rs("dept") = var_dept
        rs. update
      flag = false
     end if
```

```
        rs. movenext
    wend
    conn. close( )              '关闭连接对象
    response. redirect( "10_8.asp")    '转移到显示学生信息页面
  % >
```

·本章小结·

本章介绍了 ADO 对象组件中 Command 对象的基本概念及如何创建 Command 对象，并通过实例说明了其使用方法。介绍了 RecordSet 对象的重要性及对象的创建、常用属性和方法说明，通过多个实例说明了 RecordSet 对象的实际使用方法。介绍了 ASP 中保存在记录集对象中的查询数据如何显示在 Web 页面中的方法，以及当数据量大时又如何进行分页显示的方法。最后通过实例介绍了通过 RecordSet 对象进行插入、删除和修改数据记录的方法。

习题 10

一、填空题

1. 一个_____对象代表一个 SQL 语句或一个存储过程，或其他数据源可以处理的命令，它包含了命令文本以及指定查询和存储过程调用的参数。

2. _____属性指定当前的 Command 对象所属的 Connection 对象。

3. _____属性可以设置或返回传送给数据提供者的命令文本，一般来说这个属性设置为能够完成某个特定功能的 SQL 语句，但也可以是存储过程或表名。

4. Command 对象的_____方法执行一个由 CommandText 属性指定的 SQL 语句或存储过程。

5. _____对象表示的是来自基本表或命令执行结果的记录全集。也就是说，该对象中存储着从数据库中取出的符合条件的记录集合。

6. 在 ASP 中，可以通过 Connection 对象或 Command 对象的_____方法来创建 RecordSet 对象；可以使用 Server 对象的 CreateObject 方法直接创建 RecordSet 对象，然后通过_____方法打开一个记录集。

二、思考题

1. 使用 Command 对象执行插入命令与使用 Connection 对象执行插入命令有哪些相同点和不同点？

2. RecordSet 对象的建立方法有两种，请通过一个实例说明其建立与使用方法。

3. 使用 RecordSet 对象插入、删除、修改记录与使用 Connection 对象执行相应命令有哪些相同点与不同点？

三、实训操作题

下面实训操作题使用前面实训中建立的数据库"Companyinfo"，所有 ASP 页面文件保存在项目 8 实训中建立的目录中。

1. 建立 ASP 页面程序（"Delete_Employee.asp"），使用 Command 对象将"Employee"表中给定雇员号（例如，雇员号为 10）的记录删除。

2. 建立页面（"Delete_Employee_new.asp"），显示表"Employee"中的全部记录，并在每条记录后面加入"删除"超链接，当单击对应记录的"删除"超链接时，转入

（"Delete _ Employee _ do. asp"），将给定记录删除，并返回页面（"Delete _ Employee _ new. asp"）。

3. 建立页面（"Update _ Product. asp"），显示表"Product"中的全部记录，并在每条记录后面加入"修改"超链接，当单击对应记录的"修改"超链接时，转入"Update _ Product _ list. asp"页面，显示选中记录并可以编辑记录内容，当编辑工作完成后单击"修改"按钮时，转入（"Update _ Product _ do. asp"）页面，修改记录内容并保存入库，然后返回页面（"Update _ Product. asp"）中。

4. 建立页面"List _ Page6 _ Customer. asp"，按照每页 6 条记录分页显示"Customer"表中全部内容。

5. 在题 4 的基础上，在每条记录后加"修改"和"删除"超链接，单击相应超链接可修改或删除对应记录。

6. 在题 5 的基础上，在页面中显示记录内容的表格之上增加"添加"超链接，单击它能实现往"Customer"表中添加一条新记录。需要建立一个页面，让用户输入新记录的内容，然后才将这些内容作为一条记录插入到"Customer"表中。

第 11 章　索引与视图

索引（index）是对数据库表中一列或多列的值进行排序的一种结构，使用索引可快速访问数据库表中的特定信息。

数据库中的视图是一个虚拟表，其内容由查询语句定义。同真实的表一样，视图包含一系列带有名称的列和行数据。但是，视图并不在数据库中以存储的数据值集形式存在。行和列数据来自定义视图的查询所引用的表，并且在引用视图时动态生成。

11.1　索引的创建与管理

索引是依赖数据表建立的，它的作用是用来提高表中数据的查询速度。在 SQL Server 中索引是在创建表时由系统自动创建或由用户根据查询需要来专门建立的；而索引的使用是根据查询的需要由系统自动选择调用的，不需要用户的参与。

11.1.1　索引简介

当执行一条 SQL 的查询（SELECT）语句时，如果表中数据记录很多，搜索需要的记录时间将会很长，服务器的使用效率也将会下降。为了提高搜索（查询）数据的能力，可以为数据表中的一个或多个字段创建索引，以大大提高查询的效率。

形象地说，索引是一系列指向数据表中具体数据的指针集合。例如，我们可以将书中的目录比喻为数据表中的索引，书中的具体内容比喻为表中的数据，书中的目录通过页号指向书的具体内容。假如书中没有目录供查找，想要查找书中某个知识点的具体内容就需要从头开始翻阅，直到找到指定内容为止。如果有了目录，就可以先从目录中查找知识点所在的起始页号，直接翻阅到此页即可查阅指定内容。

索引就是这样一种在表或视图的列上建立的一个物理结构，它提供指针以指向表中指定字段的数据值，然后根据指定的排序次序来排列这些指针，通过查询索引找到特定的值，从而快速找到所需要的记录。

例如有一个学生表如表 11.1 所示。

表 11.1   学生表

学号	姓名	性别	年龄	专业
20040303	李一鸣	男	20	计算机网络技术
20040101	王汉光	男	21	软件技术
20040102	张凯	男	21	计算机网络技术
20040203	吴天明	男	20	经济管理
20040202	龙杰一	女	19	会计学
20050101	蓝洁	女	20	英语
20030201	陈怡乐	女	22	工商管理

学生表按学号建立的索引如表 11.2 所示。

表 11.2   学号索引表

学号	索引指针
20030201	7
20040101	2
20040102	3
20040202	5
20040203	4
20040303	1
20050101	6

在上面这个模拟例子中，我们对学生表中的学号字段按其值由小到大排列，其索引指针值是原表中对应学号所在的顺序号，这里的"学号"字段称为索引字段。

索引字段可以是单个字段也可以是多个字段的组合，如果是多个字段的组合，则其索引值的排列首先按第一个字段值进行排列；如果其值相同，则再按第二个字段的值进行排列，以此类推。

SQL Server 2008 的索引是以 B-tree（Balanced Tree，平衡树）结构来维护的。

11.1.2 索引的分类

从索引数据存储的角度来分，索引可分为聚集索引和非聚集索引；从索引取值的角度来区分，索引可分为唯一索引与非唯一索引；从索引列是否为表的主键来区分，可分为主键索引和非主键索引，其中主键索引是唯一索引的特例；从索引值对应的列是单列还是多列又分为简单索引和复合索引。

在 SQL Server 2008 中，索引有聚集索引、非聚集索引、唯一索引、复合索引与包含性列索引、视图索引、全文索引和 XML 索引 7 种。

1. 聚集索引和非聚集索引

聚集索引（Clustered）改变数据表中记录的物理存储顺序，使之与索引列的顺序完全相同。非聚集索引（Non-Clustered）不改变数据表中记录的存放顺序，只是将索引建立在索引页上，查询时先从索引页上获取记录位置，再找到所需要的记录内容，如表 11.2 所示。

例如前面介绍的"学生表"，如果按学号建立聚集索引，则表中数据将按学号从小到大重新排列，如表 11.3 所示。

表 11.3 　　　　　　　　　　　　　　　学生表按学号建立的聚集索引表

学号	姓名	性别	年龄	专业
20030201	陈怡乐	女	22	工商管理
20040101	王汉光	男	21	软件技术
20040102	张凯	男	21	计算机网络技术
20040202	龙杰一	女	19	会计学
20040203	吴天明	男	20	经济管理
20040303	李一鸣	男	20	计算机网络技术
20050101	蓝洁	女	20	英语

由于一个表中的数据只能按一种顺序来存储，所以在一个表中只能建立一个聚集索引，但允许建立多个非聚集索引。

2. 唯一索引

唯一索引（Unique Index）不允许两行具有相同的索引值，也不能有两个 NULL 值。在表中建立唯一索引时，组成该索引的字段或字段的组合在表中具有唯一值，也就是说，对于表中的任何两行记录来说，索引键的值都各不相同。

如果表中一行以上的记录在某个字段上具有相同的值，则不能基于这个字段来建立唯一性索引。同样如果表中一个字段或多个字段的组合在多行记录中具有相同 NULL 值，则不能将这个字段或字段组合作为唯一索引键。

唯一索引通常建立在主键字段上。当在数据表中创建了主键以后，数据库会自动为该主键创建唯一索引。

用 INSERT 或 UPDATE 语句添加或修改数据记录时，SQL Server 将检查所有数据，如果造成唯一索引键值的重复，则 INSERT 或 UPDATE 语句执行失败，即不能插入或更新数据。

3. 复合索引与包含性列索引

在表中创建索引时，并不是只能对其中的一个字段创建索引，像主键一样，可以包含多个字段。这种将多个字段组合起来建立的索引，称为复合索引（Composite Index）。例如学生表中按学号和姓名作为查询条件来查找学生信息时，就可以将"学号"和"姓名"两个字段组合起来创建复合索引。

在创建索引时，有一些限制。例如，复合索引包含的最多字段数不能超过 16 个，包含在索引中的所有字段的大小（长度）之和不能超过 900 字节。例如有一个文章表，文章编号字段类型为 char（12），文章标题字段类型为 varchar（900），如果要创建一个文章编号与文章标题两个字段的复合索引，就因为其大小超过 900 而失败。在 SQL Server 2008 中，可以用包含性列索引来解决这个问题。

包含性列索引，是在创建索引时，再将其他非索引字段包含到这个索引中，并起到索引的作用。例如上面的创建文章编号与文章标题两个字段的复合索引不能成功，解决方法是先按"文章编号"字段建立一个索引，再将"文章标题"字段包含到这个索引中，这种索引就是包含性列索引。包含性列索引只能是非聚集索引，在计算索引字段数和索引字段大小时，不会考虑那些被包含的字段。

4. 视图索引、全文索引和 XML 索引

为视图创建的索引，称为视图索引。视图是虚拟的数据表，可以像真实的数据表一样使

用。视图本身并不存储数据，其数据都保存在视图所引用的数据表中。但是，如果为视图创建了索引，将会具体化视图，并将结果永久存储在视图中，其存储方法与其他带聚集索引的数据表的存储方法完全相同。在创建了视图聚集索引后，还可以为视图添加非聚集索引。

全文索引是一种特殊类型的基于标记的功能性索引，由 SQL Server 中的全文引擎服务来创建和维护。全文索引主要用于大量文本文字中搜索字符串，此时使用全文索引的效率比使用 T-SQL 中的 like 语句效率要高很多。

在 XML 字段上创建的索引就是 XML 索引。XML 字段是 SQL Server 2008 中新增的字段类型，XML 实例作为大型对象（BLOB）方式存储在 XML 字段中，这些 XML 实例的最大数据量可以达到 2GB。如果在没有索引的 XML 字段里查询数据，将会是很耗时的操作。

11.1.3 索引的设计

在数据库中查询数据记录时，如果利用适当的索引对记录进行排列，就会提高查询的速度。但并不是说表中每个字段都需要建立索引，因为当往表中增加、删除记录时，除了表中进行数据处理外，还要对每个索引进行维护。这就是说，建立索引不仅占用存储空间还会降低添加、删除和更新记录的速度。通常情况下，只有当经常查询索引字段中的数据时，才需要在表上建立索引。如果非常频繁地更新数据，会占用大量的磁盘空间，最好对索引的数量进行控制。不过，大多数情况下，索引所带来的数据查询的优势会大大超过了它的不足之处。

对索引字段的选择是基于表的设计和实施的查询决定的。到底在哪些列上创建什么类型的索引，通常根据列在查询语句中 WHERE、ORDER BY、GROUP BY 子句中出现的频率来决定。

创建索引前确认索引字段将作为查询数据的一部分放置在该表中。另外还要注意，对表中包含该字段数据记录少、数据取值范围大、字段宽度较长及与查询无关的字段不适合作为索引关键字。

11.1.4 在 SQL Server Management Studio 中创建索引

1. 创建索引实例

在学生（students）表中常作为查询条件的字段是姓名（sname），下面以"姓名（sname）"字段添加索引为例介绍在 SQL Server Management Studio 中创建索引的方法与步骤。

（1）启动 SQL Server Management Studio，连接到服务器后，在"对象资源管理器"面板中依次单击展开"数据库"→"students_courses"→"表"→"dbo.students"节点。

（2）右击"索引"选项，在弹出的快捷菜单中选择"新建索引"命令。

（3）出现如图 11.1 所示的"新建索引"对话框。在"索引名称"文本框中输入索引的名字"inx_sname"，在"索引类型"下拉列表框中可以选择索引的类型（非聚集），"唯一"复选项用于设置是否是唯一索引。

（4）单击"添加"按钮，打开图 11.2 所示的"从 dbo.students 中选择列"对话框，可以选择要包含到索引中的列，这个例题中选择"sname"列。也可以选择多个列，那就是建立复合索引。

图 11.1 "新建索引"对话框

（5）选择了索引中包含的字段后，单击"确定"按钮，返回到"新建索引"对话框。在索引键列的"排序顺序"栏可以选择索引是按此列升序（默认）还是降序排列。

图 11.2 选择表中索引列对话框

（6）如果没有其他特别的需要，单击"新建索引对话框"中的"确定"按钮完成索引的建立。

如果需要在索引中包含其他字段从而创建包含性索引，则可以打开"包含性列"页，在其中选择要包含的字段列即可。

2. 建立索引时一些常用选项的说明

（1）索引名：指定要创建或编辑的索引名称，符合标识符规则的有意义易记忆的名称。

（2）列的选择：指定包含到索引中的列。如果是复合索引，则应该选择多个列，要注意列的先后顺序，可通过对话框中的"上移"和"下移"命令按钮对选定的列在索引中的排列顺序进行改变。

（3）索引选项：指定索引类型和其他索引选项。

● 忽略重复值：该选项不是作用于索引的，它指定了索引对今后的数据修改操作时忽略有索引重复值的记录，使用此选项时可以较方便地向数据库中导入大量的可能存在重复索引值的记录。

● 填充索引：指定填充索引，则在索引的每个内部节点上留出空格。

● 设置填充因子：指定 SQL Server 在创建索引过程中，对各索引页的叶级所进行填充的程度，留有一定的余地，如设置为"80"，即索引页的叶级节点填充到 80％时即换页，不要全部填满。

● 自动重新计算统计信息：在创建索引时，系统会创建访问索引字段的统计数据，以发挥最高的查询效率。而当数据表里的记录发生变化时，系统会自动更新和维护这些统计数据以适应记录的变化。如果取消选择此复选项，在数据表里的记录发生变化时，系统不重新计算这些统计信息，因此无法达到最优的查询效率，因此建议不要取消此选项。

● 文件组：指定索引的文件组。

11.1.5 使用 CREATE INDEX 语句创建索引

使用 T-SQL 语言中的 CREATE INDEX 语句可以创建索引，下面介绍其使用方法。

1. 基本语法

CREATE INDEX 语句的语法也很复杂，下面介绍最常用的语句结构。

```
CREATE [UNIQUE] [CLUSTERED|NONCLUSTERED] INDEX index_name
      ON table_name(column_name [ASC|DESC] [,… n])    - -表名及字段名
      [INCLUDE (column_name [,… n])]              - -包含性列说明
```

参数说明：

UNIQUE：创建唯一索引。

CLUSTERED：创建聚集索引。

NONCLUSTERED：创建非聚集索引（默认，可省略）。

index _ name：索引名称。

table _ name：表名（在当前数据库中）。

column _ name：指定字段名。

ASC 表示升序（默认）；DESC 表示降序。

2. 创建索引实例

【例 11.1】为学生（students）表中的姓名（sname）字段创建一个索引，其代码如下：

```
CREATE INDEX inx_sname1 ON students(sname)
```

默认情况下创建的是非聚集、不是唯一、按索引字段升序排列的索引。

【例 11.2】为学生（students）表中的学号（sno）和姓名（ sname）字段创建一个复合索引，其代码如下：

```
CREATE INDEX inx_sno_sname ON students(sno,sname)
```

【例 11.3】为选课（sc）表中按成绩（cj）字段的降序和课程号（cno）的升序创建一个复合索引，其代码如下：

```
CREATE INDEX inx_cj_cno ON sc(cj DESC,cno ASC)
```

因为索引字段排序默认是升序，因此 cno 后的 ASC 可省略。

【例 11.4】为课程（courses）表中课程名创建一个唯一索引，其代码如下：

```
CREATE UNIQUE INDEX inx_cname ON courses(cname)
```

【例11.5】为教师（teachers）表中教师号（tno）和教师名（tname）创建索引，并在该索引中包含职称（zc）字段，其代码如下：

```
CREATE INDEX inx_tno_tname ON teachers(tno,tname)
    INCLUDE (zc)
```

11.1.6 查看、修改与删除索引

在索引创建完毕后，还可以对其进行查看和修改，下面介绍使用 SQL Server Management Studio 来查看和修改索引的两种方法。

方法一：

（1）启动在 SQL Server Management Studio，连接到服务器后，在"对象资源管理器"面板中依次单击展开"数据库"→"students_courses"→"表"→"dbo.students"节点。

（2）展开"索引"选项，可以看到表中已经创建的所有索引，如图 11.3 所示。

（3）右击其中的一个索引名，例如名为"inx_snao_sname"的索引，在弹出的快捷菜单中选择"删除"命令则删除此索引，若选择"属性"选项，打开如图 11.4 所示的"索引属性－inx_sno_sname"对话框。也可以直接双击索引名来打开"索引属性"对话框。

图 11.3　查看表中已经建立的索引　　图 11.4　"索引属性"对话框

（4）在对应的"索引属性"对话框中修改索引的相关内容，单击"确定"按钮完成修改或查看任务。

方法二：

（1）启动 SQL Server Management Studio，连接到服务器后，在"对象资源管理器"面板中依次单击展开"数据库"→"students_courses"→"表"→"dbo.students"节点。

（2）右击"dbo.students"，在弹出的快捷菜单中选择"设计"命令。

（3）单击表设计器工具栏上的"管理索引和键"按钮，如图 11.5 所示。

（4）打开如图 11.6 所示的"索引/键"对话框，在此可以完成对表中所有索引的查看和删除或修改工作，单击"关闭"按钮返回表设计窗口，再单击"保存"按钮完成任务。

图 11.5 使用 "管理索引与键" 工具   图 11.6 "索引/键" 对话框

11.2 视图的创建与管理

视图（View）是一种常用的数据库对象，为了数据的安全和使用方便通常在数据库中为不同的用户创建不同的视图（即所谓的"外模式"），允许用户通过各自的视图查看和修改表中相应的数据。

11.2.1 视图的基本概念

视图是由查询语句构成的，是基于选择查询的虚拟表。也就是说它看起来像一个表，由行和列组成，还可以像表一样作为查询语句的数据源来使用；但它对应的数据并不实际存储在数据库中。数据库中只存储视图的定义，即视图中的数据是由哪些表中的哪些数据列组成的，视图不生成所选数据行和列的永久复制，其中的数据是在引用视图时由 DBMS 系统根据定义动态生成的。

创建视图主要有以下优点：

（1）集中数据，简化查询操作：当用户多次使用同一个查询操作，而且数据来自于数据库中不同的表时，我们可以先建立视图再从视图中读取数据，以达到数据的集中管理和简化重复写查询命令的目的。

（2）控制用户提取的数据，达到数据安全保护的目的：在数据库中不同的用户对数据的操作和查看范围往往是不同的，数据库管理人员通常为不同的用户设计不同的视图，使得数据库中的数据安全有保证。

（3）便于数据的交换操作：当与其他类型的数据库交换数据（导入/导出）时，如果原始数据存放在多个表中进行数据交换就比较麻烦。如果将要交换的数据集中到一个视图中，再进行交换就大大简化了交换操作。

在 SQL Server 中，视图是数据库的重要对象之一，我们可以理解为一组预先编译好的查询语句。

11.2.2 创建视图

在 SQL Server 2008 中，可以使用 SQL Server Management Studio 和 T-SQL 语句两种方法创建视图，下面分别介绍。

1. 在 SQL Server Management Studio 工具中创建视图

假设我们需要在"students_courses"数据库中创建一个新的视图"scview"，要求从学生（students）表、课程（courses）表和选课（sc）表中查询出成绩在 80 分及以上的学生的学号、姓名、课程名和成绩信息。下面介绍在 SQL Server Management Studio 工具中创建视图的基本步骤。

（1）启动 SQL Server Management Studio，连接到服务器后，在"对象资源管理器"面板中依次单击展开"数据库"→"students _ courses"→"视图"节点。

（2）右击"视图"节点，在弹出的快捷菜单中选择"新建视图"命令，打开如图 11.7 所示的视图设计对话框。

图 11.7　视图设计对话框（1）

（3）首先在打开的"添加表"对话框中，将在视图中要引用到的数据表添加到视图设计界面中，在本例中，需要添加学生（students）表、课程表（courses）和选课（sc）表。

（4）添加完表之后，单击"关闭"按钮，返回到如图 11.8 所示的视图设计界面。如果还需要添加数据库中的其他表，可以右击"关系图"窗格的空白处，在弹出的快捷菜单中选择"添加表"命令，则会弹出"添加表"对话框，可以继续添加需要的表。也可以移除已经添加的数据表或视图。

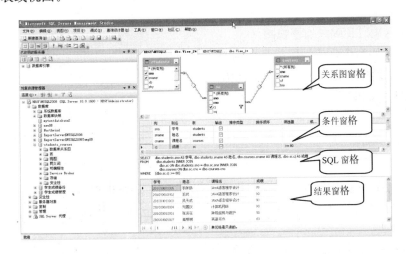

图 11.8　视图设计对话框（2）

（5）在"关系图"窗格中，可以建立表与表之间的 JOIN…ON 关系。如果已经设立了外键关系，则系统会自动加上这些关系；如果没有定义好表的外键关系，则需要设计者在这个窗格中重新定义。

（6）可以在"关系图"窗格中每个表的字段前勾选复选框，表示这是要在视图中输出包含的字段。也可以在"条件"窗格中设置要输出的字段。

（7）在"条件"窗格中设置要过滤的查询条件。

（8）所有设置完成后，单击"执行 SQL"按钮，检查视图设计是否正确。

（9）在测试正确之后，单击"保存"按钮，在弹出的对话框中输入视图名称，再单击"确定"按钮，完成视图设计工作。

通过上面实例介绍，我们可以了解到在 SQL Server Management Studio 工具中创建视图的基本方法是首先要确定包含在视图中的表及表中的哪些列，然后确定约束条件，也就是建立筛选条件，最后检查结果，命名保存视图即可。

2. 使用 CREATE VIEW 语句创建视图

CREATE VIEW 语句的基本语法如下：

```
CREATE VIEW view_name [column_name [, … n])        --字段列名
    [ENCRYPTION]             --加密视图
  AS select_statement        --查询语句
   [WITH CHECK OPTION]     --强制修改语句必须符合在 select_statement 中设置的条件
```

其中的参数说明：

（1）view_name：视图名称。

（2）column_name：视图中所使用的列名，一般可省略，使用查询语句中的列名即可。只有当从算术表达式、函数或常量派生的列或列的指定名称不同于来源列的名称时才使用。

（3）select_statement：视图的主要部分，视图对应的查询语句。

（4）WITH CHECK OPTION：强制针对视图执行的所有数据修改语句都必须符合在查询语句中设置的条件。

（5）ENCRYPTION：加密视图。

下面给出使用命令创建视图的几个例题。

【例 11.6】创建计算机技术系学生视图。

建立视图语句如下：

```
CREATE VIEW view_students_computer
   AS
    SELECT * FROM students WHERE dept = '计算机技术'
```

执行上面代码后，在当前数据库下建立了视图 view_students_computer。要查看视图内容使用下面的查询语句（已经建立好的视图，可以像使用基本表一样使用）：

```
SELECT *
FROM view_students_computer
```

其视图内容如图 11.9 所示。

	sno	sname	xb	zhy	in_year	dept
1	200900010005	吴术	男	计算机应用技术	2009	计算机技术
2	200900010006	贺华峰	男	软件技术	2009	计算机技术
3	201000010001	张实在	男	计算机信息管理	2010	计算机技术
4	201000010002	王凯	男	软件测试技术	2010	计算机技术
5	201000010004	刘国庆	男	软件技术	2010	计算机技术
6	201000010005	李张扬	男	计算机应用技术	2010	计算机技术
7	201000010006	曾水明	女	计算机应用技术	2010	计算机技术
8	201000010007	鲁高义	男	计算机网络技术	2010	计算机技术
9	201100010001	李明媚	女	软件技术	2011	计算机技术
10	201100010008	吴天天	女	软件技术	2011	计算机技术

图 11.9　视图 view _ students _ computer 中的内容

【例 11.7】 创建有不及格成绩的学生视图。要求视图中包含学号、姓名、专业、课程名称、成绩等信息。

建立视图语句如下：

```
CREATE VIEW view_cj_small60
  AS
   SELECT students.sno AS 学号,sname AS 姓名,zhy AS 专业,
          cname AS  课程名称,cj AS 成绩
   FROM students INNER JOIN sc ON students.sno = sc.sno
        INNER JOIN courses ON sc.cno = courses.cno
   WHERE cj<60
```

执行上面代码后，在当前数据库下建立了视图 view _ cj _ small60。要查看视图内容使用下面的查询语句：

```
SELECT *
FROM view_cj_small60
```

其视图内容如图 11.10 所示。

	学号	姓名	专业	课程名称	成绩
1	201000010001	张实在	计算机信息管理	网页设计与制作	56
2	201000010006	曾水明	计算机应用技术	JAVA语言程序设计	50
3	201100010001	李明媚	软件技术	JAVA语言程序设计	49
4	201000010001	张实在	计算机信息管理	数据库技术	42
5	201000010003	吴天成	软件测试技术	计算机网络	32

图 11.10　视图 view _ cj _ small60 中的内容

【例 11.8】 创建教师的任课视图。要求视图中包含教师号、姓名、职称、任教的课程名称、学分等信息。

建立视图语句如下：

```
CREATE VIEW view_teacher_course
  AS
   SELECT teachers.tno AS 教工号,tname AS 教师姓名,zc AS 职称,
          cname AS  课程名称,xf AS 课程学分
   FROM teachers INNER JOIN courses
   ON teachers.tno = courses.tno
```

执行上面代码后，在当前数据库下建立了视图 view _ teacher _ course。要查看视图内容

使用下面的查询语句：

```
SELECT *
FROM view_teacher_course
```

视图内容如图 11.11 所示。

	教工号	教师姓名	职称	课程名称	课程学分
1	2003000111	张大明	副教授	C语言程序设计	4
2	2001000003	李坦率	副教授	JAVA语言程序设计	5
3	2003000111	张大明	副教授	数据库技术	5
4	2008000012	李子然	助教	计算机网络	5
5	2009000021	赵峰	讲师	网页设计与制作	3
6	2009000006	王丽	讲师	微机组装与维护	3
7	2008000008	吴利民	讲师	ASP网络编程技术	3
8	2005000001	李明天	讲师	英语阅读	4
9	2009000011	李梅	讲师	英语写作	4
10	2008000002	邱丽丽	讲师	会计学基础	3
11	2003000005	张一飞	副教授	统计学原理	4

图 11.11　视图 view _ teacher _ course 中的内容

使用 CREATE VIEW 语句创建视图时，SELECT 子句中需要注意以下几点：

- 不能包括 Compute 和 Compute by 子句；
- 不能包括 Order by 子句，除非在 SELECT 子句中有 top 子句；
- 不能包括 option 子句；
- 不能包括 INTO 关键字或子句；
- 不能引用临时表或表变量。

11.2.3　查看、修改和删除视图

视图建立好以后，我们可以对其进行查看和修改，下面介绍使用 SQL Server Management Studio 来查看、修改和删除视图的方法。

（1）启动 SQL Server Management Studio，连接到服务器后，在"对象资源管理器"面板中依次单击展开"数据库"节点下要查看或修改、删除的数据库节点，这里是"students_courses"节点。

（2）继续展开"视图"选项，可以看到当前数据库中已经创建的所有视图，如图 11.12 所示。

（3）如果要查看视图内容，右击某个视图名称，在弹出的菜单中选择"选择前 1000 行"命令，就可以查看视图中的内容（视图就像表一样进行操作）。

（4）如果要删除某个视图，右击某个视图名称，在弹出的菜单中选择"删除"命令，打开如图 11.13 所示的"删除对象"对话框，单击"确定"按钮删除指定视图对象。

图 11.12　查看已建视图名称

（5）如果要修改某个视图的定义，右击某个视图名称，在弹出的菜单中选择"设计"命令，打开如图 11.8 所示的"视图设计"对话框，可以修改视图的相关设置，修改完成后单击"保存"按钮完成修改视图任务。

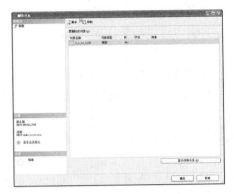

图 11.13   "删除对象"对话框

·本章小结·

本章介绍了在表中建立索引和在数据库中建立视图两个方面的内容。索引是建立在表上的，为提高查询速度而建立。可以使用 SSMS 工具或命令方式建立索引，在查询时由系统根据需要自动调用索引。视图是虚表，是为用户使用数据库中多个表的数据而设立的，一般由查询语句组成。

习题 11

一、填空题

1. 索引是依赖_____建立的，它的作用是用来提高数据的_____速度。

2. 在 SQL Server 2008 中，索引有_____索引、_____索引、_____索引、复合索引与包含性列索引、索引视图、全文索引和 XML 索引 7 种。

3. 每个表上最多可以创建_____个聚集索引，_____个非聚集索引。

4. 包含性列索引，是在创建索引时，再将其他_____字段包含到这个索引中，并起到索引的作用。

5. 在表中创建索引时，可以包含多个字段。这种将多个字段组合起来建立的索引，称为_____。

6. 视图是由_____构成的，是基于_____的虚拟表。

7. 数据库中只存储视图的_____，即视图中的数据是由哪些表中的哪些数据列组成的，视图不生成所选数据库行和列的永久复制。

二、思考题

1. 建立索引的目的是什么？索引建立后由谁来安排使用索引？

2. 聚集索引和非聚集索引的区别是什么？

3. 建立视图最重要的内容是什么？在数据库中建立视图有哪些好处？

4. 索引建立在数据库的哪个对象上？视图建立在哪个位置？

三、实训操作题

关于实训文件夹的建立说明：

在计算机的某一个硬盘中（例如 E 盘）建立一个用你的学号后 3 位和姓名等信息组合建立的文件夹（例如你学号后 3 位是 128，姓名为李洁，则文件夹为"128_李洁_11"），用于存放本项目实训相关文件，名称为 11 _ n，其中 n 是实训操作题号。

下面实训操作题使用前面实训中建立的数据库"Companyinfo"。以下各题均使用T-SQL命令创建索引和视图。

1. 为"Employee"表按"姓名"列的升序建立非聚集索引"ix _ name"。

2. 为"Employee"表按"姓名"列和"出生日期"列的升序建立非聚集的复合索引"ix _ name _ birthday"。

3. 为"Customer"表按"公司名称"列的降序和地址列的升序建立非聚集索引"ix _ Customer _ name"。

4. 使用系统存储过程 sp _ helpindex 查看数据库"Companyinfo"中"Employee"表的索引信息。

5. 创建公司女员工的视图"view _ girl"，包括雇员 ID、姓名、性别、年龄（通过出生日期计算而得）和特长信息。

6. 创建客户订购产品信息视图"view _ khdg"，包括客户公司联系人姓名、产品名、订购数量等信息。

7. 创建有关雇员接收订单信息的视图"view _ em _ order"，包括雇员姓名、公司名称、产品名称和数量信息。

8. 在客户订购产品信息视图"view _ khdg"中，查询订购产品数量大于 50 的产品信息。

第 12 章　事务编程与游标

事务（Transaction）是访问并可能更新数据库中各种数据项的一个程序执行单元（unit）。事务通常由高级数据库操纵语言或编程语言（如 SQL，C＋＋或 Java）书写的用户程序的执行所引起，并用形如 begin transaction 和 end transaction 语句（或函数调用）来界定。事务由事务开始（begin transaction）和事务结束（end transaction）之间执行的全体操作组成。

数据库中的锁是指一种软件机制，用来指示某个用户（也即进程会话，下同）已经占用了某种资源，从而防止其他用户做出影响本用户的数据修改或导致数据库数据的非完整性和非一致性。

游标（Cursor）是系统为用户开设的一个数据缓冲区，存放 SQL 语句的执行结果。每个游标区都有一个名字，用户可以用 SQL 语句逐一从游标中获取记录，并赋给主变量，交由主语言进一步处理。

12.1　事务的特性及事务编程

事务是访问数据库的一个操作序列，数据库应用系统通过事务集来完成对数据库的存取。事务的正确执行使得数据库从一种状态转换成另一种状态。

12.1.1　事务的 ACID 特性

事务是一种机制，是一个操作序列。事务包含了一组数据库操作命令，所有的命令作为一个整体一起向系统提交或撤销，这些命令要么都执行，要么都不执行，因此事务是一个不可分割的逻辑工作单元。事务作为一个逻辑单元，必须具备 4 个属性，即原子性、一致性、隔离性和持久性。

（1）原子性：是指事务必须执行一个完整的工作，要么执行全部数据的修改，要么全部数据的修改都不执行。

（2）一致性：是指当事务完成时，必须使所有数据都具有一致的状态。在关系数据库中，所有的规则必须应用到事务的修改上，以便维护所有数据的完整性。

（3）隔离性：是指执行事务的修改必须与其他并行事务的修改相互隔离。当多个事务同时进行时，它们之间应该互不干扰，应该防止一个事务处理其他事务也要修改数据时，不合理的存取和不完整的读取数据。

（4）持久性：是指当一个事务完成之后，它的影响永久性地保存在数据系统中，也就是这种修改写到了数据库中。

事务是单个工作单元，如果某一事务成功，则在该事务中进行的所有数据修改均会提交，如果事务遇到错误且必须取消或回滚，则所有数据修改均被清除。SQL Server 2008 数据库系统使用事务可以保证数据的一致性和确保在系统失败时的可恢复性。

12.1.2 SQL Server 的事务模式

事务是一系列要么全部完成，要么全部都不完成的逻辑工作单元，一个事务可能包括一条 T-SQL 语句，也可能包括多条 T-SQL 语句。

根据事务的启动和执行方式，可以将事务分为自动提交事务、隐式事务和显式事务三类。

1. 自动提交事务

自动提交事务是 SQL Server 的默认事务管理模式，每条单独的 T-SQL 语句都是一个事务，每条 T-SQL 语句在完成时，都被提交或回滚。只要自动提交模式没有被显式或隐式事务替代，SQL Server 连接就以该默认模式进行操作。

【例 12.1】使用 UPDATE 语句对学生表中的年龄数据进行更新。

UPDATE 学生表 SET 年龄 = 年龄 + 1

在执行 UPDATE 语句过程中，突然服务器断电了，表中有些记录已经更新，有些还没有更新，怎么办？其实由于 SQL Server 的自动提交事务认为每条单独的 T-SQL 语句都是一个事务，无论学生表有多大，如果在修改记录时服务器出错了，SQL Server 都会返回到以前未执行 UPDATE 操作前的位置，清除已经修改过的数据，即所有学生年龄都不会增加，这就是事务处理的作用。

2. 隐式事务

当连接以隐式事务模式进行操作时，SQL Server 将在提交或回滚当前事务后自动启动新事务，无须描述事务的开始，只需提交或回滚每个事务，隐性事务模式生成连续的事务链。切换隐式事务可以用 SET IMPLICIT _ TRANSACTIONS {ON | OFF} 语句，当设置为 ON 时，连接设置为隐式事务模式；当设置为 OFF 时，则使连接返回到自动提交事务模式。

3. 显式事务

显式事务也称为"用户定义事务"，就是显式地定义事务的开始和事务的结束，每个事务均以 BEGIN TRANSACTION 语句显式开始，以 COMMIT TRANSACTION 或 ROLL-BACK TRANSACTION 语句显式结束。在实际应用中，大多数的事务处理都使用显式事务来处理。

12.1.3 启动和结束 SQL Server 事务

SQL Server 数据库事务处理语句包括以下三条：

（1）BEGIN TRANSACTION：开始一个事务工作单元。

（2）COMMIT TRANSACTION：完成一个事务工作单元。

（3）ROLLBACK TRANSACTION：回滚一个事务工作单元。

通常在程序中用 BEGIN TRANSACTION 命令来标识一个事务的开始，如果没有遇到错误，可使用 COMMIT TRANSACTION 命令标识事务成功结束，这两个命令之间的所有语句被视为一个整体。只有执行到 COMMIT TRANSACTION 命令时，事务中对数据库的更新操作才算确认，该事务所有数据修改在数据库中都将永久有效，事务占用的资源将被释放。事务执行的语法如下：

```
BEGIN TRANSACTION [transaction_name | @tran_name_variable]
COMMIT TRANSACTION [transaction_name | @tran_name_variable]
```

其中，BEGIN TRANSACTION 可以缩写为 BEGIN TRAN，COMMIT TRANSACTION 可以缩写为 COMMIT TRAN 或 COMMIT，参数说明如下：

transaction_name：指定事务的名称，只有前 32 个字符会被系统识别。

@tran_name_variable：用变量来指定事务的名称变量，只能声明为 CHAR、VARCHAR、NCHAR 或 NVARCHAR 类型。

12.1.4 回滚 SQL Server 事务

事务回滚是指当事务中的某一语句执行失败时，将对数据库的操作恢复到事务执行前或某个指定位置。事务回滚使用 ROLLBACK TRANSACTION 命令，语法如下：

```
ROLLBACK[TRAN[SACTION]][transaction_name|@tran_name_variable| savepoint_name | @savepoint_variable] ]
```

其中 ROLLBACK TRANSACTION 可以缩写为 ROLLBACK。savepoint_name 和 @savepoint_variable 参数用于指定回滚到某一指定位置，如果要让事务回滚到指定位置，则需要在事务中设定保存点 savepoint，所谓保存点是指其所在位置之前的事务语句不能回滚的语句，即此语句前面的操作被视为有效。当数据库服务器遇到 ROLLBACK 语句时，就会抛弃在事务处理中的所有变化，把数据恢复到开始工作之前的状态；如果不指定回滚的事务名称或保存点，则 ROLLBACK 命令会将事务回滚到事务执行前；如果事务是嵌套的，则会回滚到最靠近的 BEGIN TRANSACTION 命令前。

【例 12.2】设计一个简单的事务。

```
USE 学生成绩管理
GO
BEGIN TRAN      --开始一个事务
  UPDATE 课程表 SET 学分 = 学分 + 1
  DELTET FROM 成绩表 WHERE 成绩<60
COMMIT TRAN      --结束一个事务
GO
```

从 BEGIN TRAN 到 COMMIT TRAN 之间的 UPDATE 更新操作、DELETE 删除操作，根据事务的定义，这两个操作要么都执行，要么都不执行。

在使用显式事务时，需要注意以下两点：

（1）事务必须有明确的结束语句来结束，如果不使用明确的结束语句来结束，那么系统可能把从事务开始到用户关闭连接之间的全部操作都作为一个事务来对待。

（2）事务的明确结束可以使用 COMMIT 和 ROLLBACK 两个语句中的一个，COMMIT 语句是提交语句，将全部执行的语句明确地提交到数据库中，ROLLBACK 语句是取消语句，该语句将事务的操作全部取消，即表示事务操作失败。

12.2 并发操作与锁

数据库是一个共享资源，可以供多个用户使用。为了充分利用数据库资源，发挥数据库共享资源的特点，应该允许多个用户并行地存取数据库。但这就会产生多个用户程序并发存取同一数据的情况，若对并发操作不加控制就可能会存取和存储不正确的数据，破坏数据库的一致性。所以数据库的管理系统必须提供并发控制机制。并发控制机制的好坏是衡量一个数据库管理系统性能的重要标志之一。

DBMS 的并发控制是以事务为单位进行的。

12.2.1 并发操作导致数据不一致性

多用户并发操作导致的数据不一致性问题包括丢失修改、不可重复读、读"脏"数据。

1. 丢失修改

我们先来看一个例子，说明并发操作带来的数据的不一致性问题。考虑飞机订票系统中的一个活动序列：

- 甲售票点（甲事务）读出某航班的机票余额 A，设 A＝12。
- 乙售票点（乙事务）读出同一航班的机票余额 A，也为 12。
- 甲售票点卖出一张机票，修改余额 A←A−1，所以 A 为 11，把 A 写回数据库。
- 乙售票点也卖出一张机票，修改余额 A←A−1，所以 A 为 11，把 A 写回数据库。

结果明明卖出两张机票，数据库中机票余额只减少了 1。

归纳起来就是：两个事务 T1 和 T2 读入同一数据并修改，T2 提交的结果破坏了 T1 提交的结果，导致 T1 的修改被丢失。

2. 不可重复读

不可重复读是指事务 T1 读取数据后，事务 T2 执行更新操作，使 T1 无法再现前一次读取结果。具体地讲，不可重复读包括以下三种情况：

（1）事务 T1 读取某一数据后，事务 T2 对其做了修改，当事务 T1 再次读该数据时，得到与前一次不同的值。例如，T1 读取 B＝200 进行运算，T2 读取同一数据 B，对其进行修改后将 B＝300 写回数据库。T1 为了对读取值校对重读 B，B 已为 300，与第一次读取值不一致。

（2）事务 T1 按一定条件从数据库中读取了某些数据记录后，事务 T2 删除了其中部分记录，当 T1 再次按相同条件读取数据时，发现某些记录神秘地消失了。

（3）事务 T1 按一定条件从数据库中读取某些数据记录后，事务 T2 插入了一些记录，当 T1 再次按相同条件读取数据时，发现多了一些记录（这也叫做幻影读）。

3. 读"脏"数据

读"脏"数据是指事务 T1 修改某一数据，并将其写回磁盘，事务 T2 读取同一数据后，T1 由于某种原因被撤销，这时 T1 已修改过的数据恢复原值，T2 读到的数据就与数据库中的数据不一致，则 T2 读到的数据就为"脏"数据，即不正确的数据。

产生上述三类数据不一致性的主要原因是并发操作破坏了事务的隔离性。并发控制就是要用正确的方式调度并发操作，使一个用户事务的执行不受其他事务的干扰，从而避免造成数据的不一致性。

12.2.2 并发操作导致数据不一致性问题的解决办法

1. 封锁

封锁（Locking）是实现并发控制的一个非常重要的技术。所谓封锁就是事务 T 在对某个数据对象例如表、记录等操作之前，先向系统发出请求，对其加锁。加锁后事务 T 就对该数据对象有了一定的控制，在事务 T 释放它的锁之前，其他的事务不能更新此数据对象。

基本的封锁类型有两种：排他锁（Exclusive locks，简记为 X 锁）和共享锁（Share locks，简记为 S 锁）。

排他锁又称写锁。若事务 T 对数据对象 A 加上 X 锁，则只允许 T 读取和修改 A，其他任何事务都不能再对 A 加任何类型的锁，直到 T 释放 A 上的锁。这就保证了其他事务在 T 释放 A 上的锁之前不能再读取和修改 A。

共享锁又称读锁。若事务 T 对数据对象 A 加上 S 锁，则其他事务只能再对 A 加 S 锁，而不能加 X 锁，直到 T 释放 A 上的 S 锁。这就保证了其他事务可以读 A，但在 T 释放 A 上的 S 锁之前不能对 A 做任何修改。

2. 封锁协议

在运用 X 锁和 S 锁这两种基本封锁，对数据对象加锁时，还需要约定一些规则，例如，应何时申请 X 锁或 S 锁、持锁时间、何时释放等，我们称这些规则为封锁协议（Locking Protocol）。对封锁方式规定不同的规则，就形成了各种不同的封锁协议。三级封锁协议分别在不同程度上解决了丢失的修改、不可重复读和读"脏"数据等不一致性问题，为并发操作的正确调度提供一定的保证。下面只给出三级封锁协议的定义，不再做过多探讨。

（1）1 级封锁协议。

1 级封锁协议是事务 T 在修改数据 R 之前必须先对其加 X 锁，直到事务结束才释放。事务结束包括正常结束（COMMIT）和非正常结束（ROLLBACK）。1 级封锁协议可防止丢失修改，并保证事务 T 是可恢复的。在 1 级封锁协议中，如果仅仅是读数据不对其进行修改，是不需要加锁的，所以它不能保证可重复读和不读"脏"数据。

（2）2 级封锁协议。

2 级封锁协议是 1 级封锁协议加上事务 T 在读取数据 R 之前必须先对其加 S 锁，读完后即可释放 S 锁。2 级封锁协议除防止了丢失修改，还可进一步防止读"脏"数据。

（3）3 级封锁协议。

3 级封锁协议是 1 级封锁协议加上事务 T 在读取数据 R 之前必须先对其加 S 锁，直到事务结束才释放。3 级封锁协议除防止了丢失修改和不读"脏"数据外，还进一步防止了不可重复读。

12.2.3 死锁及处理

在大型、多用户数据库系统中，死锁是一个很重要的话题，死锁是在多用户或多进程状况下，为使用同一资源而产生的无法解决的争用状态，通俗地讲就是两个用户各占用一个资源，两人都想使用对方的资源但同时又不愿放弃自己的资源，就一直等待对方放弃资源，如果不进行外部干涉就将一直耗下去造成死锁。死锁会造成资源的大量浪费，甚至会使系统崩溃。

在两种情况下，可以发生死锁。第一种情况是，当两个事务分别锁定了两个单独的对象，这时每一个事务都要求在另外一个事务锁定的对象上获得一个锁，因此每一个事务都必须等待另外一个事务释放占有的锁，这时就发生死锁。

死锁的第二种情况是，当一个数据库中有若干个长时间运行的事务，它们执行并行的操作，如当处理非常复杂的查询时，就可能由于不能控制处理的顺序，而发生死锁。

当发生死锁时，系统可以自动检测到，在 SQL Server 2008 中解决死锁的原则是一个死锁比两个都死锁强，即挑出一个进程作为牺牲者，将其事务回滚并向执行此进程的程序发送编号为 1205 的错误信息。在发生死锁的两个事务中，根据事务处理时间的长短作为规则来确定它们的优先级，处理时间长的事务具有较高的优先级，处理时间较短的事务具有较低的优先级。在发生冲突时，保留优先级高的事务，取消优先级低的事务。

防止死锁的途径就是不能让满足死锁条件的情况发生，为此需要遵循以下原则：

(1) 尽量避免并发地执行涉及修改数据的语句。

(2) 要求每个事务一次就将所有要使用的数据全部加锁，否则就不予执行。

(3) 预先规定一个封锁顺序，所有的事务都必须按这个顺序对数据执行封锁。

(4) 每个事务的执行时间不可太长，对程序段长的事务可考虑将其分割为几个事务。

12.3　游标的定义和使用

游标是指向查询结果集的一个指针，它是通过定义语句与一条 SELECT 查询语句相关联的一组 SQL 语句，游标使得用户可以逐行访问 SELECT 查询语句返回的结果集合，并可以对不同行做不同的操作。

12.3.1　游标的基本概念

在数据库应用程序中，大多数情况下，T-SQL 命令都是面向集合的，同时处理集合内部的所有数据，如 DELETE、UPDATE、SELECT 等语句，返回或处理的结果都是一个集合。但有时也需要对这些数据集合中的每一行进行"个性化"的操作，这就需要使用到游标。

游标包含两方面的内容：

(1) 游标结果集：执行 SELECT 查询语句得到的结果集。

(2) 游标位置：一个指向游标结果集内的某一条记录的指针。

游标以逐行的方式集中处理数据，使用游标可以控制对特定行的操作，因而可以提供更多的灵活性。在大型数据库系统中游标是一个十分重要的概念，游标提供了一种可以逐行访问数据的优秀解决方案。

在 SQL Server 数据库系统中，根据处理特性，将游标分为静态游标、动态游标和关键字集游标三种。

1. 静态游标

静态游标是将游标结果集中的所有数据都一次性复制到系统数据库 tempdb 的临时表中，所有对游标的请求操作都将基于该临时表。因此，对基表的数据修改不会反映到游标结果集中，而且也不能修改静态游标结果集中的数据。显然静态游标是独立的，不受其他操作的影响。静态游标占用较多的临时表空间，但在移动游标时消耗的资源相对较少。

2. 动态游标

动态游标只将游标结果集的当前关键字存储到系统数据库 tempdb 的临时表中，当移动游标时，由基表修改临时表中当前行的关键字。因此，动态游标结果集能够反映对基表数据的顺序添加、删除和更新。动态游标占用最少的临时表空间，但在移动游标时消耗的资源较多。

3. 关键字集游标

关键字集游标将游标结果集中所有行的关键字都存储到系统数据库 tempdb 的临时表中，当移动游标时，通过关键字读取数据行的全部数据列。因此，关键字集的游标结果集能够反映对基表的全部更新。关键字集游标占用临时表的空间和移动时消耗的资源都介于静态游标和动态游标之间。

根据游标在结果集中的移动方式，SQL Server 2008 数据库系统将游标分为滚动游标和前向游标两种。滚动游标是在游标结果集中，游标可以前后移动，包括移向下一行、上一行、第一行、最后一行、某一行以及移动指定的行数等。前向游标是在游标结果集中，游标只能向前移动，即移向下一行。

默认情况下，静态游标、动态游标和关键字集游标都是滚动游标，只有作特别声明后，才作为前向游标。

另外，根据游标结果集是否允许修改，可将游标分为只读游标和可写游标两种。只读游标禁止修改游标结果集中的数据。可写游标允许修改游标结果集中的数据，它又分为部分可写和全部可写。

12.3.2 声明游标

声明游标即利用 SELECT 查询语句创建游标的结构，指明游标的结果集中包含哪些行、哪些列。声明游标使用 DECLARE 命令，它有 ANSI 92 标准声明游标和 T-SQL 扩展声明游标两种语法形式。

1. ANSI 92 标准声明游标

其语法如下：

```
DECLARE 游标名 [INSENSITIVE] | [SCROLL] CURSOR
FOR select_statement
[FOR {READ ONLY | UPDATE [OF column_name [,...n]]}]
```

参数说明：

INSENSITIVE：表示声明一个静态游标。

SCROLL：表示声明一个滚动游标。

select_statement：是定义游标结果集的 SELECT 查询语句。

READ ONLY：表示声明一个只读游标。

UPDATE：表示声明一个可写游标，如果 OF 后面有列名列表，则只有指定的列可以修改，此时声明的游标为部分可写游标，否则所有列都能修改。

【例 12.3】声明一个游标 Cur_XS。

```
DECLARE Cur_XS CURSOR
FOR
SELECT 学号,姓名,性别,年龄 FROM 学生表
FOR UPDATE OF 年龄 --部分可写游标,年龄字段可以修改
```

2. T-SQL 扩展声明游标

在 T-SQL 中，可以通过扩展的方式声明游标，这种游标声明方式通过增加另外的保留字使游标的功能进一步得到了增强，其语法如下：

```
DECLARE 游标名 CURSOR
[LOCAL | GLOBAL]
[FORWARD_ONLY | SCROLL]
[STATIC | KEYSET | DYNAMIC | FAST_FORWARD]
[READ_ONLY | SCROLL_LOCKS | OPTIMISTIC]
[TYPE_WARNING]
FOR select_statement
[FOR UPDATE [OF column_name [,...n]]]
```

参数说明：

LOCAL 和 GLOBAL：LOCAL 表示声明的是局部游标，GLOBAL 表示声明的是全局游标。

FORWARD_ONLY 和 SCROLL：FORWARD_ONLY 表示声明的是前向游标，SCROLL 表示声明的是滚动游标。

STATIC、KEYSET、DYNAMIC 和 FAST_FORWARD：表示声明的分别是静态游标、关键字集游标、动态游标和启用了优化的只读前向游标。

READ_ONLY：表示声明的是只读游标。

SCROLL_LOCKS：定位更新或定位删除可以成功。当将数据行读入游标时，SQL Server 2008 会锁定这些行，以确保它们稍后可进行修改。如果指定了 FAST_FORWARD，则不能指定 SCROLL_LOCKS。

OPTIMISTIC：指定如果数据行自从被读入游标以来已得到更新，则通过游标进行的定位更新或定位删除不成功。当将数据行读入游标时，SQL Server 2008 数据库系统不锁定数据行。

TYPE_WARNING：指定如果游标从所请求的类型隐式转换为另一种类型，则给客户端发送警告消息。

12.3.3 打开游标

在使用游标前，必须打开游标才能真正获得结果集，打开游标使用 OPEN 命令，其语法如下：

```
OPEN [GLOBAL] 游标名
```

其中，GLOBAL 选项表示当全局游标和局部游标都使用同一个游标名时，如果指定了 GLOBAL，则打开的是全局游标，否则打开的是局部游标。

如果使用 INSENSITIVE 或 STATIC 选项声明了游标，那么 OPEN 将在系统数据库 tempdb 中创建一个临时表以保存结果集。如果结果集中任意行的大小超过了 SQL Server 2008 数据库系统定义的表的最大行大小，OPEN 命令将失败。如果使用 KEYSET 选项声明了游标，那么将创建一个临时表以保存关键字集。

12.3.4 读取游标

1. 读取游标

当游标被成功打开以后，就可以从游标中逐行地读取数据，以进行相关处理，从游标中读取数据主要使用 FETCH 命令，其语法如下：

```
FETCH [ [NEXT | PRIOR | FIRST | LAST| ABSOLUTE {n}| RELATIVE {n}]FROM ]
    { [GLOBAL] 游标名 }
    [INTO @variable_name[,...n] ]
```

参数说明：

NEXT：返回结果集中当前行的下一行，并增加当前行数为返回行行数，如果 FETCH NEXT 是第一次读取游标中数据，则返回结果集中的是第一行而不是第二行。

PRIOR：返回结果集中当前行的前一行，并减少当前行数为返回行行数，如果 FETCH PRIOR 是第一次读取游标中数据，则无记录返回并把游标位置设为第一行。

FIRST：返回游标中第一行。

LAST：返回游标中的最后一行。

ABSOLUTE {n}：如果 n 为正数则返回游标内从第一行数据算起的第 n 行数据，如果 n 为负数则返回游标内从最后一行数据算起的第 n 行数据，若 n 超过游标的数据子集范畴，则@@FETCH_STATUS 返回−1。

RELATIVE {n}：若 n 为正数则读取游标当前位置起向后的第 n 行数据，如果 n 为负数则读取游标当前位置起向前的第 n 行数据。

INTO @variable_name [,...n]：是将提取的列数据存储到用户定义的变量中，在变量行中的每个变量必须与游标结果集中相应的列对应，每一变量的数据类型也要与游标中数据列的数据类型相匹配。

2. 使用游标修改数据

要使用游标进行数据的修改，必须将该游标声明为可写的游标，同时使用 FOR UP-DATE OF 关键字指明可更新的列，常用的操作有以下两种：

（1）更新操作。

```
UPDATE 数据表名 {SET 列名 = 表达式}
WHERE CURRENT OF 游标名
```

（2）删除操作。

```
DELETE FROM 数据表名 WHERE CURRENT OF 游标名
```

其中的"WHERE CURRENT OF 游标名"表示要对当前的游标指针对应的数据行进

行操作。

12.3.5　与游标有关的全局变量

在 SQL Server 数据库中，与游标有关的常用全局变量有两个，分别是@@CURSOR＿ROWS、@@FETCH＿STATUS。

1. 全局变量@@CURSOR＿ROWS

返回与 SQL Server 2008 数据库连接中，最后打开的游标中当前存在的合格行的数量。为提高性能，SQL Server 2008 可以异步填充键集和静态游标。可调用 @@CURSOR＿ROWS，以确定当它被调用时，符合游标的行的数目被进行了检索。@@CURSOR＿ROWS 的返回值是 integer 类型，@@CURSOR＿ROWS 的返回值说明如表 12.1 所示。

表 12.1　　　　　　　　　　　　　　　**@@CURSOR＿ROWS 返回值**

返回值	说　　明
-m	游标被异步填充，返回值（-m）是键集中当前的行数
-1	游标为动态。因为动态游标可反映所有更改，所以符合游标的行数不断变化，因而永远不能确定地说所有符合条件的行均已检索到
0	没有被打开的游标，没有符合最后打开的游标的行，或最后打开的游标已被关闭或被释放
n	游标已完全填充，返回值（n）是在游标中的总行数

2. 全局变量@@FETCH＿STATUS

@@FETCH＿STATUS 返回被 FETCH 语句执行的最后游标的状态，@@FETCH＿STATUS 变量有三个不同的返回值，如表 12.2 所示。

表 12.2　　　　　　　　　　　　　　　**@@FETCH＿STATUS 状态值**

返回值	说　　明
0	FETCH 语句成功
-1	FETCH 语句失败或行不在结果集中
-2	提取的行不存在

由于@@FETCH＿STATUS 对于在一个连接上的所有游标都是全局性的，返回的是上次执行 FETCH 命令的状态，所以要谨慎使用@@FETCH＿STATUS。在每次用 FETCH 从游标中读取数据时都应检查该变量，以确定上次 FETCH 操作是否成功来决定如何进行下一步处理。

12.3.6　关闭与释放游标

1. 关闭游标

在处理完游标中数据之后，使用 CLOSE 命令可以关闭一个已打开的游标，其语法如下：

```
CLOSE [GLOBAL] 游标名
```

CLOSE 语句关闭游标，但不释放游标占用的数据结构，仍能使用 OPEN 命令再次打开。

2. 释放游标

当确定某个游标不再使用时，应当及时使用 DEALLOCATE 命令释放游标，SQL Server 将删除该游标的数据结构，其语法如下：

DEALLOCATE [GLOBAL] 游标名

游标被释放后就不能使用 OPEN 命令再次打开。

12.3.7　游标使用实例

【例 12.4】对学生成绩表增加一个 Flag 字段，当成绩大于等于 90 分时，Flag 等于'优秀'；当成绩大于等于 80 分、成绩小于 90 分时，Flag 等于'良好'；当成绩大于等于 70 分、成绩小于 80 分时，Flag 等于'中等'；当成绩大于等于 60 分、成绩小于 70 分时，Flag 等于'及格'；当成绩小于 60 分时，删除这条记录。

```
DECLARE @Score INT
        --声明一个游标 Cur_Score
DECLARE Cur_Score CURSOR
FOR SELECT 成绩 FROM 学生成绩表 FOR UPDATE OF FLAG
        --打开游标
OPEN Cur_Score
        --取游标第一条记录
FETCH NEXT FROM Cur_Score INTO @Score
        --循环并提取游标中的记录
WHILE @@FETCH_STATUS = 0
BEGIN
IF @Score> = 90
UPDATE 学生成绩表 SET Flag = '优秀'
WHERE CURRENT OF Cur_Score
IF @Score> = 80 and @Score<90
UPDATE 学生成绩表 SET Flag = '良好'
WHERE CURRENT OF Cur_Score
IF @Score> = 70 and @Score<80
UPDATE 学生成绩表 SET Flag = '中等'
WHERE CURRENT OF Cur_Score
IF @Score> = 60 and @Score<70
UPDATE 学生成绩表 SET Flag = '及格'
WHERE CURRENT OF Cur_Score
   IF @Score<60
     DELETE FROM 学生成绩表 WHERE CURRENT OF Cur_Score
        --游标取下一行记录
   FETCH NEXT FROM Cur_Score INTO @Score
END
     --关闭游标
CLOSE Cur_Score
     --释放游标
DEALLOCATE Cur_Score
GO
     --查看使用游标修改后的结果
SELECT 学号,成绩,Flag FROM 学生成绩表
GO
```

·本章小结·

　　事务是一种机制，是一个操作序列。事务包含了一组数据库操作命令，所有命令作为一个整体一起向系统提交或撤销，这些命令要么都执行，要么都不执行，因此事务是一个不可分割的逻辑工作单元。事务作为一个逻辑单元，必须具备 4 个属性：原子性、一致性、隔离性和持久性。根据事务的启动和执行方式，可以将事务分为三类：自动提交事务、隐式事务和显式事务。SQL Server 数据库事务处理语句包括三条：① BEGIN TRANSACTION，开始一个事务工作单元。② COMMIT TRANSACTION，完成一个事务工作单元。③ ROLL-BACK TRANSACTION，回滚一个事务工作单元。

　　多用户并发操作导致的数据不一致性问题包括丢失修改、不可重复读、读"脏"数据。产生上述三类数据不一致性的主要原因是并发操作破坏了事务的隔离性。并发控制就是要用正确的方式调度并发操作，使一个用户事务的执行不受其他事务的干扰，从而避免造成数据的不一致性。并发操作导致数据不一致性问题的解决办法是封锁。死锁是在多用户或多进程状况下，为使用同一资源而产生的无法解决的争用状态，如果不进行外部干涉就将一直耗下去造成死锁。死锁会造成资源的大量浪费，甚至会使系统崩溃。当发生死锁现象时，系统可以自动检测到，在 SQL Server 2008 中解决死锁的原则是牺牲一个，即挑出一个进程作为牺牲者，将其事务回滚并向执行此进程的程序发送编号为 1205 的错误信息。

　　游标是指向查询结果集的一个指针，它是通过定义语句与一条 SELECT 查询语句相关联的一组 SQL 语句，游标使得用户可以逐行访问 SELECT 查询语句返回的结果集合，并可以对不同行做不同的操作。在 SQL Server 数据库系统中，根据处理特性，将游标分为静态游标、动态游标和关键字集游标三种。对于游标的操作主要有声明游标、打开游标、读取游标、关闭与释放游标。与游标有关的常用全局变量有两个，分别是@@CURSOR _ ROWS 和@@FETCH _ STATUS。

习题 12

一、填空题

　　1. 事务作为一个逻辑单元，必须具备 4 个属性，分别是 _____、_____、_____和_____。

　　2. 显式事务也称"用户定义事务"，就是显式地定义事务的开始和事务的结束，每个事务均以_____语句显式开始，以_____语句正常提交事务显式结束。

　　3. 事务回滚是指当事务中的某一语句执行失败时，将对数据库的操作恢复到事务执行前或某个指定位置。事务回滚使用_____命令。

　　4. 多用户并发操作导致的数据库中数据不一致性问题包括三大类，分别是_____、_____和_____。

　　5. 产生数据不一致性的主要原因是并发操作破坏了事务的_____。并发控制就是要用正确的方式调度并发操作，使一个用户事务的执行不受其他事务的干扰，从而避免造成数据的不一致性。

　　6. _____是实现并发控制的一个非常重要的技术。

　　7. 基本的封锁类型有两种，即_____和_____。

8. 游标以_____方式集中处理数据，使用游标可以控制对特定行的操作，因而可以提供更多的灵活性。

9. 在 SQL Server 数据库系统中，根据处理特性，将游标分为_____游标、_____游标和_____游标三种。

二、思考题

1. 什么是事务？事务必须具备哪几个属性？

2. 事务有哪几种类型？各具有什么特点？

3. 什么是锁？锁有哪几种模式？

4. 在什么情况下 SQL Server 数据库系统可能发生死锁？应该如何解决？

5. 什么是游标？如何声明一个游标？

6. 使用什么语句可以打开游标，打开成功后，游标指针指向结果集的什么位置？

7. @@FETCH _ STATUS 返回值为 0、−1、−2 时分别代表什么含意？

三、实训操作题

关于操作文件夹的建立说明：

在你的计算机的某一个硬盘中（例如 E 盘）建立一个用你的学号后 3 位和姓名等信息组合建立的文件夹（例如你学号后 3 位是 128，姓名为李洁，则文件夹为"128 _ 李洁 _ 12"），用于存放本项目实训相关文件，下面实训题建立的命令以文件的形式（以题号为文件名，如 1. sql）均存放于此文件夹中。

1. 编写一个事务，当向数据库"Companyinfo"中的订单表中添加一条订单信息时，自动修改对应产品的库存量，订单信息数据自定。代码用 12 _ 1. sql 保存在代码文件夹中。

2. 创建一个游标 cur _ Product，要求能够实现分行显示产品表"Product"中的信息。代码用 12 _ 2. sql 保存在代码文件夹中。

3. 创建一个游标 cur _ Employee，要求能够实现将在公司工作 5 年以上的男员工加薪 10%，在公司工作 3 年以上的女员工加薪 8%。代码用 12 _ 3. sql 保存在代码文件夹中。

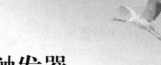

第13章　存储过程与触发器

存储过程（Stored Procedure）是一组为了完成特定功能的 SQL 语句集合是，利用 SQL Server 所提供的 T-SQL 语言所编写的程序，经编译后存储在数据库中。存储过程是数据库中的一个重要对象，用户通过指定存储过程的名字并给出参数（如果该存储过程带有参数）来执行它。存储过程是由流控制和 SQL 语句书写的过程，这个过程经编译和优化后存储在数据库服务器中，存储过程可由应用程序通过一个调用来执行，而且允许用户声明变量。同时，存储过程可以接收和输出参数、返回执行存储过程的状态值，也可以嵌套调用。

触发器（Trigger）是特殊的存储过程，它的执行不是由程序调用，也不是手工启动，而是由事件来触发，比如当对一个表进行操作（insert，delete，update）时就会激活它执行。触发器经常用于加强数据的完整性约束和业务规则等。

13.1　存储过程的创建与管理

存储过程是一组为了完成特定功能的 T-SQL 语句集合，经编译后存储在数据库服务器上并在服务器端运行的程序模块，用户通过存储过程的名字和给出相应参数来执行它。存储过程一旦被创建，此后可多次调用，极大地提高了程序的效率、可移植性和数据逻辑独立性。

13.1.1　存储过程简介

学过高级程序设计语言的同学都知道子程序、过程或函数的概念，这些为程序设计提供了良好的模块化设计方法。T-SQL 作为面向数据库的高级语言，也有自己的"子程序"——存储过程。

存储过程是一组预先写好的能实现某种功能的 T-SQL 程序代码，指定一个名称并经过编译后将其保存在 SQL Server 服务器中，以后通过这个名称（必要时给出相关参数）就可以调用这段代码从而完成相应的功能。

使用存储过程的优点如下：

（1）执行速度快、效率高：因为 SQL Server 在第一次执行完存储过程后，其执行规划就驻留在高速缓存中，在以后的执行过程中，系统只需从高速缓存中调用已经编译好的二进制代码执行即可，而不必再重新编译，从而大大提高了执行速度。

（2）具有安全性：存储过程可以作为一种安全机制来使用。

（3）减少网络流量：由于存储过程在服务器端执行，用户每次只需发出一条执行命令，而不必发送存储过程中所包含的冗长的代码，因而减少了网络流量。

（4）允许模块化程序设计，提高代码的可重用性。

13.1.2　存储过程的类型

在 SQL Server 2008 数据库中存储过程分为三类，即系统存储过程、CLR 存储过程和用户自定义存储过程。

1. 系统存储过程

SQL Server 中的许多管理活动都是通过一种特殊的存储过程执行的，这种存储过程被称为系统存储过程。从物理意义上讲，系统存储过程存储在源数据库中，并且带有 sp＿ 前缀。从逻辑意义上讲，系统存储过程出现在每个系统定义数据库和用户定义数据库的 sys 构架中。

同时 SQL Server 支持在 SQL Server 和外部程序之间提供一个接口以实现各种维护活动的系统存储过程，这些扩展存储程序使用 xp＿ 前缀。

2. CLR 存储过程

CLR 存储过程是指对 Microsoft . NET Framework 公共语言运行时（CLR）方法的引用，可以接受和返回用户提供的参数，它们在 . NET Framework 程序集中是作为类的公共静态方法实现。

3. 用户自定义存储过程

用户自定义存储过程由用户自定义创建并能完成某一特定功能，下面介绍的存储过程主要是指用户自定义存储过程。

13.1.3　存储过程的创建与执行

在 SQL Server 2008 中创建存储过程一般使用 CREATE PROCEDURE 语句，其常用的语法格式如下：

```
CREATE PROCEDURE procedure_name
    [{@parameter data_type}[ = default][OUTPUT]][ ,... n ]
AS sql_statement [ ... n ]
```

参数说明：

procedure＿name：是要创建的存储过程的名字，它后面跟一个可选项 number，是一个整数，用来区别一组同名的存储过程，存储过程的命名必须符合 SQL Server 数据库命名规则。

@parameter：是存储过程的参数，在 CREATE PROCEDURE 语句中可以声明一个或多个参数，当调用该存储过程时用户必须给出所有的参数值，除非定义了参数的缺省值，若参数的形式以@parameter＝value 出现，则参数的次序可以不同，否则用户给出的参数值必须与参数列表中参数的顺序保持一致。一个存储过程至多有 1 024 个参数。

data＿type：是参数的数据类型，所有的数据类型都可被用作参数，但是游标 cursor 数据类型只能被用作 OUTPUT 参数。

default：是指参数的缺省值，如果定义了缺省值，那么即使不给出参数值，则该存储过程仍能被调用，缺省值必须是常数或者是空值。

OUTPUT：表明参数是返回参数。该选项的值可以返回给 EXECUTE。使用 OUT-PUT 参数可将信息返回给调用过程。

AS：指明该存储过程将要执行的动作。

sql _ statement：是包含在存储过程中的 SQL 语句，一个存储过程的最大尺寸为 128M，用户定义的存储过程默认创建在当前数据库中。

【例 13.1】创建一个存储过程，要求任意录入三个数，能输出最大数。其创建存储过程的代码如下：

```
CREATE PROCEDURE maxnumber
    @a INT,
    @b INT,
    @c INT
AS
  BEGIN
  DECLARE @max INT
  SET @max = @a
  IF @b>@max
    SET @max = @b
  IF @c>@max
    SET @max = @c
    PRINT '最大数是' + CONVERT(VARCHAR, @MAX)
  END
```

当上面代码运行结束后，在当前数据库中创建了一个名为 maxnumber 的存储过程。创建完成后，要执行存储过程才能检验其逻辑正确性或看到其效果。执行存储过程是利用 EX-ECUTE 或其简写形式（EXEC）语句来完成的，也可以直接给出存储过程名称和相关参数来执行存储过程。对于例 13.1 来说，执行存储过程的代码如下：

```
EXECUTE maxnumber 90,70,108
```

也可以简写为：

```
EXEC maxnumber 90,70,108
```

或

```
maxnumber 90,70,108
```

执行结果为：最大数是 108。

【例 13.2】创建一个存储过程，要求任给一个学生的学号，能从 students _ courses 数据库中查询出这个学生选修的所有课程名称及成绩信息。

按照题目的意思，在这个查询过程中，有一个输入参数：学号。即执行时给定的学号存放在一个输入参数中（当作是已知的），然后在数据库中查询这个学生的选课情况和成绩信息，对应一个查询语句。创建此存储过程的代码如下：

```
CREATE PROCEDURE proc_student_cj
```

```
  @var_sno char(12)
AS
  SELECT students. sno As 学号, sname AS 姓名, cname AS 课程名, cj AS 成绩
  FROM students INNER JOIN sc ON students. sno = sc. sno
      INNER JOIN courses ON sc. cno = courses. cno
  WHERE students. sno = @var_sno
```

例如要查询学号为"201000010001"的学生选课情况和课程成绩信息，可执行此存储过程，其执行语句为：

```
EXEC proc_student_cj '201000010001'
```

运行效果如图 13.1 所示。

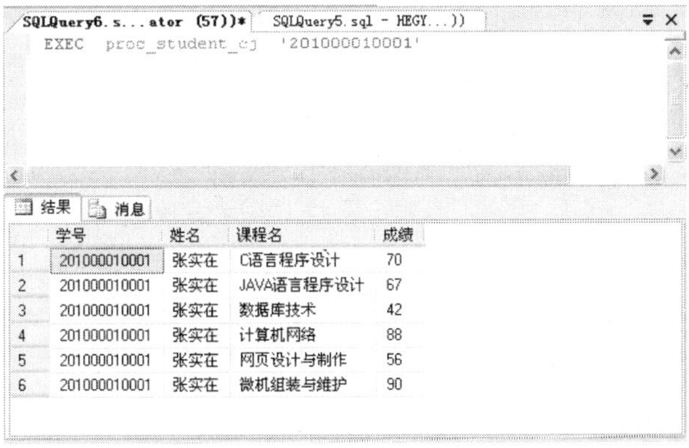

图 13.1   存储过程 proc _ student _ cj 执行效果

如果要查询其他学生的选课情况及课程成绩，则只需要将上面执行存储过程语句中的学号改变即可。如果学号是用户输入的，我们要获取这个学号值并保存在某个变量中，可用变量名代替其中的学号常量而解决问题。

【例 13.3】创建一个存储过程，要求任给一门课程的课程号，能从 students _ courses 数据库中统计出这门课程的平均成绩信息。

按照题意，这个查询过程中，同样有一个输入参数：课程号。即执行时给定的课程号存放在一个输入参数中（当作是已知的），然后在数据库中统计这门课的平均成绩信息，然后输出，这也对应一个查询语句。创建此存储过程的代码如下：

```
CREATE PROCEDURE proc_avg_cj
  @var_cno char(8)
AS
  SELECT courses. cno AS 课程号, cname AS 课程名, AVG(cj) AS 平均成绩
  FROM courses INNER JOIN sc ON courses. cno = sc. cno
  WHERE courses. cno = @var_cno
```

例如，要查询课程号为"10010001"的课程平均成绩信息，可执行此存储过程，其执行语句为：

```
EXEC proc_avg_cj '10010001'
```

其执行效果如图 13.2 所示。

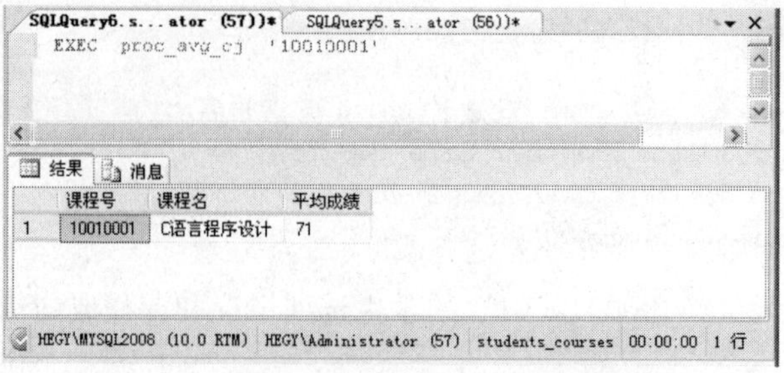

图 13.2　存储过程 proc _ avg _ cj 执行效果

【例 13.4】创建一个存储过程，给定学生的学号、姓名、性别、专业、入学年份和所在系信息，如果学生（students）表中已经有这个学生的信息（学号存在），则用新给的值修改原学生记录内容，否则插入一条新的学生记录。

这个存储过程给定了学生的六个值，作为存储过程的输入参数，要判断学生信息是否存在，需要执行查询语句。创建此存储过程的代码如下：

```
CREATE PROCEDURE INS_OR_UPDATE
    @var_sno char(12),
    @var_sname char(8),
    @var_xb char(2) = '男',
    @var_zhy varchar(30),
    @var_inyear int,
    @var_dept varchar(30)
AS
    --首先用 if 语句判断给定学号对应的记录在学生表中是否存在
  IF exists(SELECT * FROM students WHERE sno = @var_sno)
      --若存在则更新记录
    UPDATE students SET sname = @var_sname, xb = @var_xb,
          zhy = @var_zhy, in_year = @var_inyear, dept = @var_dept
    WHERE sno = @var_sno
    ELSE        --若不存在则插入记录
    INSERT studentsvalues(@var_sno, @var_sname, @var_xb,
          @var_zhy, @var_inyear, @var_dept)
```

执行上述存储过程的语句如下：

```
EXEC INS_OR_UPDATE '111111111111', '赵中国', '男', '软件技术', 2011, '计算机技术'
```

注意：在 CREATE PROCEDURE 语句中可以声明一个或多个参数。在调用存储过程时需要为每个声明的参数提供参数值，除非已经设置了默认值。

【例 13.5】创建带输出参数的存储过程。给定一个学生的学号和课程号，要求输出这个学生的姓名、课程名称和选修这门课的成绩。

这个存储过程有两个输入参数，三个输出参数。创建此存储过程的代码如下：

```
CREATE PROCEDURE proc_query_sc
    @var_sno char(12),
    @var_cno char(8),
    @var_sname char(8) OUTPUT,
    @var_cname varchar(30) OUTPUT,
```

```
   @var_cj smallint OUTPUT
AS
   SELECT @var_sname = sname,@var_cname = cname,@var_cj = cj
   FROM students INNER JOIN sc ON students. sno = sc. sno
       INNER JOIN courses ON courses. cno = sc. cno
   WHERE students. sno = @var_sno and courses. cno = @var_cno
```

执行上面语句创建了存储过程 proc _ query _ sc。

对于带 OUTPUT 参数的存储过程，其调用方法与其他存储过程的调用方法有所不同。首先要声明相应的变量来存储返回结果，然后在调用过程中要带关键字 OUTPUT，否则返回的输出变量值不能保存。下面语句调用存储过程 proc _ query _ sc，并保存和打印输出变量的值。

```
DECLARE @VARSNO CHAR(12),@VARCNO CHAR(8),@VARSNAME CHAR(8),
        @VARCNAME VARCHAR(30),@VARCJ SMALLINT
- -下面语句给输入变量赋值
SET @VARSNO = '200900030008'
SET @VARCNO = '10030002'
- -下面语句执行存储过程,获取输出变量的值
EXEC proc_query_sc @VARSNO,@VARCNO,@VARSNAME OUTPUT,
                    @VARCNAME OUTPUT,@VARCJ OUTPUT
PRINT @VARSNAME       - -打印输出变量的值进行验证
PRINT @VARCNAME
PRINT @VARCJ
```

上面语句调用存储过程执行，其运行结果如图 13.3 所示。

图 13.3 存储过程 proc _ query _ sc 执行效果

13.1.4 查看、删除和修改存储过程

存储过程被创建以后它的名字存储在系统表 sysobjects 中，它的源代码存放在系统表 syscomments 中，可以通过 SQL Server Management Studio 和系统存储过程来查看、修改和删除用户创建的存储过程，也可以通过 T-SQL 命令来修改和删除存储过程。

1. 使用 SQL Server Management Studio 来查看、修改和删除存储过程

（1）启动 SQL Server Management Studio，连接到服务器后，在"对象资源管理器"面板中依次单击展开"数据库"→"students _ courses"→"可编程性"→"存储过程"节点。

（2）在"存储过程"选项下，可以看到当前数据库中已经创建的所有存储过程的名称，如图13.4所示。

图13.4 查看已建存储过程名称

（3）如果要查看或修改某个存储过程的内容，右击某个存储过程名称，在弹出的快捷菜单中选择"修改"命令，就可以查看或修改存储过程中的内容，如图13.5所示。修改完成后单击"保存"按钮完成修改存储过程任务。

（4）如果要删除某个存储过程，右击某个存储过程名称，在弹出的快捷菜单中选择"删除"命令，打开如图13.6所示的"删除对象"对话框，单击"确定"按钮删除指定存储过程。

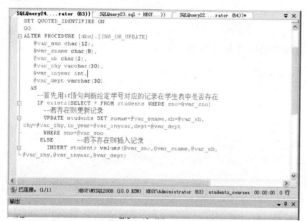

图13.5 查看或修改存储过程中的内容

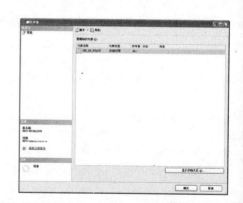

图13.6 "删除对象"对话框

2. 使用 T-SQL 命令来查看存储过程

SQL Server 提供了几种系统存储过程和目录存储过程，可用来提供有关存储过程的信息。

使用 sp_help 系统存储过程查看存储过程的基本信息，其语法格式如下：

```
sp_help 存储过程名
```

使用 sp_helptext 系统存储过程查看存储过程的源代码，其语法格式如下：

```
sp_helptext 存储过程名
```

【例13.6】查看存储过程 proc_avg_cj 的信息和源代码，其语句格式如下：

```
sp_help proc_avg_cj
GO
sp_helptext proc_avg_cj
GO
```

运行结果如图 13.7 所示。

图 13.7 查看存储过程信息

如果在创建存储过程时使用了 WITH ENCRYPTION 选项，由于存储过程被加密了，那么无论是使用 SQL Server Management Studio，还是系统存储过程 sp_helptext 都无法查看到存储过程的源代码。

3. 使用 T-SQL 命令修改存储过程

创建好的存储过程可以根据用户的要求或者其他因素的改变而改变，SQL Server 中修改存储过程可以使用 ALTER PROCEDURE 语句以命令方式实现，其语法形式与创建存储过程的语法形式类似。

4. 使用 T-SQL 命令删除存储过程

当存储过程不再需要时可将其删除。删除存储过程可以使用 DROP PROCEDURE 命令，语法格式如下：

DROP PROCEDURE 存储过程名

【例 13.7】将存储过程 proc_sc 从数据库中删除，其语句格式如下：

```
DROP PROCEDURE proc_sc
```

13.2 ASP 程序中调用存储过程

前面我们说到存储过程有很多好处，在开发应用程序时要尽量多用存储过程。如果通过创建存储过程以及在 ASP 中调用存储过程，就可以避免将 SQL 语句和 ASP 代码混杂在一起。这样做的好处至少有三个：

（1）大大提高效率。存储过程本身的执行速度非常快，而且调用存储过程可以大大减少同数据库服务器的交互次数。

（2）提高安全性。如果将要执行的 SQL 语句建立存储过程保存在数据库服务器中，则这样 SQL 语句（建立的存储过程）与 ASP 代码是分离的。假如将 SQL 语句混合在 ASP 代码中，一旦代码失密，同时也就意味着数据库结构失密。

（3）有利于 SQL 语句的重用。

在 ASP 中，一般通过 Command 对象调用存储过程，根据不同情况，我们也使用 Connection 对象和 RecordSet 对象调用存储过程的方法。为了方便说明，我们根据存储过程中是否有输入和输出参数的情况，分别介绍，并在每种情况下配有例题进行说明。

13. 2. 1　没有输入和输出参数的存储过程

任何单个或多个 SQL 语句都可以建立存储过程，如果没有输入和输出参数，一般会对应一条查询语句，有返回的记录集。

【例 13.8】在数据库"students _ cpurses"中建立存储过程返回课程表中所有课程的课程号、课程名、学分和任课教师姓名，然后在 ASP 中调用存储过程将这些信息显示在页面。

首先建立存储过程，其代码如下：

```
CREATE PROCEDURE proc_course_1208
AS
   SELECT    cno,cname,xf,tname
   FROM      courses INNER JOIN teachers
   ON        courses. tno = teachers. tno
```

与前面介绍的使用查询语句来显示记录的页面不同的是只有带下划线的两个语句：

```
cmd. CommandType = adCmdStoredProc    '定义 cmd 的命令类型是存储过程
cmd. CommandText = "proc_course_1208"  '定义 cmd 对象的命令文本为存储过程名
```

上面第一个语句定义 cmd 对象的命令类型是存储过程（adCmdStoredProc 是常量，对应的常数值是 4。如果使用常量，则需要通过包含的文件"adovbs. inc"进行常量说明）。

第二个语句定义 cmd 对象的命令文本是已经建立的存储过程名，需要用双引号括起来。

下面代码在 ASP 页面中调用存储过程，保存记录集，将记录显示在页面上。

```
<! - - ＃Include File = conn. asp - - > <! - -导入连接文件,打开 conn 连接对象 - - >
<! - -导入文件 adovbs. inc,它里面包括 ASP 中各个内置组件的常量说明 - - >
<! - - ＃Include file = adovbs. inc - - >
< %
   Set cmd = Server. CreateObject("ADODB. Command") '创建命令对象 cmd
   Set cmd. ActiveConnection = conn    '定义 cmd 对象的活动连接为 conn
   cmd. CommandType = adCmdStoredProc     '定义 cmd 的命令类型是存储过程
   cmd. CommandText = "proc_course_1208"     '定义 cmd 对象的命令文本为存储过程名
   Set rs = cmd. Execute()          '执行 SQL 命令,将查询结果保存在记录集对象 rs 中
 '下面代码在页面上显示记录集 rs 的记录,以后的例题将省略这部分内容.
 % >
<html >
<head>
<title>课程信息显示</title>
</head>
<body>
<table width = "706" height = "148" border = "1" align = "center">
    <tr>
```

```
   <td colspan = "4"><div align = "center">课程信息显示</div></td>
  </tr>
  <tr>
   <td width = "157"><div align = "center"> 课程号</div></td>
   <td width = "190"><div align = "center"> 课程名</div></td>
   <td width = "113"><div align = "center"> 课程学分</div></td>
   <td width = "218"><div align = "center"> 任课教师</div></td>
  </tr>
  < %
   while not rs. eof
  % >
  <tr>
   <td>< % = rs("cno") % ></td>
   <td>< % = rs("cname") % ></td>
   <td>< % = rs("xf") % ></td>
   <td>< % = rs("tname") % ></td>
  </tr>
< %
  rs. movenext
  wend
  % >
</table>
< %
conn. close
  % >
</body>
</html>
```

其运行结果如图 13.8 所示。

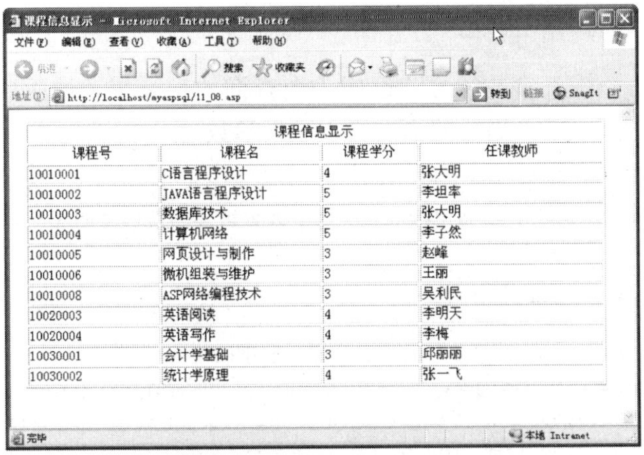

图 13.8　调用存储过程显示课程信息

这种存储过程的执行，也可以不使用命令对象，而直接通过连接对象或记录集对象来执行存储过程。只需要告诉连接对象或记录集对象，命令类型是存储过程（其值为 4，常量为 adCmdStoredProc），命令文本中对应的是存储过程名，这两点即可。

（1）使用连接对象来调用存储过程，只需将上面第一段 ASP 代码改为如下代码即可：

```
<%
    Dim rs
    Set rs = conn. Execute("proc_course_1208",, adCmdStoredProc)
        '通过打开的连接对象 conn 执行存储过程,将查询结果保存在记录集对象 rs 中
%>
```

（2）使用记录集对象来调用存储过程，只需将上面第一段 ASP 代码改为如下代码即可：

```
<%
    Dim rs
    Set rs = Server. CreateObject("ADODB. Recordset")    '创建记录集对象 rs
rs. OPEN "proc_course_1208",conn,AdOpenStatic,AdLockReadOnly, AdCmdStoredProc
%>
```

13.2.2　只有输入参数没有输出参数的存储过程

如果存储过程中有输入或输出参数，则必须使用命令（Command）对象才能完成参数的输入和输出。下面我们来看存储过程中有一个或多个输入参数的实例。

【例 13.9】利用前面例 13.2 建立的存储过程 proc_student_cj ，对于输入的学号，在数据库中查询这个学生选修的课程和其成绩信息。然后在 ASP 中调用存储过程将这些信息显示在页面。

对例 13.2 中建立的存储过程 proc_student_cj，不要列的别名，稍作修改如下：

```
CREATE PROCEDURE proc_student_cj
    @var_sno char(12)
AS
    SELECT students. sno ,sname ,cname ,cj
    FROM    students INNER JOIN sc ON students. sno = sc. sno
            INNER JOIN courses ON sc. cno = courses. cno
    WHERE   students. sno = @var_sno
```

存储过程中有一个输入参数学号，返回一个查询的记录集。调用这个存储过程的 ASP 页面代码如下（注意其中带下划线的语句用于定义参数）：

```
<! - - # Include File = conn. asp - - > <! - - 导入连接文件,打开 conn 连接对象 - - >
<! - - 导入文件 adovbs. inc,它里面包括 ASP 中各个内置组件的常量说明 - - >
<! - - # Include file = adovbs. inc - - >
<%
    Dim var_sno
    var_sno = Request("tsno")      '获取学号文本框中的学号值
    Set cmd = Server. CreateObject("ADODB. Command")    '创建命令对象 cmd
    Set cmd. ActiveConnection = conn       '定义 cmd 对象的活动连接为 conn
    cmd. CommandType = adCmdStoredProc       '定义 cmd 的命令类型是存储过程
    '定义 cmd 对象的命令文本为存储过程名
    cmd. CommandText = "proc_student_cj"
    '声明参数
    Set parasno = cmd. CreateParameter("para_sno",adChar,
                              adParamINPUT,12,var_sno)
    cmd. parameters. Append parasno
    Set rs = cmd. execute '执行存储过程获取记录集到 rs 对象中
```

```
  %>
  '下面代码在页面上显示记录集 rs 的记录，省略这部分内容
%>
```

运行效果如图 13.9 所示。

图 13.9　学生修课信息查询页面效果图

说明：

1. 关于 Command 对象的 CreateParameter 方法

该方法可以创建新的 Parameter 对象，Parameter 对象表示传递给 SQL 语句或存储过程的一个参数。使用 CreateParameter 方法可以指定 Parameter 对象的名称、类型、方向、大小和取值，其语法如下：

```
Set Parameter_Object =
Command_Object.CreateParameter(Name,Type,Direction,Size,Value)
```

其中：

（1）Name 为字符串类型，可选参数，代表创建的 Parameter 对象名称。

（2）Type 是长整型值，可选参数，用于指定 Parameter 对象的数据类型。常用数据类型说明如表 13.1 所示。

表 13.1　　　　　　　　　　　　　　　常用类型说明

常量	取值	类型说明
adSmallInt	2	小整型
adInteger	3	整型
adDouble	5	双精度类型
adBigInt	20	大整型
adChar	129	定长字符型
adDBDate	133	日期时间类型
adVarChar	200	变长字符型

（3）Direction 是长整型值，可选参数，用于指定 Parameter 对象的参数类型，其取值如表 13.2 所示。

269

表 13.2   Direction 参数的取值

常量	取值	说　明
adParamUnknown	0	表示参数方向未知
adParamInput	1	默认值，表示输入参数
adParamOutput	2	表示输出参数
adParamInputOutput	3	表示输入/输出参数
adParamReturnValue	4	表示为返回值

（4）Size 是长整型，可选参数，用于指定参数值的长度（以字符或字节为单位）。

（5）Value 用于指定 Parameter 对象的值。

上面例题中的声明参数的语句如下：

```
Set parasno = cmd.CreateParameter("para_sno",adChar,
                                   adParamINPUT,12,var_sno)
```

其意义是，参数名称为"para_sno"，由用户自己定义，其类型为定长字符型，长度为
12 个，是输入参数，其值等于变量"var_sno"的值（从表单中提交的学号）。

2. 关于 Command 对象的 Parameters 数据集合

使用 CreateParameter 方法只是创建了一个新的 Parameter 对象，如果要将该参数传递
给 Command 对象，还需要使用 Parameters 数据集合的 Append 方法。

Parameters 数据集合包含了 Command 对象的所有 Parameter 对象，该集合提供的属性
和方法如表 13.3 所示。

表 13.3   Parameters 数据集合的属性与方法说明

名称	类别	说　明
Count	属性	返回给定 Parameters 数据集合中的 Parameter 对象数目 语法：Parameters.Count
Append	方法	将 Parameter 对象追加到 Parameters 集合中 语法：Parameters.Append object
Item	方法	返回 Parameters 集合中指定的 Parameter 对象 语法：Set object＝Parameters.Item（Index）
Delete	方法	从 Parameters 数据集合中删除指定对象 语法：Parameters.Delete Index
Refresh	方法	更新 Parameters 集合中的 Parameter 对象 语法：Parameters.Refresh

上面例题中声明参数的语句如下：

```
cmd.parameters.Append parasno
```

其意义是，在 cmd 对象的 Parameters 集合中追加已经创建的 Parameter 对象 parasno。

【例 13.10】创建存储过程，根据用户输入的教工号、姓名、性别、职称和年龄信息，
检查数据库（students_courses）的 teachers 表中是否有此记录，若不存在职工号相同的记
录则将此记录插入到 teachers 表中。在 ASP 页面中接收用户的输入信息，调用此存储过程
插入记录。

建立的存储过程 proc_teachers_ins 如下：

270

```
CREATE PROCEDURE proc_teachers_ins
@vartno char(10),
@vartname char(8),
@vartxb char(2),
@varzc varchar(20),
@varage smallint
AS
  IF NOT EXISTS(SELECT * FROM teachers WHERE tno = @vartno)
    INSERT teachers(tno, tname, txb, zc, age)
      values(@vartno, @vartname, @vartxb, @varzc, @varage)
```

存储过程中有 5 个输入参数，注意参数的顺序要与存储过程定义一致。调用这个存储过程的 ASP 页面代码如下（注意其中带下划线的语句用于定义参数）：

```
<! - - #Include File = conn. asp - -> <! - -导入连接文件,打开 conn 连接对象- ->
<! - -导入文件 adovbs. inc,它里面包括 ASP 中各个内置组件的常量说明- ->
<! - - #Include file = adovbs. inc - ->
<%
    Dim var_tno, var_tname, var_txb, var_tzc, var_tage
    var_tno = Request("ttno")                    '获取教工号文本框中的教工号值
    var_tname = Request("ttname")                '获取姓名文本框中的姓名值
    var_txb = Request("ttxb")                    '获取性别文本框中的性别值
    var_tzc = Request("tzc")                     '获取职称文本框中的职称值
    var_tage = Request("tage")                   '获取年龄文本框中的年龄值
    Set cmd = Server. CreateObject("ADODB. Command")        '创建命令对象 cmd
    Set cmd. ActiveConnection = conn              '定义 cmd 对象的活动连接为 conn
    cmd. CommandType = adCmdStoredProc           '定义 cmd 的命令类型是存储过程
    cmd. CommandText = "proc_teachers_ins"       '定义 cmd 的命令文本为存储过程名
'声明参数并附加参数,adParamINPUT 用常数 1 代替
Set paratno = cmd. CreateParameter("para_tno", adChar, 1, 10, var_tno)
    cmd. parameters. Append paratno
Set paratname = cmd. CreateParameter("para_tname", adChar, 1, 8, var_tname)
    cmd. parameters. Append paratname
Set paratxb = cmd. CreateParameter("para_txb", adChar, 1, 2, var_txb)
    cmd. parameters. Append paratxb
Set paratzc = cmd. CreateParameter("para_tzc", adVarChar, 1, 20, var_tzc)
    cmd. parameters. Append paratzc
Set paratage = cmd. CreateParameter("para_tage", adSmallInt, 1, 2, var_tage)
    cmd. parameters. Append paratage
cmd. execute            '执行存储过程
response. write("插入成功!")
%>
```

13. 2. 3 有输入和输出参数的存储过程

如果存储过程中有输出参数，则与输入参数不同的是参数类型说明要为 "adParamOutput" 或用常数值 2，不必有初始值。

【例 13. 11】创建一个存储过程，要求任给一门课程的课程号（作为输入参数），能从 students _ courses 数据库中统计出这门课程的平均成绩信息（作为输出参数）。在 ASP 页面

中接收用户输入的课程号信息，调用此存储过程获得结果并显示在页面中。

建立的存储过程 proc _ courses _ avg 如下：

```
CREATE PROCEDURE proc_avg_cj
   @var_cno char(8)
   @var_avg int OUTPUT
AS
   SELECT @var_avg = AVG(cj)
   FROM sc
   WHERE cno = @var_cno
```

存储过程中有一个输入参数和一个输出参数，注意参数的定义顺序要与存储过程中参数的定义顺序一致。调用这个存储过程的 ASP 负面代码如下（注意其中带下划线的语句用于与输出参数有关的创建、附加和输出显示）：

```
<! - - # Include File = conn. asp - - > <! - - 导入连接文件,打开 conn 连接对象 - - >
<! - - 导入文件 adovbs. inc,它里面包括 ASP 中各个内置组件的常量说明 - - >
<! - - # Include file = adovbs. inc - - >
<html >
<head>
<title>显示查询结果</title>
</head>
<body>
<form id = "form1" name = "form1" method = "post" action = "">
<table width = "410" border = "1" align = "center">
  <tr>
  <td width = "155">请输入课程号:</td>
  <td> <input name = "tcno" type = "text" id = "tcno" /> </td>
  <td> <input type = "submit" name = "Submit" value = "查询"/> </td>
</tr></table></form>
<hr />
< %
  Dim var_sno
  var_cno = Request("tcno") 获取课程号文本框中的课程号值
  if var_cno<>"" then
    Set cmd = Server. CreateObject("ADODB. Command") 创建命令对象 cmd
    Set cmd. ActiveConnection = conn        '定义 cmd 对象的活动连接为 conn
    cmd. CommandType = adCmdStoredProc        '定义 cmd 的命令类型是存储过程
    cmd. CommandText = "proc_courses_avg"        '定义 cmd 对象的命令文本为存储过程名
    '声明参数并附加参数, adParamINPUT 用常数 2 代替
Set paracno = cmd. CreateParameter("para_cno",adVarChar,1,10,var_cno)
cmd. parameters. Append paracno
Set paracjavg = cmd. CreateParameter("para_cjavg",adInteger,2)
cmd. parameters. Append paracjavg
cmd. execute
  % >
<h3 align = "center">课程平均成绩查询结果</h3>
<table width = "485" border = "1" align = "center">
  <tr>
    <td width = "121"><div align = "center">课程号</div></td>
```

272

```
      <td width = "89"><div align = "center">平均成绩</div></td>
   </tr>
   <tr>
      <td>< % = var_cno % ></td>
      <td>< % = cmd("para_cjavg") % ></td>
   </tr>
</table>
< % end if % >
</body>
</html>
```

其运行结果如图 13.10 所示。

图 13.10　课程平均成绩查询页面运行效果图

13.3　触发器的创建与管理

触发器（Trigger）是一种特殊的存储过程，其特殊之处在于触发器不是调用执行，而是当有关事件发生时被激发自动执行的。激发事件一般是对数据表的操作而引发的，引发事件的语句是 DML 或 DDL 等语句。

13.3.1　触发器的定义与类型

触发器是一种特殊类型的存储过程，它在语句事件（如 INSERT、UPDATE、DELETE、CREATE、ALTER 等）执行时，触发器就会发生。与存储过程相比，触发器主要是通过事件触发从而被执行，用于处理各种复杂操作。同时注意触发器不能传递参数也不能接受参数，而存储过程是通过存储过程名字被直接调用的。

在 SQL Server 2008 中触发器可以分为 DML 触发器和 DDL 触发器两大类。

1. DML 触发器

DML 触发器是在数据库中对数据表发生数据操作语句（INSERT、DELETE、UPDATE）事件时自动执行的过程。DML 触发器可分为 After 触发器和 Instead Of 触发器两种类型。

2. DDL 触发器

DDL 触发器是在响应数据定义语言（CREATE、ALTER 等）事件时自动执行的过程。DDL 触发器一般用于执行数据库中的管理任务，例如审核和规范数据库操作、防止数据库表结构被修改等。DDL 触发器是 SQL Server 2005/2008 数据库系统的新增功能。

13.3.2 DML触发器的分类与工作原理

1. DM触发器的分类

在SQL Server中DML触发器可分为After触发器和Instead Of触发器两种类型。

（1）After触发器：这类触发器是在记录改变（执行INSERT、UPDATE、DELETE语句会改变表中的记录内容）完成之后（After）才会被激活，主要用于记录变更后的处理或检查，一旦发现错误，也可以用事务中的"Rollback Transaction"语句来回滚本次操作。

（2）Instead Of触发器：这类触发器一般用于取代原先的操作，在记录变更发生之前执行。也就是说它并不会去执行原先的（INSERT、UPDATE和DELETE）操作，而取代去执行触发器本身所定义的操作。

2. DML触发器的工作原理

在SQL Server 2008中，为每个触发器都定义了两个特殊的临时表：一个是插入表（Inserted），另一个是删除表（Deleted）。这两个表是系统管理的临时表，不是永久存在的用户表。用户可以在触发器中读取表的内容，但不可以修改。

这两个表的结构与触发器定义时所在的表的结构完全一致，如定义学生（students）表中的DML触发器时，这两个表（Inserted、Deleted）的结构与学生（students）表的结构一样。当触发器工作完成之后，这两个表也就完成了使命，自动删除。

（1）插入表（Inserted）里存放表中更新之前的记录：对于插入记录操作来说，插入表里存放的是要插入的数据记录；对于更新记录来说，插入表里存放的是要更新的新记录内容。

（2）删除表（Deleted）里存放的是更新后的记录：对于更新记录来说，删除表里存放的是更新前的旧记录内容，对于删除记录操作来说，删除表里存放的是被删除的旧记录。

也就是说，如果进行插入（Insert）操作，则可以从插入表（Inserted）中找到插入的记录，对于删除（Delete）操作，可以从删除表（Deleted）中找到已删除的记录，而进行更新（Update）操作的话，可以从删除表（Deleted）中找到更新之前的记录，从插入表（Inserted）中找到更新之后的记录。

3. After触发器的工作原理

After触发器是在记录变更之后才被激活执行的。以插入操作为例，当SQL Server服务器接收到一个插入操作命令时，SQL Server服务器首先执行表的插入操作，将新插入的记录存放到插入表（Inserted）中，再激活After触发器，执行触发器中的SQL语句。然后删除插入表（Inserted），退出触发器，完成插入操作。

4. Instead Of触发器的工作原理

Instead Of触发器是在更改操作发生之前就取代这些更改操作转而执行触发器中的语句。以插入操作为例，当SQL Server服务器接收到一个插入操作命令时，SQL Server服务器不会去执行表的插入操作，而是激活Instead Of触发器，执行触发器中的SQL语句，退出触发器和完成插入操作。

13.3.3 设计和建立DML触发器

使用CREATE TRIGGER语句创建DML触发器的语法如下：

```
CREATE TRIGGER trigger_name
ON { table | view }
[ WITH ENCRYPTION ]
{ { FOR | AFTER | INSTEAD OF }
{ [ DELETE ] [,] [ INSERT ] [,] [ UPDATE ] }
AS
sql_statement [ ...n ]
```

参数说明：

trigger_name：是用户要创建的触发器的名字，触发器的名字必须符合 SQL Server 的命名规则，且其名字在当前数据库中必须是唯一的。

table：是与创建触发器相关联的表的名字，并且该表已经存在。

WITH ENCRYPTION：表示对包含有触发器正文的 syscomments 表进行加密。

AFTER：指定触发器只有在触发 SQL 语句中指定的所有操作都已成功执行后才激发。所有的引用级联操作和约束检查也必须成功完成后，才能执行此触发器。

[DELETE] [,] [INSERT] [,] [UPDATE]：关键字用来指明哪种数据操作将激活触发器，至少要指明一个选项，在触发器的定义中三者的顺序不受限制，而且如果有多个选项时，各选项要用逗号隔开。

AS：是触发器将要执行的动作。

sql_statement：包含在触发器中的处理语句（触发器的内容）。

1. 建立一个简单的 After 触发器

【例 13.12】设计一个触发器，其作用是当用户往数据库（students_courses）学生（students）表中成功插入一条记录时，显示信息"成功添加了一条学生记录！"。

建立触发器的语句如下：

```
CREATE TRIGGER tri_students_insok
    ON students              - - 对表 students 建立触发器
    AFTER INSERT             - - 对插入操作的后触发
AS
    PRINT '成功添加了一条学生记录!'
```

上面语句在当前数据库（students_courses）中成功执行之后，就会在 students 表中建立一个对插入（INSERT）操作建立的后触发器——tri_students_insok。

我们需要使用对 students 表执行插入（INSERT）操作才能激活触发器的执行。下面语句激活触发器。

```
INSERT students
    VALUES('201100030026','周浩天','男','通讯技术',2011,'电子工程')
```

其运行效果如图 13.11 所示，其中增加了我们定义的消息。

在 SQL Server Management Studio 中的对象服务器中，依次展开"数据库"→"students_courses"→"表"→"dbo.students"→"触发器"，可以查看到新建立的触发器：tri_students_insok。如图 13.12 所示。

2. 使用 Inserted 表的触发器

【例 13.13】在学生（students）表上创建一个触发器，当插入学生数据记录时，触发器

图 13.11 简单插入操作后触发实例

图 13.12 触发器在对象资源管理器中的位置

同时也在"students_copy"表中插入新数据记录作为备份。

如果数据库中还没有"students_copy"表，则试用如下语句建立触发器：

```
CREATE TRIGGER Tri_students_InsCopy
  ON students
  FOR INSERT
AS
  BEGIN
    SELECT * INTO students_copy
    FROM Inserted          --将 Inserted 表中内容复制到备份表中
  END
```

但是这个触发器会有问题，只能往学生表中执行一次插入操作，否则执行插入操作的触发器会因为表"students_copy"已经存在而出错。因为每次执行插入操作都会建立一个新"students_copy"表，这是不行的。

请删除上面方法建立的触发器，首先在当前数据库（students_courses）中建立"students_copy"表，其结构与"students"表（执行语句：SELECT * INTO students_copy FROM students WHERE 1=2）一样，然后执行如下语句建立触发器。

```
CREATE TRIGGER Tri_students_InsCopy
  ON students
  FOR INSERT
AS
  BEGIN
    --首先声明六个变量
```

276

```
DECLARE @var_sno char(12),@var_sname char(8),@var_xb char(2)
DECLARE @var_zhy varchar(30),@var_inyear int
DECLARE @var_dept varchar(30)
--将保存在 Inserted 表中的记录内容保存在对应的变量中
SELECT @var_sno = sno,@var_sname = sname,@var_xb = xb,
        @var_zhy = zhy,@var_inyear = in_year,@var_dept = dept
FROM Inserted;
--往 students_copy 表中添加插入的新记录
INSERT students_copy(sno,sname,xb,zhy,in_year,dept)
values(@var_sno,@var_sname,@var_xb,@var_zhy,@var_inyear,@var_dept)
END
```

使用下面语句进行测试：

```
INSERT students
    VALUES('201100040020','章辉煌','男','电子商务',2011,'电子工程')
```

3. 使用 Deleted 表的触发器

【例 13.14】创建一个触发器，当删除一名学生，即从学生（students）表中删除一条记录时，通过触发器将被删除学生的记录添加到"students _ delete"数据表中。

我们首先要创建"students _ delete"数据表，其结构与学生（students）表结构一样。触发器的建立语句如下：

```
CREATE TRIGGER Tri_students_DELETE
  ON students
  FOR DELETE
AS
  BEGIN
  --首先声明六个变量
  DECLARE @var_sno char(12),@var_sname char(8),@var_xb char(2)
  DECLARE @var_zhy varchar(30),@var_inyear int
  DECLARE @var_dept varchar(30)
  --将保存在 Deleted 表中的记录内容保存在对应的变量中
  SELECT @var_sno = sno,@var_sname = sname,@var_xb = xb,
        @var_zhy = zhy,@var_inyear = in_year,@var_dept = dept
  FROM Deleted;
  --往 students_delete 表中添加插入的新记录
  INSERT students_deleted(sno,sname,xb,zhy,in_year,dept)
  values(@var_sno,@var_sname,@var_xb,@var_zhy,@var_inyear,@var_dept)
  END
```

使用下面语句进行测试，然后查看学生（students）表中删除了一条记录，这条记录应该插入到了"students _ delete"表中。

```
DELETE students
    WHERE sno = '201100040020'
```

4. 同时使用 Inserted 和 Deleted 表的触发器

【例 13.15】创建一个触发器，当更改学生记录时，通过触发器将更改前后的学生记录内容添加到"students _ copy"数据表中。

触发器的建立语句如下：

```
CREATE TRIGGER Tri_students_updatecopy
  ON students
  FOR UPDATE
AS
  BEGIN
    - -首先声明六个变量
    DECLARE @var_sno char(12),@var_sname char(8),@var_xb char(2);
    DECLARE @var_zhy varchar(30),@var_inyear int
    DECLARE @var_dept varchar(30);
    - -将保存在 Deleted 表中的记录内容保存在对应的变量中
    SELECT @var_sno = sno,@var_sname = sname,@var_xb = xb,
          @var_zhy = zhy,@var_inyear = in_year,@var_dept = dept
    FROM Deleted;
    - -往 students_copy 表中添加删除的旧记录
    INSERT students_copy(sno,sname,xb,zhy,in_year,dept)
  values(@var_sno,@var_sname,@var_xb,@var_zhy,@var_inyear,@var_dept)
    - -将保存在 Inserted 表中的记录内容保存在对应的变量中
    SELECT @var_sno = sno,@var_sname = sname,@var_xb = xb,
          @var_zhy = zhy,@var_inyear = in_year,@var_dept = dept
    FROM Inserted;
    - -往 students_copy 表中添加插入的新记录
    INSERT students_copy(sno,sname,xb,zhy,in_year,dept)
    values(@var_sno,@var_sname,@var_xb,@var_zhy,@var_inyear,@var_dept)
  END
```

使用下面语句进行测试，然后查看学生（students）表中更新了学号为"201100030026"的记录，这条记录更新前的记录和更新后的记录应该插入到了"students _ copy"表中。

```
UPDATE students SET sname = '周一一'
    WHERE sno = '201100030026'
```

5. Instead Of 触发器

Instead Of 触发器也称替代触发器，执行这种触发器能够替代引起触发器执行的 T-SQL 语句。另外，Instead Of 触发器也可以用于视图，用来扩展视图可以支持的更新操作。对于每一种触发动作（INSERT、UPDATE 或 DELETE），每一个表或视图只能有一个 Instead Of 触发器。

【例 13.16】在学生选课（sc）表上创建一个 Instead Of 触发器，用来防止用户向此表插入新记录，从而保护学生选课（sc）表。

```
CREATE TRIGGER Tri_sc_INSTEAD
  ON sc
  INSTEAD OF INSERT
AS
  PRINT '禁止向 sc 表插入新记录!'
```

当用户试图向学生表中插入一条新记录时，由于 Instead Of 触发器的作用，插入语句 INSERT 就会被替代为 PRINT '禁止向学生表插入新记录'，可以防止用户插入新记录。

使用下面语句进行测试：

```
INSERT sc
    VALUES('201000010003','10010008',82)
```

13.3.4 管理 DML 触发器

1. 查看触发器

如果要显示作用于表上的触发器究竟对表有哪些操作，必须查看触发器信息，在 SQL Server 系统中可以使用 SQL Server Management Studio 和系统存储过程查看触发器信息。

（1）使用系统存储过程查看触发器。

系统存储过程 sp_help、sp_helptext 和 sp_depends 分别提供有关触发器的不同信息，具体功能和语法如表 13.4 所示。

表 13.4 系统存储过程查看触发器信息

格式	功能
sp_help 触发器名	查看触发器的一般信息，如名称、类型、创建时间
sp_helptext 触发器名	查看触发器定义的正文信息
sp_depends 触发器名	查看触发器所引用的表

（2）使用 SQL Server Management Studio 查看触发器信息。

使用 Management Studio 查看 DDL 触发器信息其操作步骤如下：运行 Management Studio 登录到指定的服务器，选择"数据库"→"dbo.students_courses"→"可编程性"→"数据库触发器"，可以浏览当前数据库的所有 DML 触发器。

使用 SQL Server Management Studio 查看 DML 触发器信息其操作步骤如下：运行 Management Studio 登录到指定的服务器，选择"数据库"→"dbo.students_courses"→"表"→"students"→"触发器"，可以浏览当前数据表上的 DML 触发器。

2. 删除触发器

当用户不再需要触发器后就可以将其删除，只有触发器所有者才有权利删除触发器。删除触发器所在的表时，SQL Server 数据库系统将自动删除与该表相关的触发器。删除已创建的触发器有两种方法：

（1）使用 DROP TRIGGER 来删除触发器，其语法如下：

```
DROP TRIGGER 触发器名
```

在删除触发器之前可以先使用语句 IF EXISTS（SELECT NAME FROM sysobjects WHERE name=触发器名 AND XTYPE='TR'）看一下触发器是否存在。

（2）使用 Management Studio 删除触发器，在要进行删除的触发器名上右击，从弹出的快捷菜单中选择"删除"命令，就可以将触发器删除。

3. 修改触发器

修改触发器包括修改触发器的名称和修改触发器的内容，可以使用系统存储过程修改触发器的名称，还可以使用 Management Studio 和 Transact-SQL 修改触发器的内容。

（1）使用 sp_rename 命令修改触发器的名称，其语法如下：

```
sp_rename 旧触发器名称,新触发器名称
```

（2）使用 T-SQL 命令修改触发器内容。

在 SQL Server 的早期版本中，触发器是不能修改的，要修改只能先删除再创建。在 SQL Server 中，可以使用 ALTER TRIGGER 语句来修改触发器的内容，但是其本质也是先删除原触发器，再创建同名的触发器。其语法格式如下：

```
ALTER TRIGGER trigger_name
ON {table|view}
[ WITH ENCRYPTION ]
{ { FOR |AFTER| INSTEAD OF{[DELETE] [,] [INSERT] [,][UPDATE] }
AS sql_statement [ ...n ] }
```

其中各参数或保留字的含义与创建触发器相同。

13.3.5 设计和建立 DDL 触发器

DDL 触发器仅在运行完 DDL 语句后才会被激发。DDL 触发器可用于管理任务，例如审核和控制数据库操作等。

与 DML 触发器不同的是，DDL 触发器不会为响应针对表或视图的 UPDATE、IN-SERT 或 DELETE 语句而激发，而是针对数据定义语言（DDL）的语句而被触发，这些语句主要是以 CREATE、ALTER 和 DROP 开头的语句。

在数据库管理和维护中如果要执行以下操作，可以使用 DDL 触发器：

（1）要防止对数据库架构进行某些更改。

（2）希望数据库中发生某种情况以响应数据库架构中的更改。

（3）记录数据库架构中的更改或事件。

1. 创建 DDL 触发器

使用 CREATE TRIGGER 语句创建 DDL 触发器的语法如下：

```
CREATE TRIGGER trigger_name
ON { ALL SERVER | DATABASE }
{ FOR | AFTER } { event_type | event_group } [ ,...n ]
AS { sql_statement }
```

参数说明：

trigger_name：是用户要创建的触发器的名字，触发器的名字必须符合 SQL Server 的命名规则，且其名字在当前数据库中必须是唯一的。

ALL SERVER | DATABASE：对于 DDL 触发器，DATABASE 指所创建或修改的触发器将在数据库作用域内执行；ALL SERVER 指所创建或修改的触发器将在服务器作用域内执行。

FOR | AFTER：FOR 或 AFTER 是同一个意思，指定的是 AFTER 触发器，DDL 触发器不能指定 INSTEAD OF 触发器。

event_type | event_group：激活 DDL 触发器的事件类型，通常是 DDL 语句，如 CREATE_TABLE、CREATE_VIEW、CRETAE_TRIGGER 等。

AS：是触发器将要执行的动作。

sql_statement：包含在触发器中的处理语句。

【例 13.17】使用 DDL 触发器来防止数据库中的数据表被删除。

```
USE students_courses
  GO
  --创建 DDL 触发器
  CREATE TRIGGER Tri_Table_Safe
     ON DATABASE
     FOR DROP_TABLE
  AS
    BEGIN
      PRINT '有用户试图删除数据表!'
      ROLLBACK      --撤销用户对数据表的删除或修改
    END
```

当我们试图删除当前数据库中的任意一个数据表时，会触发 Tri_Table_Safe 触发器，Tri_Table_Safe 触发器会执行预先定义的 PRINT 语句和 ROLLBACK 语句，系统会出现如图 13.13 所示的信息，从而实现通过 DDL 触发器可以防止用户对数据库架构的更改。

注意：DDL 触发器是面向数据库的，在 SQL Server Management Studio 中其位置在所在数据库的"可编程性"文件夹的"数据库触发器"文件夹下，如图 13.14 所示。

图 13.13　DDL 触发器执行效果图

图 13.14　数据库中 DDL 触发器位置

2. 禁用和启用 DDL 触发器

创建 DDL 触发器后，这些触发器在默认情况下处于启用状态，当不再需要某个 DDL 触发器时，可以禁用该触发器。禁用 DDL 触发器不会将其删除，该触发器仍然作为数据库对象存在于当前数据库中。

禁用 DDL 触发器命令语法如下：

```
DISABLE TRIGGER { trigger_name [ ,...n ] | ALL }
ON { DATABASE | ALL SERVER } [ ; ]
```

参数说明：

trigger_name：要禁用的触发器的名称。

ALL：指禁用在 ON 子句作用域中定义的所有触发器。

DATABASE | ALL SERVER：对于 DDL 触发器，DATABASE 指所创建或修改的触发器将在数据库作用域内执行；ALL SERVER 指所创建或修改的触发器将在服务器作用域内执行。

启用 DDL 触发器命令同禁用 DDL 触发器命令相似，只是需要将 DISABLE 替换为 EN-ABLE，命令语法如下：

```
ENAGLE TRIGGER { trigger_name [ ,...n ] | ALL }
ON { DATABASE | ALL SERVER } [ ; ]
```

【例 13.18】禁用触发器 Tri _ Table _ Safe。

```
DISABLE TRIGGER Tri_Table_Safe ON DATABASE
```

13.3.6 触发器的嵌套

当一个触发器执行时,能够激活另一个触发器,这种情况就是触发器的嵌套。在 SQL Server 2008 中,触发器最多能够嵌套 32 层。

如果不想对触发器进行嵌套,可以通过"允许触发器激活其他触发器"的服务配置选项来控制。但不管此设置是什么,都可以嵌套 Instead Of 触发器。设置触发器嵌套的办法如下:

打开 SQL Server Management Studio,在"对象资源管理"窗格中右击服务器名,在弹出的快捷菜单中选择"属性"选项,打开"高级"选项页,在"杂项"页里设置"允许触发器激发其他触发器",选项为 True 或 False,如图 13.15 所示。

图 13.15 开启/关闭触发器嵌套

【例 13.19】在 students _ courses 数据库中将学生(students)表中内容复制到 s _ copy 中,将 sc 表内容复制一份到 sc _ copy 中。我们测试当从 s _ copy 表中删除某条记录时自动将 sc _ copy 表中这个学生的所有选课记录删除,并显示"级联删除成功!"信息。

在学生 s _ copy 表中建立删除操作的后触发器,删除 sc _ copy 表中这个学生的所有选课记录,建立语句如下:

```
SELECT * INTO s_copy FROM students --通过 students 建立 s_copy 表
GO
SELECT * INTO sc_copy FROM sc --通过 sc 建立 sc_copy 表
GO
```

```
CREATE TRIGGER tri_s_copy
  ON s_copy
  AFTER DELETE
AS
  BEGIN
    DECLARE @var_sno char(12)
    - - 从 deleted 表中获取已删除记录的学号
    SELECT @var_sno = sno FROM deleted
    - - 从 sc 表中删除这个学号对应的选课记录
    - - 实现级联删除的目的
    DELETE FROM sc_copy WHERE sno = @var_sno
  END
```

在 sc 表中建立删除记录的触发器，显示信息"级联删除成功!"，其建立语句如下：

```
CREATE TRIGGER tri_delete_sccopy
  ON sc_copy
  AFTER DELETE
AS
  print '级联删除成功!'
```

为了测试方便，往 s_copy 表 和 sc_copy 中添加几条测试用记录如下：

```
INSERT s_copy VALUES('201100081111','王洁雁','女','电子信息',2011,'电子')
INSERT sc_copy VALUES('201100081111','10010001',78,'1')
INSERT sc_copy VALUES('201100081111','10010002',86,'2')
INSERT sc_copy VALUES('201100081111','10010003',64,'3')
```

当我们从学生（s_copy）表中删除学号为"201100081111"的记录时，将会激活触发器 tri_s_copy，将 sc 表中对应的三条记录删除，这时将激活 sc_copy 表中的触发器 tri_delete_sccopy，显示"级联删除成功!"信息。

测试用语句如下：

```
DELETE FROM s_copy WHERE sno = '201100081111'
```

运行结果如图 13.16 所示。

图 13.16　嵌套触发器执行示例

13.3.7 触发器使用注意事项

在创建触发器以前必须仔细考虑以下几个方面：

（1）一个触发器只能对应一个表，这是由触发器的机制决定的。

（2）触发器是数据库或表中的对象，所以其命名必须符合 SQL Server 命名规则。

（3）CREATE TRIGGER 语句必须是批处理的第一个语句。

（4）表的所有者具有创建触发器的缺省权限，表的所有者不能把该权限传给其他用户。

（5）尽管在触发器的 T-SQL 语句中可以参照其他数据库中的对象，但是触发器只能创建在当前数据库中。

（6）虽然触发器可以参照视图或临时表，但不能在视图或临时表上创建触发器，而只能在基表或在创建视图的表上创建触发器。

（7）当创建一个触发器时必须指定触发器的名字在哪一个表上，定义激活触发器的修改语句（如 INSERT、DELETE、UPDATE），当然两个或三个不同的修改语句也可以都触发同一个触发器。

（8）数据库和表中尽量少用触发器多用存储过程，以免出现不可预知的错误。

·本章小结·

存储过程是一组预先写好的能实现某种功能的 T-SQL 程序代码，指定一个名称并经过编译后将其保存在 SQL Server 服务器中，以后通过这个名称（必要时给出相关参数）就可以调用这段代码从而完成相应的功能。本章还介绍了在 ASP 中如何调用存储过程完成相关业务。

触发器是一种特殊类型的存储过程，在语句事件（如 INSERT、UPDATE、DELETE、CREATE、ALTER 等）执行时，触发器就会发生。与存储过程相比，触发器主要是通过事件触发从而被执行，用于处理各种复杂操作。注意，触发器不能传递参数也不能接受参数。而存储过程是通过存储过程名字被直接调用。

习题 13

一、填空题

1. _____是一组预先写好的能实现某种功能的 T-SQL 程序代码，指定一个名称并经过编译后将其保存在 SQL Server 服务器中。

2. 在 SQL Server 2008 数据库中存储过程分为三类，分别是_____存储过程、_____存储过程和_____存储过程。

3. 执行存储过程是利用_____语句来完成的。

4. 触发器是一种特殊的_____，其特殊之处在于触发器不是调用执行，而是当有关事件发生时_____执行的。

5. 在 SQL Server 2008 中触发器可以分为两大类：_____触发器和_____触发器。

6. 在 SQL Server 中 DML 触发器分为_____触发器和_____触发器两种类型。

7. 在 SQL Server 2008 中，为每个触发器都定义了两个特殊的临时表：一个是_____，另一个是_____。这两个表是系统管理的临时表，不是永久存在的用户表。

二、思考题

1. 什么是存储过程？请分别写出使用企业管理器和 SQL 命令创建存储过程的主要步骤。

2. 如何将数据传递到一个存储过程中？又如何将存储过程的结果值返回？

3. 触发器与存储过程的区别是什么？使用触发器有何优点？

三、实训操作题

关于操作文件夹的建立说明：

在你的计算机的某一个硬盘中（例如 E 盘）建立一个用你的学号后 3 位和姓名等信息组合建立的文件夹（例如你学号后 3 位是 128，姓名为李洁，则文件夹为"128 _ 李洁 _ 13"），用于存放本项目实训相关文件，下面实训题建立的命令以文件的形式（以题号为文件名，如 1.sql）均存放于此文件夹中。

下面实训操作题使用前面实训中建立的数据库"Companyinfo"。以下各题均使用 T-SQL 命令创建存储过程和触发器。

1. 建立存储过程"pro _ product _ id"，用于返回"Product"表中商品类别 ID 为"1"的所有记录。

2. 建立一个带参数的存储过程"pro _ product _ idpara"，对于"Product"表中给定商品类别 ID，返回该类别 ID 对应的所有产品信息。

3. 建立一个带参数的存储过程"pro _ name _ cid"，根据给定的雇员姓名和产品类别名将这个雇员对这类产品的所有订单信息找出。

4. 创建带有输入和输出参数的存储过程"pro _ product _ number"，根据用户给定的类别 ID 统计该类别 ID 对应的产品名称数量并用输出参数返回这个数量值。写出执行这个存储过程的语句。

5. 在数据库中建立存储过程"proc _ product _ noorder"返回"Product"表中所有从来没有客户订购的产品信息，然后在 ASP 中调用存储过程将这些信息显示在页面。

6. 创建一个存储过程，要求任给一个产品 ID 号（作为输入参数），能从数据库中统计出这个产品已被订购的数量（作为输出参数）。在 ASP 页面中接收用户输入的产品 ID 信息，调用此存储过程获得结果并显示在页面中。

7. 创建一个触发器"tri _ employee _ ins"，要求每当用户在"Employee"表中插入记录时自动显示表中所有内容。给出测试触发器执行的相应的语句，测试其结果是否正确。

8. 创建一个触发器"tri _ employee _ del"，要求每当用户在"Employee"表中删除记录时，首先检查订单表，如果删除的雇员没有接受订单，可以删除该雇员信息，否则撤销删除，显示"不能删除该雇员！"信息。给出测试触发器执行的相应的语句，测试其结果是否正确。

9. 创建一个触发器"tri _ employee _ update"，要求每当用户试图在"Employee"表中修改雇员 ID 时，阻止其修改并给出信息"不能修改雇员 ID！"。给出测试触发器执行的相应的语句，测试其结果是否正确。

10. 创建一个触发器"tri _ porder _ ins"，要求每当往"p _ order"表中插入一条订单记录时，检查该产品的库存量，如果库存量少于订单数量，则不能插入记录，即阻止插入并给出信息"订单中产品数量大于产品库存量，不能下单！"；如果产品的库存量大于订单数量，则插入记录成功，并自动将该产品的库存量减去订单中的数量。给出测试触发器执行的相应的语句，测试其结果是否正确。

第 14 章　数据库备份、恢复及导入与导出

随着办公自动化和电子商务的飞速发展，企业对信息系统的依赖性越来越高，数据库作为信息系统的核心担当着重要的角色。尤其在一些对数据可靠性要求很高的行业，如银行、证券、电信等，如果发生意外停机或数据丢失其损失会十分惨重。为此数据库管理员应针对具体的业务要求制定详细的数据库备份与灾难恢复策略，并通过模拟故障对每种可能的情况进行严格测试，只有这样才能保证数据的高可用性。数据库的备份是一个长期的过程，而恢复只在发生事故后进行，恢复可以看作是备份的逆过程，恢复程度的好坏很大程度上依赖于备份的情况。此外，数据库管理员在恢复时采取的步骤正确与否也直接影响最终的恢复结果。

在我们建立一个数据库时，并且想将分散在各处的不同类型的数据库分类汇总在这个新建的数据库中时，尤其是在进行数据检验、净化和转换时，将会面临很大的挑战。幸好SQL Server 为我们提供了强大、丰富的数据导入导出功能，并且在导入导出的同时可以对数据进行灵活的处理。

在 SQL Server 中主要有三种方式导入导出数据：使用 T-SQL 对数据进行处理；调用命令行工具 BCP 处理数据；使用数据转换服务（DTS）对数据进行处理。

14.1　数据库备份与恢复（还原）

数据库备份就是制作数据库中数据结构、对象和数据等的副本，将其存放在安全可靠的位置；数据库的恢复（还原）是将已备份的数据库恢复（还原）到系统中去，将其还原到数据库的某一个正确的状态。

数据库的备份和恢复（还原）对数据库管理员来说是一项很重要的工作，要预防系统发生的各种可能的问题，数据库管理员必须经常性地进行数据库的备份工作，以便必要时进行恢复（还原）。

SQL Server 提供了强大的数据备份和恢复（还原）工具，方便用户和管理员对数据库的备份和恢复（还原）工作。

14.1.1　数据库的备份与恢复类型

我们首先要理解数据库的恢复模式内容，然后再决定数据库的备份与恢复方法。

1. 恢复模式

数据库恢复模式的初始设置由系统的 model 数据库设置而定，一般设置为"完全"模型，我们建立好数据库后应该根据数据库的重要程度修改此选项，因为它直接决定数据库能够进行哪种形式的备份，从而也就决定了数据库的恢复（还原）方法。

在每个数据库的属性对话框中，可以设置数据库的恢复（还原）模式为"大容量日志"、"简单"和"完全"三种模式之一，如图 14.1 所示。下面对三种恢复模式进行说明。

（1）完全：在这种还原模式下，任何对数据库的更改操作都记录在日志文件中，日志文件需要占用的空间也是最大的。

（2）简单：在这种还原模式下，所有对数据库的更改操作都不会记录在日志文件中，所以如果数据库工作在此还原模式下，将不能进行事务日志备份和文件或文件组备份，也就是说，只能进行完全备份和在完全备份基础上的差异备份。

（3）大容量日志：这种还原模式介于完全模型和简单模型之间，对于大批量插入等操作它不记入日志文件中，对数据库的其他更改操作均写入日志文件中。

图 14.1　定义数据库的恢复模式

2. SQL Server 2008 中数据库备份方法

SQL Server 2008 中数据库备份方法有以下四种，数据库所有者或者管理员应该根据情况在不同的时间选择不同的备份方法，以便使用最少的时间和空间能将数据库恢复（还原）到某一正确状态，使数据丢失降到最低状态。

（1）完全备份：按常规定期备份数据库，即制作数据库中所有内容的副本，备份时需要花费比较多的时间和占用较大的空间。

（2）差异备份：只备份自上次数据库完全备份后发生更改的数据内容，备份时需要的时间和空间较少，作为完全备份和事务日志备份的补充。请注意必须进行了完全备份后才能进行差异备份。

（3）事务日志备份：只备份最后一次日志备份后的所有的事务日志记录，备份所需要的时间和空间比前面两种备份更少一些，比如可以在两次完全数据备份期间进行事务日志备份。

（4）文件和文件组备份：只备份特定的数据库文件或文件组，这种备份方法必须同时进行事务日志备份才有意义。

3. 恢复（还原）方法

数据库的恢复（还原）方法是由备份方法决定的。如果只进行了完全备份，那数据库只能恢复（还原）到备份时的状态，完全备份之后对数据库的所有更改将丢失；如果在进行了完全备份后又进行了差异备份，则数据库可以恢复（还原）到差异备份时的状态，差异备份之后对数据库的所有更改将丢失；如果在某时间进行了事务日志备份，则根据之前的全库备份和此日志备份可将数据库恢复（还原）到这段时间的某个时刻点；如果进行文件或文件组备份则必须同时进行日志备份才能恢复（还原）此文件或文件组。

14.1.2 数据库的备份

下面首先介绍有关备份设备的概念，然后说明数据库备份过程。

1. 备份设备

备份介质指将数据库备份到的目标载体，即备份到何处。在 SQL Server 2008 中允许使用两种类型的备份介质。

硬盘：最常用的备份介质，用于备份本地文件和网络文件。

磁带：大容量备份介质，仅用于备份本地文件。

进行数据库备份时，可以首先创建用来存储备份的备份设备，然后再将备份存放到指定的设备上。一般情况下，命名备份设备实际上就是对应某一物理文件的逻辑名称。

（1）创建命名备份设备。

打开"SQL Server Management Studio"工具，在其对象资源管理器中展开服务器，打开"服务器对象"节点，在"备份设备"节点上单击鼠标右键，在打开的菜单中选择"新建备份设备"，如图 14.2 所示，在打开的对话框中，输入要定义的设备名称和存储的物理文件位置，如图 14.3 所示。单击"确定"按钮，备份设备建立成功。

图 14.2 "新建备份设备"命令

图 14.3 "备份设备属性—新设备"对话框

（2）使用语句建立备份设备。

也可以使用系统存储过程 Sp_addumpdevice 来创建命名备份设备，语句格式如下所示：

```
EXEC Sp_addumpdevice device_type,logical_name,physical_name
```

其中 device _ type 的取值有三种："disk"，"pipe"，"tape"，分别对应备份介质：硬盘、命名管道和磁带；logical _ name 为设备名称；physical _ name 为物理文件名称。例如下面命令创建一个名为 mybackfile 的磁盘设备。

```
EXEC Sp_addumpdevice 'disk', 'mybackfile', 'd:\back\mybackupfile. bak'
```

2. 使用"SQL Server Management Studio"工具备份数据库

下面以完全备份用户数据库"students _ courses"为例来说明使用"SQL Server Management Studio"工具备份数据库的方法。

（1）打开"SQL Server Management Studio"工具，在其对象资源管理器中依次展开服务器及其下的"数据库"节点，在"students _ courses"节点上单击鼠标右键，在弹出的快捷菜单中依次选择"任务"→"备份"命令。

（2）在打开的如图 14.4 所示的备份数据库对话框中，在其"常规"选项卡中的"源"选项组中有"目标数据库"、"备份类型"、"备份组件"等选项，其中的恢复（还原）模式已选定为"FULL"，即完全恢复（还原）模式，在"数据库"下拉列表框中选择要备份的数据库名称，我们已选择为"students _ courses"，在"备份类型"下拉列表框中选择"完整"，在"备份组件"中选择"数据库"单选钮。

（3）在其"备份集"选项组中有"名称"、"说明"、"备份集过期时间"等选项，在"名称"对应的文本框中输入此次备份的名称，并在"说明"文本框中输入必要的备份描述信息（可省略），在"备份集过期时间"下选择默认选项（不过期）或指定过期天数和日期。

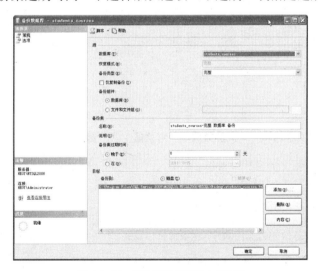

图 14.4　"备份数据库"对话框

（4）在其"目标"选项组中的"备份到"内容项中选择"磁盘"选项，然后在其目标内容框中已列出默认备份文件位置和文件名，可单击右边的"删除"按钮删除默认目标文件，然后单击"添加"按钮，打开如图 14.5 所示的"选择备份目标"对话框；在对话框中选择"文件名"或"备份设备"，再确定文件的位置和设备的名称，然后单击"确定"按钮返回如图 14.4 所示的"备份数据库"对话框。

（5）上面所有的设置完成后，单击"备份数据库"对话框中的"确定"按钮，系统开始备份数据库，数据库的大小将决定备份的时间。

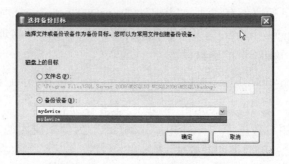

图 14.5　"选择备份目标"对话框

（6）备份完成之后，将出现完成对话框，单击"确定"按钮完成数据库的备份工作。

（7）"备份数据库"对话框中的"选项卡"页内容如图 14.6 所示，可进行"覆盖媒体"和"可靠性"等方面的设置。

图 14.6　"备份数据库"对话框中的"选项卡"页内容

3. 使用 T-SQL 语句备份数据库

使用 BACKUP DATABASE 命令也可以备份数据库，一般需要首先建立备份设备，也可备份到多个设备上去，其命令格式如下：

BACKUP DATABASE {被备份的数据库名} TO {备份目标设备} [, … n]

例如：

EXEC Sp_addumpdevice 'disk','test1','d:\back\myback.bak'
GO
BACKUP DATABASE students_courses TO test1
GO

上面第一个批处理命令建立备份设备 test1，第二个批处理命令将 students_courses 数据库完全备份到备份设备 test1 上。

其运行结果如图 14.7 所示。

图 14.7　备份数据库命令运行结果图

14.1.3　数据库的恢复（还原）

数据库恢复（还原）就是当数据库出现故障时，将备份的数据库加载到系统，从而使数据库恢复（还原）到备份时的正确状态。恢复（还原）是与备份相对应的系统维护和管理操作，系统进行恢复（还原）时，先执行一些系统安全性检查，然后根据所采用的数据库备份类型进行相应的恢复（还原）措施。

1. 使用"SQL Server Management Studio"工具恢复（还原）数据库

下面以恢复（还原）系统数据库"students_courses"为例来说明使用"Management Studio"工具恢复（还原）数据库的方法。

（1）打开"SQL Server Management Studio"工具，在其对象资源管理器中依次展开服务器及其下的"数据库"节点，在"students_courses"节点上单击鼠标右键，在弹出的快捷菜单中依次选择"任务"→"还原"→"数据库"命令。

（2）打开如图 14.8 所示的"还原数据库"对话框，在"常规"选项卡中的"还原的目标"栏下选定要还原的目标数据库，这里选择"students_courses"，在"还原的源"区域中选择一种还原方式，选择"源数据库"还原方式将会很方便地还原数据库，

图 14.8　"还原数据库"对话框

但要求要还原的备份必须在系统数据库中保留有历史记录，也就是说从其他服务器备份的数据库不能使用此种方式还原到本服务器上，而只能使用"源设备"这种还原方式。

（3）当选择"源数据库"方式时，在"选择用于还原的备份集"列表栏下列出了对该数据库进行的所有备份，并显示出了每个备份的类型、日期时间、大小、备份集名称等内容，用户可以勾选每个备份前的"还原"复选框而选择要恢复（还原）的备份。默认情况下系统会自动为用户选择最新的全库备份、最后一次差异备份以及最后一次差异备份后的所有日志备份。

（4）在"还原数据库"对话框中的"选项"页中可设置还原选项，如图 14.9 所示。在"还原选项"中有四个复选项，我们选择第一个复选项"覆盖现有数据库"，在"将数据库还原为"选项列表中给出了要还原的数据库文件的原文件和将要还原成的文件名，默认时两者是一样的，用户可以根据需要修改；在其"恢复（还原）状态"选项中可选择三种状态之一，我们选择为第一种默认状态。

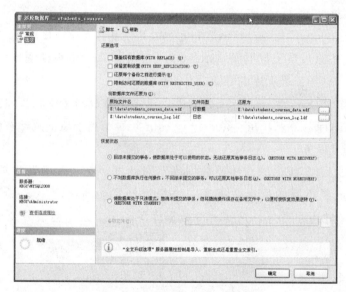

图 14.9 还原数据库的选项页

（5）所有设置完成后，在"还原数据库"对话框中单击"确定"按钮，系统开始执行数据库的恢复（还原）操作，当出现"对数据库的还原已成功完成"的提示对话框时，单击"确定"按钮完成恢复（还原）工作。

注意：如果在如图 14.8 所示的还原数据库对话框中选择的还原方式是"源设备"，单击其右边的含"…"的按钮则会出现如图 14.10 所示的"指定设备"对话框，在"备份媒体"下拉列表框中可选择"文件"和"备份设备"两个选项，选择"文件"时需要指定文件位置及名称，选择"备份设备"时需要给出备份设备名称。我们选择"备份设备"，单击右边的"添加"按钮选择要还原的备份设备名称，然后依次单击"确定"按钮，则系统开始从备份设备还原数据库的工作。从其他服务器上备份的数据库还原到当前服务器上只能使用这种方式进行。

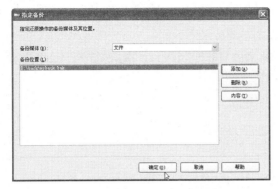

图 14.10　"指定设备"对话框

2. 使用 T-SQL 命令恢复（还原）数据库

在查询分析器中使用 RESTORE DATABASE 命令也可以恢复（还原）已备份的数据库，其命令的简单格式如下：

RESTORE DATABASE <数据库名> FROM <备份设备名>

例如：

RESTORE DATABASE students_courses FROM test1

14.2　数据的导入与导出

数据的导入与导出是指 SQL Server 数据库系统与外部系统进行数据交换的操作。导入数据是从外部数据源（非 SQL Server 数据）中查询或指定数据，并将其插入到 SQL Server 的数据表中的过程，也就是说把其他系统的数据引入到 SQL Server 的数据库中；而导出数据是将 SQL Server 数据库中的数据转换为用户指定格式的数据过程，即把数据从 SQL Server 数据库中引到其他系统中去。

14.2.1　数据的导入

数据导入是指从外部（SQL Server 系统之外）将数据导入到 SQL Server 某个数据表中。需要指定外部数据类型、数据所在的文件名或数据库中的哪个表，将要导入到 SQL Server 2008 中的哪个数据库中，用什么表来存储数据等内容。下面通过将一个 ACCESS 数据库中的数据导入到 students _ courses 数据库中，说明数据导入的基本步骤。

（1）打开"SQL Server Management Studio"工具，在其对象资源管理器中依次展开服务器及其下的"数据库"节点，在"students _ courses"节点上单击鼠标右键，在弹出的快捷菜单中依次选择"任务"／"导入数据"命令。

（2）打开"欢迎"界面，单击"下一步"按钮。

（3）打开"选择数据源"界面，如图 14.11 所示。在这里首先需要确定要转换的数据源，按约定选择数据源为"Microsoft Excel"，然后再确定 Excel 文件的具体位置。注意如果数据源不同，选择数据的方法也不同，比如是 ACCESS 文件则要指定数据库所在位置和名称，如果是 ORACLE 数据库则要确定登录的服务器，用户名和密码等内容，如果是 SQL

Server 数据源也要给出服务器名、登录方式和数据库名称等内容。确定这些选择无误后，再单击"下一步"按钮。

图 14.11 "选择数据源"界面

（4）打开如图 14.12 所示的"选择目标"界面，在这里需要确定要转换到的目的数据源、服务器名称、身份验证方式和数据库名称。我们选择 SQL Server 服务器，给出服务器名称和登录方式，定义好数据库为"students_courses"，然后再单击"下一步"按钮。

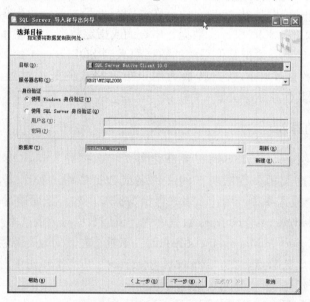

图 14.12 "选择目标文件"界面

（5）在打开的"指定表复制或查询"界面中，选择一种复制方式或查询方式，我们默认选择"复制一个或多个表或视图的数据"，如图 14.13 所示，然后再单击"下一步"按钮。

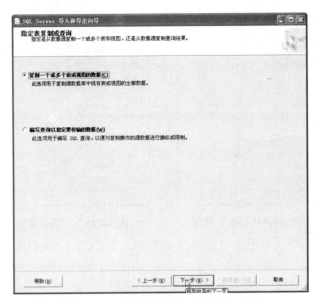

图 14.13　"指定表复制或查询"界面

（6）打开如图 14.14 所示的"选择源表和源视图"界面，在列表框中选择已经存在的表"Customers"，注意如果当前目录下有多个文件可选择其中的一个或多个文件，然后再单击"下一步"按钮。

图 14.14　"选择源表和源视图"界面

（7）在打开的如图 14.15 所示的"保存并执行包"界面中，可以选择是否保存 SSIS 包选项，然后再单击"完成"或"下一步"按钮。

（8）在打开的如图 14.16 所示的"完成向导"界面中，可以看到本次数据导入的一些基本信息，单击其中的"完成"按钮。

图 14.15   "保存并执行包"界面

图 14.16   "完成该向导"界面

（9）随后系统开始导入数据，然后弹出如图 14.17 所示的"执行成功"界面，单击"关闭"按钮，导入数据成功完成。此时，可以在"SQL Server Management Studio"工具中查看"students_courses"数据库，在此数据库中加入了一个表"Customers"，其数据内容与 Excel 文件中的内容对应相同。

图 14.17   "执行成功"界面

按照此方法，可以将其他数据源的数据导入到当前服务器中的某个数据库中。

14.2.2   数据的导出

数据导出是指从 SQL Server 数据库中导出数据到其他数据源中。导出数据时需要指定要导出的数据位于 SQL Server 哪个数据库中的哪些表中，给出将要导出到的外部数据源名称和位置等内容。下面通过将 SQL Server 数据库中导出数据到 ACCESS 数据库中，说明数据导出的基本操作步骤。

（1）打开"SQL Server Management Studio"工具，在其对象资源管理器中依次展开服务器及其下的"数据库"节点，在"students_courses"节点上单击鼠标右键，在弹出的快捷菜单中依次选择"任务"/"导出数据"命令。

（2）打开"欢迎"界面，单击"下一步"按钮。

（3）打开如图 14.18 所示的"选择数据源"界面，在这里首先需要确定数据源，按约定选择数据源为默认的"SQL Server Native Client 10.0"，给出要导出的数据所在的 SQL Server 服务器名、登录方式和数据库名称等内容。确定这些选择无误后，再单击"下一步"按钮。

（4）在打开的如图 14.19 所示的"选择目标"界面中确定要转换到的目的数据源名称和验证方式及数据库名称，我们选择"Microsoft Access"，并给出目标 Access 数据库（必须是已经存在）所在的位置和名称，然后再单击"下一步"按钮。

图 14.18　"选择数据源"界面　　　　　图 14.19　"选择目标"界面

（5）打开"指定表复制或查询"界面，选择复制或查询方式，我们使用默认选择，如图 14.20 所示，然后单击"下一步"按钮。

（6）打开"选择源表和源视图"界面，在中间的列表框中单击选择"students"、"courses"、"teachers"和"sc"四个表，如图 14.21 所示，然后单击"下一步"按钮。

图 14.20　"指定表复制或查询"界面　　　图 14.21　"选择源表和源视图"界面

（7）在打开的"保存并执行包"界面中，可以选择是否保存 SSIS 包选项，单击"完成"或"下一步"按钮。

（8）在打开的如图 14.22 所示的"查看数据类型映射"界面中，可以看到表中数据类型的转换情况（两种不同的数据库中数据类型是不一致的），单击"下一步"按钮。

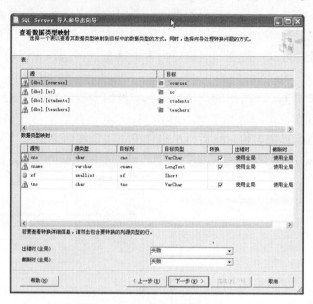

图 14.22   "查看数据类型映射"界面

（9）在打开的如图 14.23 所示的"完成该向导"界面中，可以看到本次数据导出的一些摘要信息，单击"完成"按钮。

（10）此时系统开始导出数据，在随后弹出如图 14.24 所示的"执行成功"界面中，单击"关闭"按钮，导出数据成功完成。此时，可以打开导出的 Access 数据库，其中有 4 个数据表，其内容与 students _ courses 数据库中对应的 4 个表的内容一致，表明导出数据成功！

按照此方法，也可以将 SQL Server 中的数据导出为其他数据源中的数据，请自己尝试导出数据。

图 14.23   "完成该向导"界面

图 14.24   "执行成功"界面

·本章小结·

数据库备份就是制作数据库中数据结构、对象和数据等的副本，将其存放在安全可靠的位置；数据库的恢复是将已备份的数据库恢复到系统中去，将其还原到数据库的某一个正确的状态。SQL Server 提供了强大的数据备份和恢复工具，方便用户和管理员对数据库的备份和恢复工作。

在每个数据库的属性对话框中，可以设置数据库的故障还原模型为"大容量日志记录的"、"简单"和"完全"三种模式之一。

SQL Server 2008 中数据库备份方法分为"完全"、"差异"、"事务日志"和"文件和文件组"四种。数据库所有者或者管理员应该根据情况在不同的时间选择不同的备份方法，以便使用最少的时间和空间能将数据库恢复到某一正确状态，使数据丢失降到最低状态。

在 SQL Server 2008 中，可以通过 SSMS 工具和 T-SQL 语句来实现数据库备份。

数据库恢复就是当数据库出现故障时，将备份的数据库加载到系统，从而使数据库恢复到备份时的正确状态。恢复是与备份相对应的系统维护和管理操作，系统进行恢复时，先执行一些系统安全性检查，然后根据所采用的数据库备份类型采取相应的恢复措施。在 SQL Server 2008 中，可以通过 SSMS 工具和 T-SQL 语句来实现数据库恢复（还原）。

数据的导入与导出是指 SQL Server 数据库系统与外部进行数据进行交换的操作。导入数据是从外部数据源（非 SQL Server 数据）中查询数据，并将其插入到 SQL Server 的数据表中的过程，也就是说把其他系统的数据引入到 SQL Server 的数据库中；而导出数据是将 SQL Server 数据库中的数据转换为用户指定格式的数据的过程，即把数据从 SQL Server 数据库中导到其他系统中去。在 SQL Server 2008 中，可以通过 SSMS 工具来实现数据的导入与导出操作。

习题 14

一、思考题

1. 什么是备份设备？SQL Server 2008 中可以使用哪几种备份设备？
2. 数据库的备份方式有哪几种？
3. 数据库恢复（还原）模型有哪几种？
4. 可以将非关系型数据库中的数据导入到 SQL Server 2008 中吗？

二、实训操作题

1. 在 SSMS 中通过对象资源管理器创建"companyinfo"数据库的完整备份。
2. 在 SSMS 中通过对象资源管理器创建"companyinfo"数据库的事务日志备份。
3. 使用 T-SQL 中的 BACKUP DATABASE 命令创建"companyinfo"数据库的完整备份，将数据库备份到名为"companyinfo_bak1"的逻辑设备（对应的物理位置和文件名称为 e:\companyinfo_bak1）上。
4. 使用 T-SQL 中的 BACKUP LOG 命令创建"companyinfo"数据库事务日志的完整备份，将事务日志备份到名为"companyinfo_log_bak2"的逻辑设备（对应的物理位置和文件名称为 e:\companyinfo_log_bak2）上。
5. 使用 T-SQL 中的 RESTORE DATABASE 语句，将题 3 中的"companyinfo"数据

库备份还原。

6. 使用 Excel 建立一个用户表"users. xls"，其中包含"用户 ID"、"密码"和"说明"三个列，往表中输入几行数据。然后将这个表导入到"companyinfo"数据库中。

7. 使用 ACCESS 建立一个空数据库"companyinfo _ access. mdb"，将"companyinfo"数据库中的所有基本表导出到这个 ACCESS 数据库中。

第 15 章　数据库的安全性管理

SQL Server 2008 提供了许多旨在改善数据库环境的总体安全性的增强功能和新功能。它增加了密钥加密和身份验证功能，并引入了新的审核系统，以帮助报告用户行为并满足法规要求。

15.1　理解 SQL Server 2008 的安全机制

数据库中存储着大量有用的数据，这些数据不能对任何人都开放，只有经过许可的人员才能查看和修改数据，否则将会产生极大的危害。数据库系统的安全性问题是相当重要的，所以在 SQL Server 2008 中，对用户登录到数据库服务器和操作数据库的权限都有严格的规定，数据库管理员（DBA）应该充分利用系统的安全设置来管理数据库系统的安全性。这里主要介绍 SQL Server 2008 的两种登录验证模式、用户和角色的管理及操作权限的管理。

在 SQL Server 2008 中，用户访问数据库都必须经过两级安全性检查。首先是对用户的身份验证，即数据库管理系统对连接到数据库服务器的用户进行身份检查，如果是系统允许连接的用户，则身份验证通过，用户可以连接到数据库服务器，否则拒绝连接和访问。其次是对已经连接到服务器的用户进行操作权限的检查，比如检查用户是否可以操作某数据库及其对象等，如果某用户能够连接到数据库服务器，但没有任何操作权限，则他还是不能对系统进行任何操作。如图 15.1 所示为 SQL Server 2008 的安全管理机制简图。

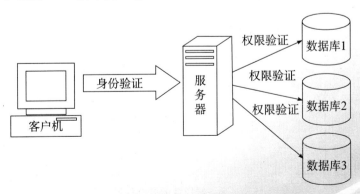

图 15.1　SQL Server 2008 的安全管理机制简图

15.1.1　SQL Server 2008 的身份验证模式

客户机要能够连接到 SQL Server 2008 服务器，必须以账号和密码登录，称为身份验证。SQL Server 2008 和操作系统紧密集成，支持 Windows 身份验证模式和混合模式两种身份验证模式。

（1）Windows 身份验证模式：通过操作系统的用户账户和密码来进行身份验证。也就是说只要登录了服务器的操作系统就可以登录数据库服务器。SQL Server 2008 通过回叫 Windows 系统获得用户的信息，并重新验证账户名和密码，这种身份验证方式也称为信任连接方式，因为 SQL Server 2008 和 Windows 操作系统紧密集成，这种安全模式能够提供更多的功能，如安全检验、密码加密、审核等功能。

（2）混合模式：使用账户和密码方式登录的 SQL Server 登录方式及 Windows 身份验证方式两种均可。如果用户登录时提供了用户名和密码，则检查其合法性，以决定是否让其连接到数据库服务器上。如果用户没有指定登录的用户名和密码，则进行 Windows 身份验证，验证其是否为操作系统的合法用户，如果是则身份验证成功可以连接，否则身份验证失败。

在安装 SQL Server 2008 时，其中有一个步骤就是"选择身份验证模式"，即选择"Windows 身份验证模式"和"混合模式"，系统默认选择混合模式，此时添加了一个特殊的登录账号 sa，并要求为此账号设置密码。如果系统安装时选择的身份验证模式不合适，也可以通过服务器的属性选项进行修改，具体的操作步骤如下：

（1）打开"SQL Server Management Studio"工具。

（2）在对象资源管理器面板中右击连接的数据库服务器名称，在弹出的快捷菜单中选择"属性"命令。

（3）在打开的"属性"对话框中，选择"安全性"选项卡，如图 15.2 所示。

（4）在其中"服务器身份验证"区域中，可以选择身份验证两种方式之一。

图 15.2　服务器属性的安全性设置选项

（5）在"登录审核"区域中可以选择在 SQL Server 错误日志中记录的用户访问 SQL Server 的级别。如果不执行审核，则选择"无"选项；如果只审核成功的登录，则选择"仅限成功的登录"选项;如果只审核失败的登录,则选择"仅限失败的登录"选项,这也是默认选择;如果要同时审核成功的和失败的登录,则选择"失败和成功的登录"选项。

(6)在"服务器代理账户"区域中,如果要指定"启用服务器代理账户"选项,则需要给出代理账户名称和密码。

(7)设置完成后,单击"确定"按钮,然后重新启动 SQL Server,这些设置才能生效!注意,在系统重新启动之前,系统仍工作在原身份验证模式下。

15.1.2　SQL Server 2008 的权限验证机制

当用户与 SQL Server 数据库服务器连接建立后,还必须在要访问的每个数据库中设置用户账户,并赋给操作权限才能对数据库及其对象,如表、视图、存储过程等进行相应访问和操作。

每个登录到数据库服务器的账号(包括 Windows 系统账户)都有默认的数据库,一般情况下默认对此数据库有访问的基本权限,其他权限需要管理员根据需要赋予。一个用户可能只对服务器上的一个用户数据库及其对象进行访问操作,而不能访问到服务器上其他的用户数据库,这样可使得服务器上的数据库足够安全,避免登录的用户能访问服务器上的所有数据库。

数据库中的用户还必须设置对象权限才能对数据库中的表、视图、存储过程等对象进行查询、插入、删除、修改和执行等操作。用户对数据库的所有操作均转化为 Transact-SQL 命令传到 SQL Server 服务器中,服务器接收命令时将检查此用户是否具有执行对应操作的权限,如果有则继续执行,否则返回权限错误信息给用户,停止对操作的执行。

15.2　理解用户、角色与权限

SQL Server 2008 系统安全管理离不开用户、角色和权限这三个概念。用户分为登录用户和数据库用户两大类,角色也分为服务器角色和数据库角色两类,而权限一般分为数据定义语句权限、对象操作权限和列(字段)权限三大类。用户、角色和权限这三者之间又密不可分,互相关联。我们首先理解这三个名词的基本意义及其相互关系,然后再详细介绍对它们进行的具体管理。

在下面的叙述中,我们约定一个用户对应一个账户或账号。

15.2.1　用户

在 SQL Server 2008 中,登录到服务器的用户称为登录用户。根据前面的介绍,我们已经知道,这种用户根据其登录方式不同分为两种,一种是由 Windows 操作系统管理的用户,这种用户的登录信息(用户名和密码等内容)保存在操作系统的系统文件中,另一种是由数据库服务器通过给定用户名和密码验证的用户,这种用户的信息保存在系统数据库中。

打开"SQL Server Management Studio"工具,在其对象资源管理器中依次展开"服务器"→"安全性"→"登录名"节点,可以看到在其下显示出了已有的登录用户名称,如图 15.3 所示。

登录用户可以很方便地进行查看、添加、删除和修改，我们将在下一小节中介绍这些操作的实现步骤。

系统登录用户并不能马上成为数据库用户，并且一个用户在数据库服务器的不同数据库中可以映射为不同的数据库用户。必要时，可以将登录账户添加到数据库中成为某个或某些数据库的用户。

每个数据库的用户信息在"SQL Server Management Studio"工具中也可以很方便地进行查看、添加、删除和修改。打开"SQL Server Management Studio"工具，在其对象资源管理器中依次展开服务器名称、数据库和指定的数据库名称节点，依次单击其下的"安全性"→"用户"节点，在其右边的内容窗格中，显示出了该数据库已有的用户及其相关信息，如图 15.4 所示为"students_courses"数据库中的用户信息。

图 15.3　SQL Server 登录用户

图 15.4　数据库用户信息

15.2.2　权限

用户登录进入数据库服务器后能够对服务器、数据库及其对象执行什么样的操作，称为用户的权限。

作为系统登录用户，在服务器级能够执行的操作即权限主要有对服务器的安装、配置、备份、文件、进程、安全性和批量数据导入等管理工作。

每个数据库用户的权限又分为三个层次：

（1）在当前数据库中创建数据库对象及进行数据库备份的权限，主要有创建表、视图、存储过程、规则等权限及备份数据库、日志文件的权限。

（2）用户对数据库中表的操作权限及执行存储过程的权限。主要有 select、insert、update、delete、references、execute。

（3）用户对数据库中指定表字段的操作权限。主要有 select 和 update。

15.2.3 角色

角色其实是对权限的一种集中管理方式。如果数据库服务器中的用户很多，需要为每个用户分配相应的权限，这是一项很烦琐的工作。因为使用系统的用户中往往有许多用户的操作权限是一致的，所以，在 SQL Server 中，通过角色可将用户分为不同的类，相同类用户统一管理，赋予相同的操作权限，从而简化对用户权限的管理工作。

SQL Server 为用户预定义了服务器角色（固定服务器角色）和数据库角色（固定数据库角色）。用户也可根据需要，创建自己的数据库角色，以便对有某些特殊需要的用户组进行统一的权限管理。

1. 固定服务器角色

服务器角色独立于各个数据库。如果在 SQL Server 中创建一个登录账号后，要赋予其具有管理服务器的权限，此时可设置该登录账号为某个或某些服务器角色的成员。注意：用户不能自己定义服务器角色，如表 15.1 所示为服务器角色及其权限说明。

表 15.1　　　　　　　　　　　固定服务器角色

服务器角色名称	权限说明
Sysadmin：系统管理员	可执行 SQL Server 安装中的任何操作
Securityadmin：安全管理员	可以管理服务器的登录用户和创建数据库权限
Serveradmin：服务器管理员	可配置服务器范围的相关设置
Setupadmin：设置管理员	可以管理扩展的存储过程，链接服务器并启动过程
Processadmin：进程管理员	可以管理运行在 SQL Server 中的进程
Dbcreator：数据库创建者	可以创建和更改数据库
DiskAdmin：磁盘管理员	可以管理磁盘文件
Bulkadmin：批量管理员	可执行 bulk insert 语句，即可以执行大容量插入操作

2. 固定数据库角色

固定数据库角色定义在数据库级别上，具有进行特定数据库的管理及操作的权限。即对于数据库用户可以定义其为特定数据库角色的成员，从而具备了相应的操作权限。系统给定的固定数据库角色及其权限说明如表 15.2 所示。

表 15.2　　　　　　　　　　　固定数据库角色

固定数据库角色	权限说明
db_owner：数据库所有者	可执行数据库的所有管理工作
db_accessadmin：数据库访问权限管理者	可添加或删除数据库用户
db_securityadmin：数据库安全管理员	可以管理全部权限、对象所有权、角色和角色成员资格
db_ddladmin：数据库 DDL 管理员	可以发出所有的 DDL 命令
db_backupoperator：数据库备份操作员	可以执行 DBCC、CHECKPOIT、BACKUP 命令
db_datareader：数据库数据读取者	可以读取（查询）数据库中所有的数据
db_datawriter：数据库数据写入者	可以更改（插入、删除）数据库内任何表中的数据
db_denydatareader：数据库拒绝数据读取者	不能读取（查询）数据库中所有的数据
db_denydatawriter：数据库拒绝数据写入者	不能更改（插入、删除）数据库内任何表中的数据
Public：公用数据库角色	每个数据库用户均是 public 角色成员，因此不能将用户或角色指派为 public 角色的成员，也不能删除此角色的成员。常将一些公共权限赋予 public 角色

3. 自定义数据库角色

有时固定数据库角色并不一定能满足系统安全管理的需求，这时可以添加自定义数据库角色来满足要求。可以通过"SQL Server Management Studio"工具或系统存储过程方便地定义新的数据库角色。

15.3 用户管理

用户管理包括对用户信息的查看、用户授权、添加新用户、删除和修改用户等主要内容。首先介绍对登录用户的管理，然后再说明如何将登录用户映射为数据库用户并授予相应的权限。

15.3.1 登录用户管理

根据用户登录系统的方式不同，登录用户可分为 Windows 用户和 SQL Server 用户两种。

如果使用的是 Windows 登录方式，则这类用户需要在操作系统中建立，才能将其添加到 SQL Server 的登录用户中来。不同的操作系统版本其添加用户的方式也不同，下面以 Windows XP 为例来说明添加操作系统用户的方法。

在 Windows XP 桌面上依次单击"开始"→"程序"→"管理工具"→"计算机管理"命令，打开"计算机管理"对话框，在左边的目录树中单击展开"系统工具"→"本地用户和组"，打开"用户"文件夹，在其右边的内容栏中列出了 Windows 系统的所有登录用户。

鼠标右击对话框左边的"用户"文件夹，在打开的菜单中选择"新用户"命令，如图 15.5 所示。在随后打开的"新用户"对话框中为用户输入用户名称，我们起名为"hello"，可添加"全名"和"描述"信息，给定密码信息和一些关于密码和账户的选项，如图 15.6 所示，单击"创建"命令按钮，Windows 账户创建完成。当以这个用户登录操作系统后，要想其成为数据库的登录用户还必须按下面步骤将其添加到登录用户中才能成功。

图 15.5 选择"新建用户"命令

图 15.6 "新用户"对话框

1. 添加登录用户

（1）打开 SQL Server 2008 中的"SQL Server Management Studio"工具，在其对象资源管理器面板中依次展开服务器和安全性节点，右击选择"登录名"节点，在打开的菜单中，选择"新建登录名"命令，如图 15.7 所示。

（2）打开如图 15.8 所示的"登录名—新建"对话框，在其常规选项卡中，首先确定用户名，此时有两种选择，如果是 Windows 用户，单击登录名文本框右边的"搜索"按钮，在打开的对话框中搜索来自 Windows 服务器的名称，然后选中用户名确定即可添加，也可直接输入登录名。注意系统自动添加的登录名称前加上了计算机的名称（服务器名）和右斜杠，例如前面我们在服务器"HEGY"上添加的用户"hello"，则其名称显示为"HEGY \ hello"。如果要建立的是 SQL Server 用户，则直接在"名称"文本框中输入用户名即可。

图 15.7　选择新建登录名命令　　　　图 15.8　"登录名—新建"对话框

（3）在"登录名—新建"对话框的常规选项卡中，在"身份验证"区域中根据不同的用户类型选择"Windows 身份验证"或"SQL Server 身份验证"，如果是 SQL Server 身份验证，最好在"密码"文本框中给用户设置密码。

（4）在"默认设置"区域中为此用户指定默认的数据库和语言，系统自动设置为"master"数据库，请根据需要点击其下拉列表框进行选择。

（5）在"登录名—新建"对话框中，单击左边的"服务器角色"选项卡，在其"服务器角色"页中，选择此登录用户的服务器角色，从而让其具有服务器管理的相应权限，如图 15.9所示。

（6）在"登录名—新建"对话框中，单击左边的"用户映射"选项卡，在其"映射到此登录名的用户"列表区中，单击选择此登录用户可以访问的数据库，使其左边的复选框选中，如图 15.10 所示。请注意，默认的数据库一定要能够访问，否则不能创建登录用户。

（7）当选中可以访问某数据库后，此登录用户即自动映射为此数据库的用户，同时我们可以给此用户一定的数据库操作权限，只要直接在对应的固定数据库角色复选框中单击选择（打钩）即可，如图 15.10 所示。

（8）单击"登录名—新建"对话框中的"确定"按钮，新的登录用户创建成功！我们可以通过查询分析器中使用新建的登录账号进行连接尝试和相关测试。

2. 登录用户的修改与删除

对于已经建立的登录用户，可以在"SQL Server Management Studio"工具的"对象资源管理器"面板中，右击登录用户名称，在弹出的菜单中选择"属性"命令，如图 15.11

所示，在接下来打开的如图 15.12 所示的登录属性对话框对其默认数据库、服务器角色设置和可以访问的数据库及其数据库的操作属性进行修改，然后单击"确定"按钮完成修改。

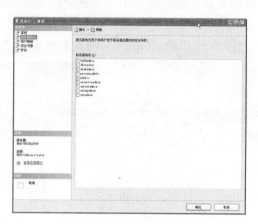

图 15.9　服务器角色页内容

图 15.10　用户映射页内容

图 15.11　选择登录用户的"属性"命令

图 15.12　登录用户的"属性"对话框

对于已经建立的登录用户，可以在"SQL Server Management Studio"工具的"对象资源管理器"面板中，右击登录用户名称，在打开的菜单中选择"删除"命令，如图 15.13 所示。在接下来打开的如图 15.14 所示的"删除对象"对话框中，单击"确定"按钮，此登录用户即被删除。

删除登录用户时请注意，如果此用户是某数据库的创建者，则不能被删除。只有改变数据库的所有者或者将对应的数据库删除后，才能删除登录用户。

15.3.2　数据库用户管理

对于数据库用户的管理主要是将登录用户映射为对应数据库的用户并通过角色分配等方法或直接授予其一些操作权限，也可以删除数据库用户及改变其操作权限。

1. 登录用户映射为数据库用户

如果要将某个登录用户映射为某个数据库的用户，则在"SQL Server Management Studio"工具中很容易完成对应的操作，具体步骤如下。

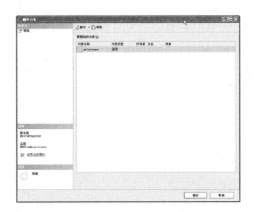

图 15.13　选择"删除"命令　　　　　　　　图 15.14　"删除对象"对话框

（1）打开"SQL Server Management Studio"工具，在其"对象资源管理器"面板中依次展开服务器和数据库及具体的数据库下的安全性节点，如"students _ courses"数据库下的"安全性"节点，右击选择其下的"用户"对象，在弹出的菜单中选择"新建用户"命令，如图 15.15 所示。

（2）在打开的如图 15.16 所示的"数据库用户－新建"对话框中，单击"登录名"右边的"…"命令可搜索登录用户或直接在文本框中输入用户的登录名，在用户名栏中输入用户的名称，用户名可以与登录名称不一样。

图 15.15　"新建用户"对话框　　　　　图 15.16　"数据库用户—新建"对话框

（3）在"此用户拥有的架构"和"数据库角色成员身份"区域中选择此用户拥有的架构和加入的角色，在角色名前的复选框内单击选择（打钩）即可。

（4）单击"新建用户"对话框中的"确定"按钮，数据库用户建立完成，返回到"SQL Server Management Studio"工具的"用户"内容窗格中可以见到已经添加的用户。

2. 数据库用户的修改及删除

对于已经存在的数据库用户，可以在"SQL Server Management Studio"工具的"对象资源管理器"面板中，右击某用户名称，在打开的菜单中选择"属性"命令，如图 15.17 所示，在接下来打开的如图 15.18 所示的"数据库用户属性"对话框中对其架构、所属角色等进行设置和修改，然后单击"确定"按钮即可。

对于已经建立的数据库用户，可以在"SQL Server Management Studio"工具的"对象资源管理器"面板中，右击其用户名称，在打开的菜单中选择"删除"命令，在接下来打开的删除对象对话框中，单击"确定"按钮，此数据库用户即被删除。

图 15.17　"属性"命令

图 15.18　"数据库用户属性"对话框

同样地，如果此用户是某数据库的创建者，则不能被删除。只有改变数据库的所有者才能删除此用户，当然如果删除了数据库也就删除了所有的对象，包括数据库用户。

15.4　权限管理

权限是指用户可以访问的数据库和对这些数据库的对象可以执行的相关操作。用户若要进行更改数据库定义或访问数据库对象等操作必须有相应的权限。在 SQL Server 2008 中，每个数据库都有自己独立的权限，这样更便于管理用户的操作。

SQL Server 2008 的权限是分层次管理的，权限层次分为服务器权限、数据库权限和数据库对象权限三级。

15.4.1　服务器权限

服务器权限允许数据库管理员执行服务器管理任务，这些权限定义在固定服务器角色中，每个登录用户可属于某些角色中的成员。另外也可通过服务器属性对话框中的"权限"页为登录用户授予权限，如图 15.19 所示。

图 15.19　"服务器属性"对话框的"权限"页面

15.4.2 数据库权限

SQL Server 2008 对数据库的权限进行了扩充，增加了许多新的权限，如更改数据库对象的权限等，请参看帮助信息。

在"SQL Server Management Studio"工具中"对象资源管理器"面板中，展开数据库，右击某个具体的数据库（如 students_courses），在弹出的快捷菜单中选择"属性"命令，在打开的"数据库属性"对话框中的"权限"页面中，选择要添加权限的用户，然后在"显示权限"列表区中添加相应的权限，如图 15.20 所示，最后单击"确定"按钮则完成权限设置。

图 15.20　"数据库属性"对话框的"权限"页面

15.4.3 数据库对象权限

对特定的数据库对象（表、视图、存储过程、函数等）的操作权限，主要的对象权限有以下六种：

（1）SELECT：选择或者说查询数据的权限；

（2）INSERT：插入数据的权限；

（3）UPDATE：更新或者说修改已有数据的权限，必须同时具备 SELECT 权限才行；

（4）DELETE：删除已有数据的权限；

（5）REFERENCE：引用对象的权限；

（6）ALTER：更改对象权限。

在"SQL Server Management Studio"工具中"对象资源管理器"面板中，展开数据库和某个具体的数据库名称，右击某个具体的数据库对象（如 students_courses 数据库的"学生表"对象），在弹出的快捷菜单中选择"属性"命令。在打开的"表属性"对话框中的

"权限"页面中，添加用户，然后在"显示权限"列表区中添加相应的权限，如图 15.21 所示，最后单击"确定"按钮则完成对象权限设置。

注意：另外还有一些用户具备隐性权限，也称之为预定义权限，隐性权限是固定服务器角色或数据库角色的权限。例如 sysadmin 服务器角色成员自动继承在 SQL Server 2008 安装中进行操作可查看的全部权限。数据库对象所有者可以对所拥有的对象执行一切活动。例如，数据库的创建者可以查看、添加或删除数据，更改表定义，或控制允许其他用户对表进行操作的权限。

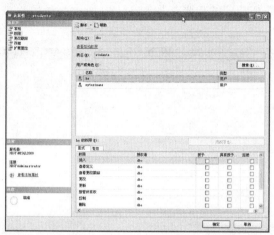

图 15.21 "表属性"对话框的"权限"页面

15.5 角色管理

角色是对权限的一种集中管理机制，是为了简化对用户权限的管理工作而设置的一种数据库对象。下面我们分别从服务器角色、数据库角色和自定义数据库角色三个方面来介绍。

15.5.1 管理服务器角色

服务器角色是系统预定义的对登录用户操作数据库服务器的权限说明，主要有 8 种服务器角色，这些角色能进行的相关操作如表 15.1 所示。下面主要介绍对服务器角色的管理，如角色中添加和删除成员等操作。

在"SQL Server Management Studio"工具中"对象资源管理器"面板中，依次展开"服务器名称"→"安全性"→"服务器角色"节点，右击某个服务器角色名（如 sysadmin），在弹出的快捷菜单中选择"属性"命令。在打开的"服务器角色属性"对话框中列出了该角色的所有成员，如图 15.22 所示。单击下面的"添加"按钮，可选择用户加入此角色中成为其角色成员，也可选中某个用户，单击下面的"删除"按钮，将此用户删除，即不是角色的成员。最后单击"确定"按钮则完成角色成员的设置。

图 15.22　"服务器角色属性"对话框

15.5.2　管理数据库角色

系统预定义了若干数据库角色称为固定数据库角色，它们定义在数据库级别上，具有进行特定数据库的管理及操作的权限。表 15.2 列出了所有的固定数据库角色内容，下面我们介绍如何在角色中添加或删除用户。

在"SQL Server Management Studio"工具中"对象资源管理器"面板中，依次展开"服务器"→"数据库"→"数据库名称"→"安全性"→"角色"→"数据库角色"节点，右击某个数据库角色名（如 db_owner），在弹出的菜单中选择"属性"命令。在打开的"数据库角色属性"对话框中列出了该角色的所有成员等内容，如图 15.23 所示。单击下面的"添加"按钮，可选择用户加入此角色中成为其角色成员，也可选中某个用户，单击下面的"删除"按钮，将此用户删除，即不是角色的成员。最后单击"确定"按钮则完成数据库角色成员的设置。

15.5.3　自定义数据库角色

自定义数据库角色的操作步骤如下：

（1）打开"SQL Server Management Studio"工具，在其"对象资源管理器"面板中依次展开"服务器"→"数据库"→"指定数据库"（如 students_courses）→"安全性"节点，右击其下的"角色"对象，在弹出的菜单中选择"新建"→"新建数据库角色"命令，如图 15.24 所示。

（2）在打开的如图 15.25 所示的"数据库角色—新建"对话框中，在其名称文本框中输入新角色的名字，我们这里命名为"myrole"，然后定义角色的所有者，再定义角色拥有的架构，并单击对话框下面的"添加"按钮，可选择用户加入此角色中成为其角色成员，也可选中某个用户，单击下面的"删除"按钮，将此用户删除，即不是角色的成员。最后单击

"确定"按钮则完成自定义数据库角色的创建工作。

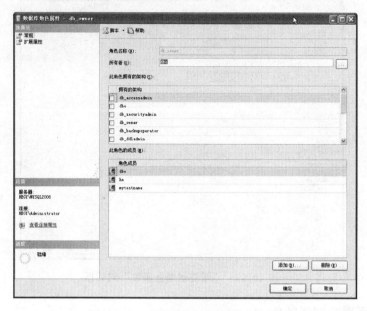

图 15.23   "数据库角色属性"对话框

图 15.24   "新建数据库角色"命令

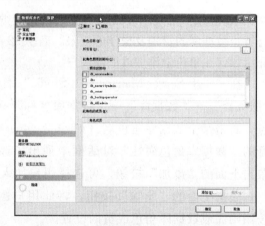

图 15.25   "数据库角色—新建"对话框

（3）对于已经建立的数据库角色，在其属性对话框中的"安全对象"页中，可为此角色赋予对数据库或数据库对象的操作权限。

（4）对于用户自己建立的数据库角色，不再使用时也可以将其删除，选中此角色，使用右键菜单中的"删除"命令即可删除。但要注意的是，必须保证此角色中无成员，同时不能删除固定数据库角色。

15.6   了解架构

架构（Schema）是形成单个命名空间的数据库实体的集合。命名空间是一个集合，其中每个元素的名称都是唯一的。

以往 SQL Server 内的对象命名格式是"服务器．数据库．用户名．对象"，但新版的对象命名格式为"服务器．数据库．架构名．对象"。这让规划数据库对象命名时更有弹性。

在 SQL Server 2005/2008 中，架构独立于创建它们的数据库用户而存在。可以在不更改架构名称的情况下转让架构的所有权，并且可以在架构中创建具有用户友好名称的对象，明确指示对象的功能。

15.6.1 用户架构分离的好处

将架构与数据库用户分离对管理员和开发人员而言有下列好处：

（1）多个用户可以通过角色成员身份或 Windows 组成员身份拥有一个架构。这扩展了允许角色和组拥有对象的用户熟悉的功能。

（2）极大地简化了删除数据库用户的操作。删除数据库用户不需要重命名该用户架构所包含的对象。因而，在删除创建架构所含对象的用户后，不再需要修改和测试显式引用这些对象的应用程序。

（3）多个用户可以共享一个默认架构以进行统一名称解析。开发人员通过共享默认架构可以将共享对象存储在为特定应用程序专门创建的架构中，而不是 dbo 架构中。

（4）可以用比早期版本中的粒度更大的粒度管理架构和架构包含的对象的权限。完全限定的对象名称包含 server. database. schema. object 四部分。

用户与架构分开，让数据库内各对象再绑在某个用户账号上，可以解决之前版本"用户离开公司"问题，也就是在拥有该对象的用户离开公司，或离开该职务时，不必要更改该用户所有的对象属于新的用户所有。另外，也可让 DBA 在安装某个套装软件时，设置该套装软件所用的数据库对象都属于某个特定的架构，容易区别。也就是说，在单一数据库内，不同部门或目的对象，可以通过架构区分不同的对象命名原则与权限。

15.6.2 默认架构

SQL Server 2005/2008 还引入了"默认架构"的概念，用于解析未使用其完全限定名称引用的对象的名称。在 SQL Server 2005/2008 中，每个用户都有一个默认架构，用于指定服务器在解析对象的名称时将要搜索的第一个架构。可以使用 CREATE USER 和 ALTER USER 的 DEFAULT _ SCHEMA 选项设置和更改默认架构。如果未定义 DEFAULT _ SCHEMA，则数据库用户将把 DBO 作为其默认架构。

图 15.26 所示 SQL Server 权限层次结构的图可能会给我们一个直观的认识：

SQL Server 2008 Database Engine 管理者可以通过权限进行保护的实体的分层集合，这些实体称为"安全对象"。在安全对象中，最突出的是服务器和数据库，但可以在更细的级别上设置离散权限。SQL Server 通过验证主体是否已获得适当的权限来控制主体对安全对象执行的操作。

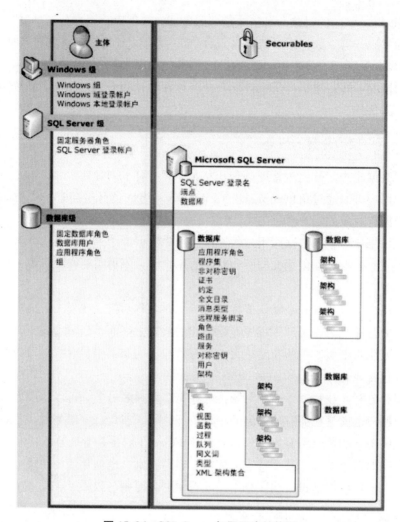

图 15.26　SQL Server 权限层次结构图

·本章小结·

数据库系统的安全性问题是相当重要的，所以在 SQL Server 中，对用户登录到数据库服务器和操作数据库的权限都有严格的规定，数据库管理员（DBA）应该充分利用系统的安全设置来管理数据库系统的安全性。

SQL Server 2008 系统安全管理离不开用户、角色和权限这三个概念。用户分为登录用户和数据库用户两大类，角色也分为服务器角色和数据库角色两类，而权限一般分为数据定义语句权限、对象操作权限和列（字段）权限三大类。用户、角色和权限这三者之间又密不可分，互相关联。

数据库安全性可以通过企业管理器方便地进行管理，也可以通过命令在查询分析器或应用程序中进行控制与管理，有关命令的具体格式请参看联机丛书。

习题 15

一、选择题

1. 固定数据库角色 db_securityadmin 可以在数据库中进行_____活动。

A. 有全部权限

B. 添加或删除用户

C. 管理全部权限、对象所有权、角色和角色成员资格

D. 更改数据库内任何用户表中的所有数据

2. 关于登录和用户，下列各项表述不正确的是_____。

A. 登录是在服务器级创建的，用户是在数据库级创建的

B. 创建用户时必须存在一个用户的登录

C. 用户和登录必须同名

D. 一个登录可以对应多个用户

3. SQL Server 2008 的安全性管理可分为 4 个等级，不包括_____。

A. 操作系统级　　　　B. 用户级　　　　C. SQL Server 级　　　　D. 数据库级

4. 对访问 SQL Server 实例的登录有两种验证模式：Windows 身份验证和_____身份验证。

A. Windows NT　　　　B. SQL Server　　　　C. 混合身份　　　　D. 以上都不对

二、实训操作题

1. 建立一个名为"company_login"的登录账号，将该账号加入到"companyinfo"数据库中，即能连接数据库。

2. 从"companyinfo"数据库中删除"company_login"登录账号。

3. 为"companyinfo"数据库新建一个名为"hegy"的数据库用户，其关联登录名也是"hegy"。

4. 给数据库用户"hegy"操作表"Product"的权限。

5. 建立数据库角色"role_ins"，具备往数据库中所有表中插入记录的权限。

附录 A 常用的 SQL Server 内置函数

下面分类并通过例题说明常用的 SQL Server 内置函数。

一、字符串函数

1. 字符转换函数

(1) ASCII(字符串 str)。

功能：返回字符串 str 最左端字符的 ASCII 码值。在 ASCII()函数中，纯数字的字符串可不用单引号括起来，但含其他字符的字符串必须用单引号括起来使用，否则会出错。

例如：select ASCII('abc')，返回 97

(2)char(ASCII 码)。

功能：将 ASCII 码转换为字符。如果没有输入 0～255 之间的 ASCII 码值，则返回 NULL。

例如：select char (97)，返回 a

(3)lower(字符串 str)和 upper(字符串 str)。

功能：lower 函数是将字符串 str 中的大写全部转为小写；upper()将字符串 str 的小写全部转为大写。

例如：select lower ('ABCdef') 返回 abcdef

select upper ('ABCdef') 返回 ABCDEF

(4)STR(整型/浮点型等数值型数据)。

功能：把数值型数据转换为字符型数据，默认返回的字符串长度为 10，如果不足 10 左边用空格补齐，否则返回实际长度的字符串。

2. 去空格函数

(1)ltrim(字符串 str)。

功能：将字符串 str 左边的空格去掉。

例如：select ltrim ('   中国')，返回中国

(2)rtrim(字符串 str)。

功能：将字符串 str 右端的空格去掉。

例如：select rtrim ('中国   ')，返回中国

3. 截取字符串函数

(1)left(字符串 str,长度 N)。

功能:截取字符串 str 左端的 N 个字符。

例如:select left('中华人民共和国',2),返回中华

(2)right(字符串 str,长度 N)。

功能:截取字符串 str 右端的 N 个字符。

例如:select RIGHT ('中华人民共和国',3),返回共和国

(3)substring(字符串 str,开始位置 start,长度 N)。

功能:从字符串 str 的 start 位置开始截取 N 个字符。

例如:select substring('中华人民共和国',3,2),返回人民

4. 查找字符串函数

(1)charindex(查找字符串 Sstr,字符串 str)。

功能:返回字符串 str 中查找字符串 Sstr 第一次出现的位置。如果没有找到查找字符串 Sstr,则返回 0。

例如:select charindex('人民','中华人民共和国'),返回 3

(2)replace (字符串 str,字符串 1,字符串 2)。

功能:将字符串 str 中的字符串 1 用字符串 2 替换。

例如:select replace('中华人民共和国','共和国','政府'),返回中华人民政府

5. 其他

(1)reverse(字符串 str)。

功能:将字符串 str 的字符排列顺序颠倒。

例如:select reverse('中华人民共和国'),返回国和共民人华中

(2)len(字符串 str)。

功能:返回字符串 str 的长度。

例如:select len('中华人民共和国'),返回 7

(3)space(整型表达式)。

功能:生成一个指定长度的空白字符串,如果整型数值为负数,则返回 NULL。

例如:select space(5),返回长度为 5 的空格字符串

二、数学函数

1. 求绝对值 abs(num)

功能:求 num 的绝对值。

例如:select abs(−1),返回 1

2. power(数值 x,数值 y)

功能:求 x 的 y 次方的值。

例如:select power(2,3),返回 8

3. sqrt(num)

功能:求 num 的平方根。

例如:select sqrt(2),返回 1.4142135623730951

4. rand()

功能:得到一个(0,1)之间的随机整数。

例如:得到一个(1,50)间的随机整数,select round(rand() * 50+1,0)

5. ceiling(浮点数)

功能:向上舍入到最大整数。

例如:select ceiling(5.3),ceiling(-5.3),返回 6,-5

6. floor(浮点数)

功能:舍入到最小整数。

例如:select floor (5.3), floor (-5.3) ,返回 5,-6

7. round(数学表达式值 mum,精度 d)

功能:按精度 d 对数学表达式值 mum 进行四舍五入,d 若负值,则从正数部分进行计算,如 36.63 精度-1 为 40。

例如:select round(105.3278,2),round(105.3278,-1),返回 105.3300,110.0000

8. 正弦值 sin(m)、余弦值 cos(m)、反正弦值 asin(m)、反余弦值 acos(m)、正切值 tan(m) 、反正切值 atan(m) 、余切值 cot(m)

功能:分别求给定弧度值的三角函数值。

例如:select sin((90 * pi())/180),返回 1.0

9. pi()

功能:返回圆周率的值。

例如:select pi(),返回 3.1415926535897931

10. 弧度转换为角度 degrees(m)、角度转换为弧度制 radians()

例如:select degrees(pi()),radians(180),返回 180.0,3

11. 自然对数 Log(mum)、10 为底的对数 Log10(num)

例如:select Log(2),Log10(2) ,返回 0.693147180559945290.3010299956639812

三、日期函数

1. getdate ()

功能:返回系统的当前日期和时间。

例如:select getdate(),返回:2012 - 04 - 25 14:15:26.110

2. day(日期 date)

功能:返回日期 date 的日期值。

例如:select day('2012 - 4 - 25'),返回 25

3. month(日期 date)

功能:返回日期表达式 date 的月份值。

例如:select month('2012 - 4 - 25') ,返回 4

4. year(日期 date)

功能:返回日期 date 的年份值。

例如：select year('2012 - 4 - 25') ,返回 2012

5. dateadd（类型 datepart,数值 number,日期 date）

功能：返回在日期 date 的基础上增加数值 Number 个类型 datepart 得到的新日期。

例如：select dateadd(month, 1, '2012 - 4 - 25') ,返回 2012 - 05 - 25 00:00:00.000

6. datediff（类型 datepart,日期 date1,日期 date2）

功能：返回日期 date2 超过日期 date1 的差距值,差距类型值由类型 datepart 决定,其结果值是一个带有正负号的整数值。

例如：select datediff(day,'2012 - 4 - 5','2012 - 5 - 6'),返回 31

select datediff(day,'2012 - 7 - 5','2012 - 5 - 6'),返回—60

select datediff(minute,'2012 - 5 - 6 11:00:00','2012 - 5 - 6 12:10:00'),返回 70

7. datepart(类型 datepart,日期 date)

功能：返回日期 date 的类型 datepart 指定部分的整数值。

datepart （dd,date)等同于 DAY(date)

datepart （mm,date)等同于 MONTH(date)

datepart （yy,date)等同于 YEAR(date)

select datepart(dw,getdate())返回 1 代表星期日,2 代表星期一,以此类推……

例如：select datepart(dd,'2012 - 4 - 27'),返回 27

8. datename(类型 datepart, 日期 date)

功能：返回代表日期 date 的指定类型 datepart 部分的字符串。

例如：select datename(week,'2012 - 5 - 6 11:00:00'),返回 19

注：datepart 与 datename 的区别,返回值不同。

例如：select datename （month,getdate()) ,返回 04

select datepart （month,getdate()) ,返回 4

9. convert(返回的日期字符串类型,日期表达式,参数)

功能：按指定的参数格式化输出日期。

四、数据类型转换函数

1. cast(表达式 as 数据类型)

功能：将表达式的值转换为指定的数据类型。

例如：select cast('123' as int),将字符串 123 转换为整型 123

select cast('2012 - 4 - 27' as datetime),转换为日期型

select cast(123 as char(10)),将整型 123 转换为字符串 123

2. convert(数据类型 data_type[length],表达式[,参数])

功能：将表达式的值转换为指定数据类型 data_type。

例如：见日期函数。

注：

（1）data_type 为 SQL Server 系统定义的数据类型,用户自定义的数据类型不能在此使用。

（2）length 用于指定数据的长度,缺省值为 30。

（3）把 char 或 verchar 类型转换为诸如 int 或 smallint 这样的 interger 类型、结果必须是带正号或负号的数值。

（4）text 类型到 char 或 verchar 类型转换最多为 8000 个字符,即 char 或 verchar 数据类型是最大长度。

（5）image 类型存储的数据转换到 binary 或 varbinary 类型,最多为 8000 个字符。

（6）把整数值转换为 money 或 smallmoney 类型,按定义的国家货币单位来处理,如人民币、美元、英镑等。

（7）bit 类型的转换把非零值转换为 1,并仍以 bit 类型存储。

（8）试图转换到不同长度的数据类型,会截短转换值并在转换值后显示"＋",以标识发生了这种截断。

（9）用 convert()函数的 style 选项能以不同的格式显示日期和时间。style 是将 datetime 和 smalldatetime 数据转换为字符串时所选用的由 SQL Server 系统提供的转换样式编号,不同的样式编号有不同的输出格式。

五、统计函数

1. avg()

功能:返回的平均值。

例如:select avg(分数) from 成绩表,返回成绩表中分数字段的平均值

2. count()

功能:返回行数。

例如:select count(＊) from 成绩表,返回成绩表的记录数

3. max()

功能:返回最大值。

例如:select max(分数) from 成绩表,返回成绩表的分数字段的最大值

4. min()

功能:返回最小值。

例如:select min(分数) from 成绩表,返回成绩表的分数字段的最小值

六、系统函数

1. user_name()

功能:查询当前用户在数据库中的名字。

2. db_name()

功能:查询当前数据库名。

3. object_name(obj_id)

功能:查询数据库对象名。

4. col_name(obj_id,col_id)

功能:得到字段名称。

例如:select Distinct A. name As columnname,object_name(A. id)As tablename from sy-scolumns as a ,sysobjects as b where a. id＝b. id and b. xtype＝'U' and a. name＝'学号'查询包含字段"学号"的表有哪些

附录 B ASP（VBScript）中的常用函数

一、字符串函数

1. len(字符串 str)

功能：计算字符串 str 的长度,中文字符长度也计为 1。

例如：response. write len("abc"),结果返回 3。

2. mid(字符串 str,起始字符 start,长度 length)

功能：截取字符串 str 从起始字符 start 开始算长度 length 个字符。

例如：response. write mid("abc",2,1),结果返回 b。

3. left(字符串 str,长度 length)

功能：从字符串 str 的左边起截取长度 length 个字符。

例如：response. write left("abc",2),结果返回"ab"。

4. right(字符串 str,长度 length)

功能：从字符串 str 的右边起截取长度 length 个字符。

例如：response. write right("abc",2),结果返回"bc"。

5. Lcase(字符串 str)

功能：将字符串 str 转成小写。

例如：response. write Lcase ("ABC",3),结果返回"abc"。

6. Ucase(字符串 str)

功能：将字符串 str 转成大写。

例如：response. write Ucase ("abc",3),结果返回"ABC"。

7. trim(字符串 str)

功能：去除字符串 str 两端的空格。

例如：response. write trim ("abc"3),结果返回"abc"。

8. Ltrim(字符串 str)

功能：去除字符串 str 左侧的空格。

例如：response. write Ltrim ("abc"3),结果返回"abc"。

9. Rtrim(字符串 str)

功能：去除字符串 str 右侧的空格。

例如:response. write Rtrim ("abc"3),结果返回"abc"。

10. replace(字符串 str,查找字符串,替代字符串)

功能:将字符串 str 中的查找字符串用替代字符串替换。

例如:response. write replace("abc","b","B"),结果返回"aBc"。

11. InStr(字符串 str,查找字符串)

功能:正向检测字符串 str 中是否包含查找字符串,返回第一次出现查找字符串的位置。

例如:InStr("abcbc","bc"),结果返回 2。

12. InStrRev(字符串 str,查找字符串)

功能:反向检测字符串 str 中是否包含查找字符串,返回第一次出现查找字符串的位置。

例如:response. write InStrRev ("abcbc","bc"),结果返回 4。

13. space(n)

功能:产生 n 个空格的字符串。

例如:response. write space (2),返回两个空格组成的字符串。

14. string(n, 字符串 str)

功能:产生由 n 个字符串 str 第一个字符组成的字符串。

例如:response. write string(2,"abc"),返回 aa。

15. StrReverse(字符串 str)

功能:将字符串 str 反转输出。

例如:response. write StrReverse("abc"),返回 cba。

16. split(字符串 str,分割字符串)

功能:以分割字符串为分割标志将字符串 str 转为字符数组。

例如:a＝split("ddd,eee,fff",","),返回 a 数组,a(0)＝"ddd", a(1)＝"eee", a(2)＝"fff"。

二、数值型函数

1. abs(num)

功能:返回绝对值。

例如：response. write abs(5) & abs(−4),返回 54。

2. sgn(num)

功能:符号函数,若 num>0 返回 1; 若 num＝0 返回 0;若 num<0 −1,即判断数值正负。

例如:response. write sgn(5) & sgn(−4),返回 1−1。

3. hex(num)

功能:返回十六进制值。

例如:response. write hex(230),返回 E6。

4. oct(num)

功能:返回八进制值。

例如:response. write oct (230),返回 346。

5. sqr(num)

功能:返回平方根的值,num 必须为非负值。

例如：response. write sqr(225)，返回 15。

6. int(num)

功能：向下取整，取比 num 小的最大整数。

例如：response. write int(99.8)& int(−99.2)，返回 99−100。

7. fix(num)

功能：舍去小数部分取整。

例如：response. write fix(99.8)& fix(−99.2)，返回 99−99。

8. round(num,n)

功能：四舍五入取小数位，但 Round 函数是 4 舍 6 入，5 奇进偶不进，这样保证大量需要四舍五入的数字相加时，尽可能减少误差，增加精度。

例如：response. write round(3.14159,3)，返回 3.142,5 的前一位 1 是奇数，则进位。

response. write round(3.25,1)，返回 3.2,5 的前一位是 2 为偶数，则不进位。

9. log(num)

功能：取以 e 为底的对数，num 必须为正数。

例如：response. write log (2)，返回 0.693147180559945。

10. exp(n)

功能：取 e 的 n 次幂。

例如：response. write exp(2)，返回 7.38905609893065。

11. sin(num)、con(num)、tan(num)、atn(num)

功能：三角函数，以弧度为值计算（角度 * Pai)/180＝弧度。

例如：response. write sin((90 * 3.1415926)/180)，返回 1。

三、时间函数

1. date()

功能：取系统当前日期。

2. time()

功能：取系统当前时间。

3. now()

功能：取系统当前时间及日期值 Datetime 类型。

4. timer()

功能：取当前时间距离零点秒值。

例如：response. write timer()，返回 34014.95。

5. DateAdd(间隔单位 datepart,间隔值 num,日期 date)

功能：计算相邻日期，返回日期 date 加上间隔值 num 个间隔单位 datepart 得到的新日期。

例如：response. write DateAdd("d",30,date()) ，增 30 天，返回 2012 − 6 − 1。

6. DateDiff(间隔单位 datepart,日期 date1,日期 date2)

功能：计算时间差，返回日期 date2−日期 date1 的间隔单位值。

例如：response. write DateDiff("d","2012 − 6 − 1",date())，返回−30。

7. Datepart(间隔单位 datepart,日期 date)

功能:计算日期的间隔单位值,返回日期 date 的间隔单位 datepart。

例如:response. write Datepart("d","2012 - 5 - 2"),返回 2。

8. DateValue(日期 date 型字符串)

功能:取出字符串中日期值。

例如:response. write DateValue("2012 - 5 - 2"),返回 2012 - 5 - 2。

9. Timevalue(时间型字符串)

功能:取出字符串中时间值。

10. weekday(日期 date)

功能:计算星期几。

例如:response. write weekday("2012 - 5 - 2"),返回 4 星期日为 1,星期一为 2,以此类推。

11. Month(整型 int)

功能:输出月份名。

例如:response. write month(5),返回五月。

12. year(日期 date)

功能:返回年份。

例如:response. write year("2012 - 5 - 2"),返回 2012。

13. month(日期 date)

功能:返回月份。

例如:response. write month("2012 - 5 - 2"),返回 5。

14. day(日期 date)

功能:返回日。

例如:response. write day("2012 - 5 - 2"),返回 2。

15. hour(时间 date)

功能:返回小时。

例如:response. write hour("2012 - 5 - 2 10:00:50"),返回 10。

16. minute(日期 date)

功能返回分钟。

例如:response. write minute("2012 - 5 - 2 10:00:50"),返回 0。

17. second(日期 date)

功能:返回秒。

例如:response. write second("2012 - 5 - 2 10:00:50"),返回 50。

注:间隔单位 yyyy 年、q 季度、m 月、y 一年的日数、d 日、w 一周的日数、ww 周、h 小时、n 分钟、s 秒。

四、数据类型转换函数

1. Cint(字符串 str)

功能:转换正数。 True －1;False 0;日期 距离 1899/12/31 天数;时间上午段 0;下午段1。

2. Cstr(字符串 str)

功能：转换为字符串。

例如：response. write cstr(date())，返回 2012 - 5 - 2。

3. Clng(字符串 str)

功能：与 Cin()类似，返回长整型。

4. Cbool(数值 num)

功能：num 不为零 True；反之 False。

5. Cdate(字符串 str)

功能：转换日期格式 0：♯Am 12：00：00♯；正数 距离 1899/12/31 天数的日期；浮点数 日期＋小数时间。

6. Cbyte(数值 num)

功能：num〈255 转换为字节。

7. Csng(字符串 str)

功能：转换为单精度数值。

8. Cdbl(字符串 str)

功能：转换为双精度数值。

9. Ccur(字符串 str)

功能：转换为货币格式。

五、其他函数

1. Asc(字符串 str)

功能：输出字符串第一个字符的 ASCII 码。

2. Chr(ASCII 码值)

功能：转换 ASCII 码值转换为响应字符。

例如：Enter：Chr(13)＆Chr(10)

3. Filter(数组名称，关键字符串，[，包含][，比较方法])

功能：将字符串数组中含有关键字符串的元素存成新的数组（默认）［包含］为 false 则取不包含的元素。

4. Join(ArrayName)

功能：将数组中元素连成字符串。

5. Ubound(ArrayName[，维数])

功能：取得数组相应维数的上界。

6. Lbound(ArrayName[，维数])

功能：取得数组相应维数的下界，一般为 0。

7. Randmize n

功能：启动随机数种子。

8. Rnd(n)

功能：取得随机数，n>0 或为空，取序列下一随机值，n<0，随机值相同，n＝0，生产与上一随机值相同的数。

例如：取介于 A 和 B 之间的随机正数 C，公式：C＝Int((B－A＋1)＊Rnd()＋A) 条件(B>A)。

9. CreateObject()

功能：建立和返回一个已注册的 ACTIVEX 组件的实例。

例如：Set Conn＝Server. CreateObject("Adodb. Connection")。

10. 格式化输出函数

(1)FormatPercent(num)。

功能：格式化输出百分数，num＊100 然后加％。

例如：response. write FormatPercent(0. 25)，返回 25.00％

(2)FormatCurrency(num)。

功能：格式化输出货币值。

例如：response. write FormatCurrency(0. 2513568)￥0. 25

(3)FormatDateTime(datetime)。

功能：格式化输出日期。

例如：response. write FormatDateTime("2012/5/2")，返回 2012－5－2

(4)FormatNumber(num)。

功能：格式化输出数值。

例如：response. write FormatNumber(0. 123456,3)，返回 0. 123。

11. 判断数值类型函数

(1)IsArray()

功能：判断一对象是否为数组型，返回布尔值。

(2)IsDate()

功能：判断一对象是否为日期型，返回布尔值。

(3)IsEmpty()

功能：判断一对象是否初始化型，返回布尔值。

(4)IsNull()

功能：判断一对象是否为空，返回布尔值。

(5)IsNumeric()

功能：判断一对象是否为数字型，返回布尔值。

(6)IsObject()

功能：判断一对象是否为对象，返回布尔值。

参考文献

［1］贺桂英．数据库应用与开发技术——SQL Server.南京：江苏教育出版社，2012.

［2］徐孝凯，贺桂英．数据库基础与 SQL Server 应用开发．北京：清华大学出版社，2008.

［3］刘智勇，刘径舟等．SQL Server 2008 宝典．北京：电子工业出版社，2010.

［4］蒙祖强．T-SQL 技术开发实用大全——基于 SQL Server 2005/2008.北京：清华大学出版社，2010.

［5］王德永，张佰慧等．数据库原理与应用——SQL Server 版（项目式）．北京：人民邮电出版社，2011.

［6］尹毅峰，李东等．SQL Server 2005 数据库案例教程．北京：中国人民大学出版社，2010.

［7］周文琼，王乐球等．数据库应用与开发教程（ADO.NET＋SQL Server）．北京：中国铁道出版社，2009.

［8］张景峰．ASP 程序设计教程（第 2 版）．北京：中国铁道出版社，2007.

［9］邵冬华．Web 数据库设计项目教程．北京：中国人民大学出版社，2011.

［10］（美）Ramez Elmasri，Shamkant B. Navathe 著，李翔鹰等译．数据库系统基础（第 6 版）．北京：清华大学出版社，2011.